数学物理方法

凌寅生　徐震宇　方建兴　编著

苏州大学出版社

图书在版编目(CIP)数据

数学物理方法／凌寅生，徐震宇，方建兴编著．—苏州：苏州大学出版社，2023．3
ISBN 978-7-5672-3993-7

Ⅰ．①数… Ⅱ．①凌…②徐…③方… Ⅲ．①数学物理方法 Ⅳ．①O411．1

中国版本图书馆 CIP 数据核字(2022)第 123902 号

数学物理方法
凌寅生　徐震宇　方建兴　编著
责任编辑　周建兰

苏州大学出版社出版发行
(地址:苏州市十梓街 1 号　邮编:215006)
江苏凤凰数码印务有限公司印装
(地址:南京市栖霞区尧新大道 399 号　邮编:210046)

开本 787 mm×1 092 mm　1/16　印张 14.25　字数 298 千
2023 年 3 月第 1 版　2023 年 3 月第 1 次印刷
ISBN 978-7-5672-3993-7　定价:46.00 元

图书若有印装错误，本社负责调换
苏州大学出版社营销部　电话:0512-67481020
苏州大学出版社网址　http://www.sudapress.com
苏州大学出版社邮箱　sdcbs@suda.edu.cn

前言
Preface

“数学物理方法”是物理专业的一门工具课. 革命导师马克思有一句名言:“一门科学,只有当它成功地运用数学时,才能达到真正完善的地步”[摘自“弗·梅林. 马克思传(上,下)[M]. 北京:人民出版社,1965:871]. 物理学是自然科学中数学用得最多的一门学科. 本书作为物理专业的工具课程,在内容的选取和表述中,应该尽量结合物理学习的需要,教材内容应适时充实更新. 本着这一目的,本书除介绍传统的复变函数和数学物理方程内容外,还介绍了物理上有用的一些新的内容和方法. 例如,利用伯努利数和回路积分计算了玻色积分和费米积分;用1形式和广义函数引入δ函数,推出它的多种表达式;较早地介绍了在级数展开中非常方便的Ket-Bra记号;介绍了格林函数的算符表达式和它在量子物理中的应用;等等. 附录介绍了近代理论物理中广泛应用的现代微分几何的基本概念和运算方法. 限于作者水平有限,文中的错误在所难免,欢迎同行批评指正.

目录中打 * 的章节可以作为物理专业研究生学习,本科生只作参考.

本书第一部分“复变函数”由徐震宇、方建兴编著,第二部分“数学物理方程”由凌寅生编著.

在编著过程中,姜礼尚、李振亚、高雷诸教授给予了热情的鼓励,苏州大学物理科学与技术学院给予了大力支持,在此深表感谢! 谢惠民、周建伟教授对书中的一些问题提出了宝贵的意见,在此一并感谢!

苏州大学出版社周建兰编辑在本书编辑工作中付出了很多精力,也深表感谢!

目录

Contents

第一部分 复变函数

第二部分 数学物理方程

第6章 数学物理方程的导出

第7章 行波法与分离变量法

第8章 傅里叶变换

第9章 贝塞尔方程与勒让德方程

第一部分

复变函数

第 1 章

复　数

§1.1 复　数

一、复数的定义

设 C 为所有有序实数对的全体：

$$C=\{[a,b]:a,b\in\mathbf{R}\}$$

在 C 中定义下列加法与乘法：

$$[a_1,b_1]+[a_2,b_2]=[a_1+a_2,b_1+b_2] \tag{1.1.1}$$

$$[a_1,b_1]\cdot[a_2,b_2]=[a_1a_2-b_1b_2,a_1b_2+a_2b_1] \tag{1.1.2}$$

称$[a,b]$为复数 z，

$$z=[a,b] \tag{1.1.3}$$

C 为复数环．用逆运算引入减法与除法后，C 为复数域．a 与 b 分别称为复数 z 的实部与虚部，记为

$$a=\mathrm{Re}z,\quad b=\mathrm{Im}z.$$

当且仅当两复数的实部与虚部对应相等时，两复数相等．实部$=0$ 的复数$[0,b]$ 称为纯虚数．虚部$=0$ 的复数$[a,0]$ 称为实数．虚部$=0$ 的复数的全体$\{[a,0]:a\in\mathbf{R}\}$ 可与全体实数的集合 $\mathbf{R}=\{a\}$ 一一对应：

$$[a,0]\leftrightarrow a$$

并且在上述对应下保持四则运算规律不变．我们说复数域$\{[a,0]:a\in\mathbf{R}\}$ 与实数域 $\mathbf{R}$ 同构，作四则运算时彼此可以取代，所以，今后可以把复数$[a,0]$ 就看成实数 a，即

$$[a,0]=a \tag{1.1.4}$$

实部与虚部都为零的复数$[0,0]$ 与任一复数$[a,b]$之和仍为该复数，即

$$[0,0]+[a,b]=[a,b]$$

所以$[0,0]$ 称为零复数．在式(1.1.4)的约定下，零复数$[0,0]$可以写成实数 0，即

$$[0,0]=0 \tag{1.1.5}$$

由乘法规律(1.1.2)易证：

$$[0,1]\cdot[0,1]=[-1,0]=-1 \tag{1.1.6}$$

因此，纯虚数[0,1]就是熟知的虚单位：

$$[0,1]=\mathrm{i} \tag{1.1.7}$$

复数 $z=[a,b]$ 可写成熟知的代数表示式：

$$z=[a,b]=[a,0]+[0,b]=a+[0,1]b=a+\mathrm{i}b \tag{1.1.8}$$

即

$$z=[a,b]=a+\mathrm{i}b \tag{1.1.9}$$

当 $z=a+\mathrm{i}b$ 时，称

$$z^*=a-\mathrm{i}b \tag{1.1.10}$$

为 z 的共轭复数. 易证

$$z\cdot z^*=a^2+b^2 \tag{1.1.11}$$

$|z|=\sqrt{z\cdot z^*}$，称为复数 z 的模. 显然 $a\leqslant|z|$，$b\leqslant|z|$，有些书中 z 的共轭复数记为 $\bar{z}$.

二、复数的四则运算

设 $z_1=a_1+\mathrm{i}b_1$，$z_2=a_2+\mathrm{i}b_2$，由式(1.1.1)，可得

$$z_1+z_2=(a_1+\mathrm{i}b_1)+(a_2+\mathrm{i}b_2)=a_1+a_2+\mathrm{i}(b_1+b_2) \tag{1.1.12}$$

即复数相加时，实部与实部相加，虚部与虚部相加.

$$z_1\cdot z_2=(a_1+\mathrm{i}b_1)\cdot(a_2+\mathrm{i}b_2)=a_1a_2-b_1b_2+\mathrm{i}(a_1b_2+a_2b_1) \tag{1.1.13}$$

只要记住 $\mathrm{i}^2=-1$，用复数的代数表示式，加法和乘法运算可像多项式一样进行.

减法可定义为加法的逆运算. 即若

$$z_1+z_2=z_3 \tag{1.1.14}$$

则称 z_2 为 z_3 与 z_1 之差，记为

$$z_2=z_3-z_1 \tag{1.1.15}$$

将复数的代数表示式代入，式(1.1.14)可化成

$$a_1+a_2+\mathrm{i}(b_1+b_2)=a_3+\mathrm{i}b_3$$

由此可得

$$\begin{cases}a_1+a_2=a_3\\ b_1+b_2=b_3\end{cases} \tag{1.1.16}$$

解上述联立方程，可得

$$\begin{cases}a_2=a_3-a_1\\ b_2=b_3-b_1\end{cases}$$

由此可得

$$z_2=z_3-z_1=a_3-a_1+\mathrm{i}(b_3-b_1) \tag{1.1.17}$$

除法定义为乘法的逆运算. 设 $z_1\neq0$，

$$z_1 \cdot z_2 = z_3 \tag{1.1.18}$$

称 z_2 为 z_3 与 z_1 之商，记为

$$z_2 = \frac{z_3}{z_1} \tag{1.1.19}$$

用 z_1, z_2, z_3 的代数表示式代入(1.1.18)，比较等式两边的实部与虚部，可得 a_2, b_2 满足的联立方程组，解之，即得商 z_2. 实际计算时用以下方法更为方便：

$$z_2 = \frac{z_3}{z_1} = \frac{z_3 \cdot z_1^*}{z_1 \cdot z_1^*} = \frac{(a_3 + \mathrm{i}b_3) \cdot (a_1 - \mathrm{i}b_1)}{a_1{}^2 + b_1{}^2} = \frac{a_1 a_3 + b_1 b_3}{a_1{}^2 + b_1{}^2} + \mathrm{i}\,\frac{a_1 b_3 - a_3 b_1}{a_1{}^2 + b_1{}^2} \tag{1.1.20}$$

因此

$$\begin{cases} a_2 = \dfrac{a_1 a_3 + b_1 b_3}{a_1{}^2 + b_1{}^2} \\ b_2 = \dfrac{a_1 b_3 - a_3 b_1}{a_1{}^2 + b_1{}^2} \end{cases}$$

商的上列结果不需硬记. 掌握推导过程，结果自然出来.

例 1.1 计算 $\dfrac{3-5\mathrm{i}}{1+2\mathrm{i}}$.

解 $\dfrac{3-5\mathrm{i}}{1+2\mathrm{i}} = \dfrac{(3-5\mathrm{i})(1-2\mathrm{i})}{(1+2\mathrm{i})(1-2\mathrm{i})} = \dfrac{3-10-\mathrm{i}(5+6)}{1+2^2} = -\dfrac{7}{5} - \mathrm{i}\,\dfrac{11}{5}$.

三、复平面

复数 $z=[x,y]$ 为满足一定运算规律的一对有序实数，它可以用平面上的点 $P(x,y)$ 来表示. P 的横坐标 x 为 z 的实部，纵坐标 y 为 z 的虚部. 其上的点代表复数的平面，称为复平面. 复平面上的 x 轴称为实轴，标为 $\mathrm{Re}z$；y 轴称为虚轴，标为 $\mathrm{Im}z$.

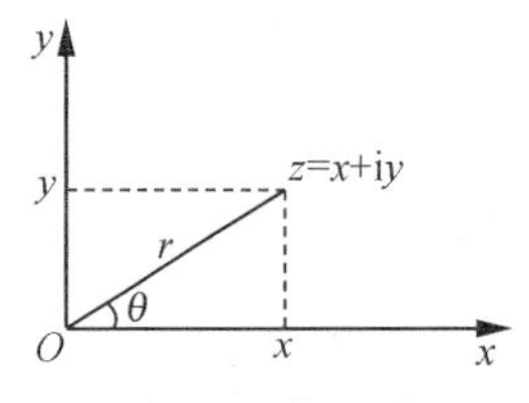

图 1.1 复平面

平面上点 P 的位置除用直角坐标(x,y)确定以外，也可用极坐标(r,θ)来表示(图 1.1). 两者之间的关系为

$$\begin{cases} x = r\cos\theta \\ y = r\sin\theta \end{cases} \tag{1.1.21}$$

$$\begin{cases} r = \sqrt{x^2 + y^2} \\ \theta = \arctan \dfrac{y}{x} + 2n\pi \end{cases} \tag{1.1.22}$$

这里 r 即为复数 z 的模，即 $r=|z|$. 幅角 θ 在哪个象限中取值，尚需根据 x,y 的正负号来决定. 引进极坐标后，复数 $z=x+\mathrm{i}y$ 可表示成

$$z = r(\cos\theta + \mathrm{i}\sin\theta) \tag{1.1.23}$$

这叫作复数的三角表示式.

注意 将复数写成三角表示式时，幅角 θ 上可加上 2π 的整数倍.

当复数用三角表示式时，两复数相乘，只要模相乘，幅角相加；两复数相除，只要模相除，幅角相减.

例如，已知

$$z_1=r_1(\cos\theta_1+\mathrm{i}\sin\theta_1)$$

$$z_2=r_2(\cos\theta_2+i\sin\theta_2)$$

则

$$z_1\cdot z_2=r_1r_2[\cos(\theta_1+\theta_2)+\mathrm{i}\sin(\theta_1+\theta_2)] \tag{1.1.24}$$

$$\frac{z_1}{z_2}=\frac{r_1}{r_2}[\cos(\theta_1-\theta_2)+\mathrm{i}\sin(\theta_1-\theta_2)] \tag{1.1.25}$$

例 1.2 已知 $z_1=1-\mathrm{i}, z_2=\frac{1}{2}+\mathrm{i}\frac{\sqrt{3}}{2}$，计算 $z_1\cdot z_2, \frac{z_1}{z_2}$.

解 先把 z_1, z_2 化成三角表示式：

$$z_1=\sqrt{2}\left[\cos\left(-\frac{\pi}{4}\right)+\mathrm{i}\sin\left(-\frac{\pi}{4}\right)\right]$$

$$z_2=\cos\frac{\pi}{3}+\mathrm{i}\sin\frac{\pi}{3}$$

$$z_1\cdot z_2=\sqrt{2}\left[\cos\left(-\frac{\pi}{4}+\frac{\pi}{3}\right)+\mathrm{i}\sin\left(-\frac{\pi}{4}+\frac{\pi}{3}\right)\right]$$

$$=\sqrt{2}\left(\cos\frac{\pi}{12}+\mathrm{i}\sin\frac{\pi}{12}\right)$$

$$\frac{z_1}{z_2}=\sqrt{2}\left[\cos\left(-\frac{\pi}{4}-\frac{\pi}{3}\right)+\mathrm{i}\sin\left(-\frac{\pi}{4}-\frac{\pi}{3}\right)\right]$$

$$=\sqrt{2}\left(\cos\frac{7}{12}\pi-\mathrm{i}\sin\frac{7}{12}\pi\right)$$

利用欧拉(Euler)公式

$$\exp(\mathrm{i}\theta)=\cos\theta+\mathrm{i}\sin\theta \tag{1.1.26}$$

复数的三角表示式(1.1.23)可改写成指数表示式：

$$z=r\exp(\mathrm{i}\theta) \tag{1.1.27}$$

和三角表示式一样，幅角 θ 上可加上 2π 的整数倍.

将复数写成指数表示式后，对乘法与除法运算，只要应用指数运算法则. 若最后要写出实部与虚部，可再一次用欧拉公式.

例如，若 $z_1=r_1\exp(\mathrm{i}\theta_1), z_2=r_2\exp(\mathrm{i}\theta_2)$，则

$$z_1\cdot z_2=r_1\exp(\mathrm{i}\theta_1)\cdot r_2\exp(\mathrm{i}\theta_2)=r_1r_2\exp[\mathrm{i}(\theta_1+\theta_2)] \tag{1.1.28}$$

$$\frac{z_1}{z_2}=\frac{r_1\exp(\mathrm{i}\theta_1)}{r_2\exp(\mathrm{i}\theta_2)}=\frac{r_1}{r_2}\exp[\mathrm{i}(\theta_1-\theta_2)] \tag{1.1.29}$$

再一次应用欧拉公式，就可以得三角表示式的计算结果式(1.1.24)和式(1.1.25).

在例 1.2 中，$z_1=1-\mathrm{i}=\sqrt{2}\exp(-\mathrm{i}\frac{\pi}{4}), z_2=\frac{1}{2}+\mathrm{i}\frac{\sqrt{3}}{2}=\exp\left(\mathrm{i}\frac{\pi}{3}\right)$. 所以

$$z_1\cdot z_2=\sqrt{2}\exp\left(-\mathrm{i}\frac{\pi}{4}\right)\cdot\exp\left(\mathrm{i}\frac{\pi}{3}\right)=\sqrt{2}\exp\left(\mathrm{i}\frac{\pi}{12}\right)=\sqrt{2}\left(\cos\frac{\pi}{12}+\mathrm{i}\sin\frac{\pi}{12}\right)$$

$$\frac{z_1}{z_2}=\frac{\sqrt{2}\exp\left(-\mathrm{i}\,\frac{\pi}{4}\right)}{\exp\left(\mathrm{i}\,\frac{\pi}{3}\right)}=\sqrt{2}\exp\left(-\mathrm{i}\,\frac{7}{12}\pi\right)=\sqrt{2}\left(\cos\frac{7}{12}\pi-\mathrm{i}\sin\frac{7}{12}\pi\right).$$

四、乘方与开方

设 $z=r\exp(\mathrm{i}\theta)$. 由乘法规律，得

$$z^n=r^n\exp(\mathrm{i}n\theta) \tag{1.1.30}$$

这是复数的乘方规律.

若 $w^n=z$，则称 w 为 z 的 n 次方根，记为

$$w=\sqrt[n]{z} \tag{1.1.31}$$

若 $z=r\exp(\mathrm{i}\theta)$，$w=\rho\exp(\mathrm{i}\psi)$，则

$$\rho^n\exp(\mathrm{i}n\psi)=r\exp(\mathrm{i}\theta) \tag{1.1.32}$$

当两个复数相等时，模相等，幅角可以相差 2π 的整数倍. 因此有

$$\rho^n=r,\quad \rho=\sqrt[n]{r} \tag{1.1.33}$$

$$n\psi=\theta+2k\pi,\quad \psi=\frac{\theta}{n}+k\,\frac{2\pi}{n}\quad (k=0,1,2,\cdots,n-1) \tag{1.1.34}$$

k 可以取任意整数值. 但是仅当 $k=0,1,2,\cdots,n-1$ 时可得出 n 个不同的根：

$$\begin{aligned}
&(\sqrt[n]{z})_0=\sqrt[n]{r}\\
&(\sqrt[n]{z})_1=\sqrt[n]{r}\exp\left(\mathrm{i}\,\frac{2\pi}{n}\right)\\
&(\sqrt[n]{z})_2=\sqrt[n]{r}\exp\left(\mathrm{i}2\cdot\frac{2\pi}{n}\right)\\
&\cdots\\
&(\sqrt[n]{z})_{n-1}=\sqrt[n]{r}\exp\left[\mathrm{i}(n-1)\frac{2\pi}{n}\right]
\end{aligned} \tag{1.1.35}$$

一般可表示为

$$(\sqrt[n]{z})_k=\sqrt[n]{r}\exp\left(\mathrm{i}k\,\frac{2\pi}{n}\right)\quad (k=0,1,2,\cdots,n-1) \tag{1.1.36}$$

实数 1 的 n 次根可记为

$$\varepsilon_k=(\sqrt[n]{1})_k=\exp\left(\mathrm{i}k\,\frac{2\pi}{n}\right)\quad (k=0,1,2,\cdots,n-1) \tag{1.1.37}$$

因为

$$\exp\left[\mathrm{i}(n-k)\frac{2\pi}{n}\right]=\exp\left[\mathrm{i}(-k)\frac{2\pi}{n}\right]$$

因此

$$\varepsilon_{n-k}=\varepsilon_{-k}.$$

当 n 为奇数时，1 的 n 次根亦可记为

$$\varepsilon_k\left(k=-\frac{n-1}{2},-\frac{n-3}{2},\cdots,-2,-1,0,1,2,\cdots,\frac{n-1}{2}\right) \tag{1.1.38}$$

当 n 为偶数时，1 的 n 次根可记为

$$\varepsilon_k\left[k=0,\pm1,\pm2,\cdots,\pm\left(\frac{n}{2}-1\right),\frac{n}{2}\right] \tag{1.1.39}$$

例如，1 的 5 次根可记为

$$\varepsilon_0=1,\quad \varepsilon_1=\exp\left(\mathrm{i}\,\frac{2\pi}{5}\right),\quad \varepsilon_2=\exp\left(\mathrm{i}2\cdot\frac{2\pi}{5}\right)=\exp\left(\mathrm{i}\,\frac{4\pi}{5}\right)$$

$$\varepsilon_3=\exp\left(\mathrm{i}3\cdot\frac{2\pi}{5}\right)=\exp\left(\mathrm{i}\,\frac{6\pi}{5}\right),\quad \varepsilon_4=\exp\left(\mathrm{i}4\cdot\frac{2\pi}{5}\right)=\exp\left(\mathrm{i}\,\frac{8\pi}{5}\right)$$

亦可记为

$$\varepsilon_{-2}=\exp\left[\mathrm{i}\left(-\frac{4\pi}{5}\right)\right],\quad \varepsilon_{-1}=\exp\left[\mathrm{i}\left(-\frac{2\pi}{5}\right)\right],\quad \varepsilon_0=1$$

$$\varepsilon_1=\exp\left(\mathrm{i}\,\frac{2\pi}{5}\right),\quad \varepsilon_2=\exp\left(\mathrm{i}\,\frac{4\pi}{5}\right).$$

1 的 6 次根可表示为

$$\varepsilon_k=(\sqrt[6]{1})_k=\exp\left(\mathrm{i}k\,\frac{2\pi}{6}\right)(k=0,1,2,\cdots,5)$$

亦可表示为

$$\varepsilon_0=1,\quad \varepsilon_{\pm1}=\exp\left[\mathrm{i}\left(\pm\frac{2\pi}{6}\right)\right]=\exp\left[\mathrm{i}\left(\pm\frac{\pi}{3}\right)\right]$$

$$\varepsilon_{\pm2}=\exp\left[\mathrm{i}\left(\pm\frac{4\pi}{6}\right)\right]=\exp\left[\mathrm{i}\left(\pm\frac{2\pi}{3}\right)\right],\quad \varepsilon_{\pm3}=\exp\left[\mathrm{i}\left(3\cdot\frac{2\pi}{6}\right)\right]=-1$$

例 1.3 试证实数 1 的 n 个不同的 n 次根 $\varepsilon_k=\exp\left(\mathrm{i}k\,\frac{2\pi}{n}\right)(k=0,1,2,\cdots,n-1)$ 满足：

$$\sum_{k=0}^{n-1}\varepsilon_k=0 \tag{1.1.40}$$

证 方法一 $\varepsilon_k(k=0,1,2,\cdots,n-1)$ 为方程

$$\varepsilon^n-1=0$$

的 n 个根. $-\sum\limits_{k=0}^{n-1}\varepsilon_k$ 为方程左端 ε^{n-1} 项的系数. 现在该项系数为 0，所以

$$\sum_{k=0}^{n-1}\varepsilon_k=0.$$

方法二 令 $S=\sum\limits_{k=0}^{n-1}\exp\left[\mathrm{i}\left(k\,\frac{2\pi}{n}\right)\right]$，有

$$\exp\left[\mathrm{i}\left(\frac{2\pi}{n}\right)\right]\cdot S=\sum_{k=1}^{n}\exp\mathrm{i}\left(k\,\frac{2\pi}{n}\right)$$

$$\left[\exp\left(\mathrm{i}\,\frac{2\pi}{n}\right)-1\right]S=\exp(\mathrm{i}2\pi)-1=0.$$

因此，$S=0$.

例 1.4 计算 $\cos\dfrac{2\pi}{5}$.

解 由实数 1 的 5 个 5 次根之和等于 0,得

$$\exp\left(-\mathrm{i}\,\frac{4\pi}{5}\right)+\exp\left(-\mathrm{i}\,\frac{2\pi}{5}\right)+1+\exp\left(\mathrm{i}\,\frac{4\pi}{5}\right)+\exp\left(\mathrm{i}\,\frac{2\pi}{5}\right)=0$$

$$2\cos\frac{4\pi}{5}+2\cos\frac{2\pi}{5}+1=0$$

$$4\cos^2\frac{2\pi}{5}+2\cos\frac{2\pi}{5}-1=0$$

解之,得

$$\cos\frac{2\pi}{5}=\frac{\sqrt{5}-1}{4}.$$

§1.2 平面点集的概念

一、距离

欧氏空间中,平面上点 $P_1(x_1,y_1)$,$P_2(x_2,y_2)$间的距离为

$$\rho(P_1,P_2)=\sqrt{(x_2-x_1)^2+(y_2-y_1)^2} \tag{1.2.1}$$

我们把式(1.2.1)称为复数 $z_1=(x_1,y_1)$与 $z_2=(x_2,y_2)$间的距离:

$$\rho(z_1,z_2)=\sqrt{(x_2-x_1)^2+(y_2-y_1)^2} \tag{1.2.2}$$

显然式(1.2.2)就是 z_2-z_1 的模:

$$|z_2-z_1|=\sqrt{(x_2-x_1)^2+(y_2-y_1)^2} \tag{1.2.3}$$

$$\rho^2(z_1,z_2)=(z_2-z_1)\cdot(z_2-z_1)^* \tag{1.2.4}$$

二、邻域

所有与点 z_0 的距离小于 δ 的点的全体称为点 z_0 的 δ 邻域,记为 $C_\delta(z_0)$.

三、内点、外点、边界点

设 D 为二维空间 $\mathbf{R}^2$ 中的非空子集:$D\subset\mathbf{R}^2$;P 为 D 中的某一点:$P\in D$. 若存在点 P 的某一邻域 $C_\delta(p)$,该邻域中的所有点都属于子集 D:$C_\delta(P)\subset D$,则称 P 为 D 的一个内点;若 $P\notin D$,可以找到点 P 的一个邻域 $C_\delta(P)$,其中所有点都不属于 D:$C_\delta(P)\not\subset D$,则称 P 为 D 的一个外点. 若点 P 的任一邻域内既有 D 内的点,也有 D 外的点,则称点 P 为 D 的边界点. D 的边界记为 ∂D. 边界点可能属于 D,也可能不属于 D.

如果 D 的点都是内点,则称 D 为开集; 如果 D 的边界属于 D:$\partial D\subset D$,则称 D 为闭

集. $D\cup\partial D$ 称为 D 的闭包,记为

$$\overline{D}=D\cup\partial D$$

当 D 为闭集时

$$\overline{D}=D$$

四、区域与连通域

不包含孤立点的平面点集称为区域.类似地,可定义开区域与闭区域.

若区域 D 内任两点可用全在 D 内的一条折线或曲线相连,则称该区域为连通域. 若连通域 D 内,任何一条闭线都可以收缩成一点,则连通域 D 称为单连域. 若 D 内有洞,D 内的闭曲线可分成两类:一类为 Γ_1,它不包围洞,在 D 内可以缩成一点;另一类为 Γ_2,它包围洞,在 D 内不能缩成一点. 当 Γ_2 只环绕洞一圈时,这种连通域称为双连域.如果允许闭曲线环绕洞多次,环绕洞次数不同的闭曲线不能相互连续变形,它们属于不同的类.因此,只含一个洞的区域,可以认为是更多度连通的区域(图 1.2).

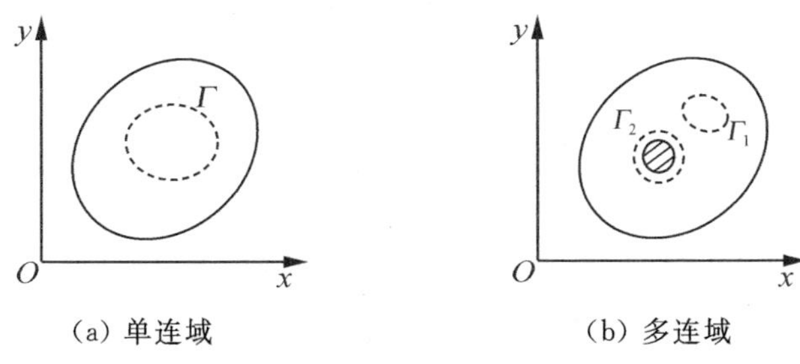

图 1.2　连通域

习　题

1. 计算下列各式:

(1) $\dfrac{3+4\mathrm{i}}{4+3\mathrm{i}}$;

(2) $\dfrac{5\mathrm{i}}{\sqrt{2}-\mathrm{i}\sqrt{3}}$.

2. 将下列复数化成指数形式,并求幅角的一般值:

(1) $z=2-2\mathrm{i}$;

(2) $z=-\sqrt{3}\mathrm{i}$.

3. 解下列方程:

(1) $z^3=-1+\mathrm{i}\sqrt{3}$;

(2) $z^4=-1$.

4. (1) 计算 $\sum_{k=1}^{n} \exp(\mathrm{i}k\theta)$.

(2) 证明：$\sum_{k=1}^{n} \cos k\theta = \dfrac{\sin\left(n+\dfrac{1}{2}\right)\theta}{2\sin\dfrac{\theta}{2}} - \dfrac{1}{2}$.

(3) 证明：$\sum_{k=1}^{n} \sin k\theta = \dfrac{1}{2}\cot\dfrac{\theta}{2} - \dfrac{\cos\left(n+\dfrac{1}{2}\right)\theta}{2\sin\dfrac{\theta}{2}}$.

5. 试证：$|z_1+z_2|^2+|z_1-z_2|^2=2(|z_1|^2+|z_2|^2)$，它是平面几何中的哪一条定理？

6. 如果 $|z|=1$，试证：$\left|\dfrac{z-\alpha}{1-\alpha z^*}\right|=1$.

7. 试将直线方程 $ax+by=c$ 写成复数形式.

8. 写出方程 $x^2+2x+y=1$ 的复数形式.

第2章 复变函数

§2.1 复变函数、极限和连续性

一、复变函数的定义

定义：设 D 为一复数集(在以后的讨论中，D 常设为复平面上的一个区域)，若对任意 $z\in D$，都有确定的(一个或多个)复数 w 与之对应，则称在 D 上定义了一个复变函数 $w=f(z)(z\in D)$. 若对每个 $z\in D$，只有一个 w 与之对应，则称 $w=f(z)$ 为单值函数，否则称为多值函数. 复变函数 $w=f(z)$ 又可以表示成

$$f(z)=u(x,y)+\mathrm{i}v(x,y) \tag{2.1.1}$$

其中 $u(x,y)$，$v(x,y)$ 均为二元实函数.

复变函数反映了两对变量 x,y 和 u,v 之间的对应关系，因此，无法在同一平面或同一三维空间中表示出来，但我们可以用两个复平面来表达它们的对应关系(图 2.1).

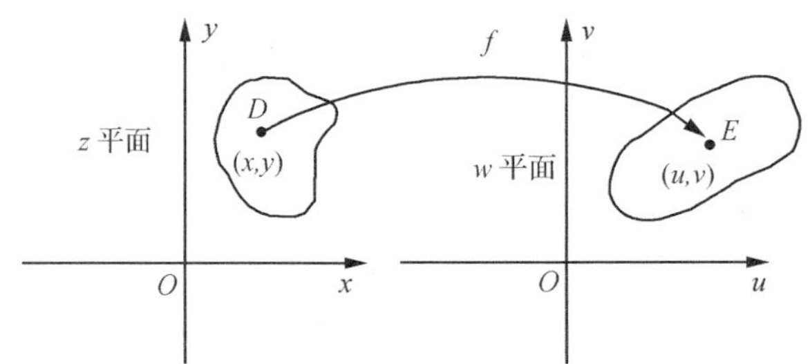

图 2.1 两对变量的对应关系

例 2.1 画出 $f(z)=\mathrm{e}^z$ 当 $y=10x$，$x\in[-2,2]$时在 w 平面上的图象.

解 $f(z)=\mathrm{e}^z=u(x,y)+\mathrm{i}v(x,y)=\mathrm{e}^x\cos y+\mathrm{i}\mathrm{e}^x\sin y$.

$f(z)=\mathrm{e}^z$ 在 w 平面上的图形如图 2.2 所示.

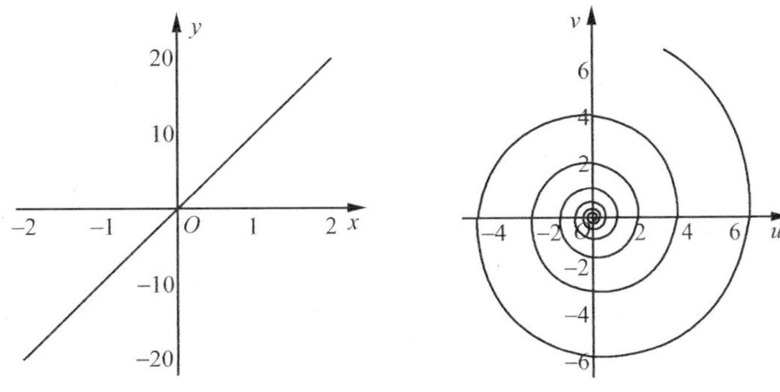

图 2.2　例 2.1 图

二、复变函数的极限和连续

1. 极限

设 $w=f(z)$ 在点 z_0 的某一邻域内有定义（在 z_0 点可能没有定义），若对于任意给定的 $\varepsilon>0$，存在 $\delta>0$，使得当 $0<|z-z_0|<\delta$ 时，$|f(z)-w_0|<\varepsilon$，其中 w_0 为一确定的复数，我们就说 $f(z)$ 当 z 趋于 z_0 时以 w_0 为极限，记作

$$\lim_{z\to z_0} f(z)=w_0 \tag{2.1.2}$$

例 2.2　证明 $f(z)=e^{\frac{1}{z}}$ 在原点的极限不存在.

证　可以取两个特殊方向：(1)沿着负实轴 $\lim\limits_{z\to 0} e^{\frac{1}{z}}=0$；(2)沿着正实轴 $\lim\limits_{z\to 0} e^{\frac{1}{z}}=\infty$. 因此，此函数在原点的极限不存在.

2. 连续

设 $w=f(z)$ 在点 z_0 及其邻域有定义，若对于任意给定的 $\varepsilon>0$，存在 $\delta>0$，使得当 $|z-z_0|<\delta$ 时，$|f(z)-f(z_0)|<\varepsilon$，则称 $f(z)$ 在 $z=z_0$ 连续，记作

$$\lim_{z\to z_0} f(z)=f(z_0) \tag{2.1.3}$$

在区域 D 内各点均连续的函数称为在 D 内的连续函数. 函数 $f(z)$ 在 z_0 点连续的充要条件是 $u(x,y)$，$v(x,y)$ 都在点 (x_0,y_0) 处连续.

例 2.3　$f(z)=\begin{cases}0, & z=0,\\ \dfrac{\text{Re}z}{|z|}, & z\neq 0\end{cases}$ 在原点是否连续？

解　由于 $\dfrac{\text{Re}z}{|z|}=\cos\theta$，当 z 沿 x 轴趋向原点时，有

$$\lim_{\substack{z\to 0\\ y=0}} f(z)=\lim_{\theta=0}\cos\theta=1$$

$$\lim_{\substack{z\to 0\\ y=0}} f(z)\neq f(0)$$

因此，$f(z)$ 在 $z=0$ 处不连续.

§2.2 导数和解析函数的概念

一、复变函数的导数

1. 定义

设 $w=f(z)$ 在点 z_0 的某邻域内有定义，对于邻域内任一点 $z_0+\Delta z$，如果 $\lim\limits_{\Delta z\to 0}\frac{f(z_0+\Delta z)-f(z_0)}{\Delta z}$ 存在，其中 $\Delta z\to 0$ 按任意方向趋于零，则称 $f(z)$ 在 z_0 处可导，该极限称为 $f(z)$ 在点 z_0 处的导数，记作 $f'(z_0)$ 或 $\left.\frac{\mathrm{d}f(z)}{\mathrm{d}z}\right|_{z=z_0}$，即

$$f'(z_0)\xlongequal{\Delta z\to 0}\frac{f(z_0+\Delta z)-f(z_0)}{\Delta z}\tag{2.2.1}$$

若 $f(z)$ 在点 z_0 处可导，则 $f(z)$ 在点 z_0 处连续；然而，$f(z)$ 在点 z_0 处连续，$f(z)$ 在点 z_0 处不一定可导. 导数的求导法则和实函数相同.

例 2.4 求复变函数 $f(z)=z^2$ 的导数($z\in\mathrm{C}$).

解 $(z^2)'=\lim\limits_{\Delta z\to 0}\frac{(z+\Delta z)^2-z^2}{\Delta z}=\lim\limits_{\Delta z\to 0}\frac{(2z+\Delta z)\Delta z}{\Delta z}=2z.$

同理，可证得 $(z^n)'=nz^{n-1}$(见习题).

2. 导数的运算法则

设 $f(z)$ 和 $g(z)$ 在区域 D 内可导，那么 $f(z)\pm g(z)$，$f(z)g(z)$，$\frac{f(z)}{g(z)}$(分母不为零)也在区域 D 内可导，且

$$[f(z)\pm g(z)]'=f'(z)\pm g'(z)\tag{2.2.2—a}$$

$$[f(z)g(z)]'=f'(z)g(z)+f(z)g'(z)\tag{2.2.2—b}$$

$$\left[\frac{f(z)}{g(z)}\right]'=\frac{f'(z)g(z)-f(z)g'(z)}{[g(z)]^2}\tag{2.2.2—c}$$

复合函数求导法则与实函数类似，此处不再赘述.

和实函数一样，如果当自变量 z 从 $z_0\to z_0+\Delta z$ 时，函数 $f(z)$ 的增量可写成

$$\Delta f(z)=f(z_0+\Delta z)-f(z_0)=A(z_0)\Delta z+o(|\Delta z|)\tag{2.2.3}$$

的形式，则称函数 $f(z)$ 在 z_0 点处可微. 函数增量中的线性主部 $A(z_0)\Delta z$ 称为 $f(z)$ 在 z_0 点处的微分，记为

$$\mathrm{d}f(z_0)=A(z_0)\Delta z=A(z_0)\mathrm{d}z\tag{2.2.4}$$

在这里我们也把自变量的增量称为它的微分：

$$\mathrm{d}z=\Delta z\tag{2.2.5}$$

如果式(2.2.3)成立，显然有

$$\lim_{\Delta z \to 0} \frac{\Delta f}{\Delta z} = A(z_0) = f'(z_0)$$

即可微一定可导.

若 $f(z)$在点 z_0 处可导,则

$$\lim_{\Delta z \to 0} \left[\frac{\Delta f}{\Delta z} - f'(z_0) \right] = \lim_{\Delta z \to 0} \left[\frac{f(z_0 + \Delta z) - f(z_0)}{\Delta z} - f'(z_0) \right] = 0$$

令

$$\varepsilon = \frac{\Delta f}{\Delta z} - f'(z_0)$$

则当 $\Delta z \to 0$ 时,ε 是个无穷小量,

$$\lim_{\Delta z \to 0} \varepsilon = 0$$

$$\Delta f = f(z_0 + \Delta z) - f(z_0) = f'(z_0)\Delta z + \varepsilon \Delta z$$

当 $\Delta z \to 0$ 时,$\varepsilon\Delta z$ 是比 Δz 高阶的无穷小量,可记为

$$o(|\Delta z|) = \varepsilon \Delta z$$

$$\Delta f = f'(z_0)\mathrm{d}z + o(|\Delta z|)$$

这表明 $f(z)$ 在 z_0 点处可微,微分为

$$\mathrm{d}f = f'(z_0)\mathrm{d}z$$

因此,在复变函数中,可微与可导是一回事.

3. 柯西-黎曼(Cauchy-Riemann)条件

设函数 $f(z) = u(x, y) + \mathrm{i}v(x, y)$ 在点 z 处可微,则

$$\Delta f = \Delta u(x, y) + \mathrm{i}\Delta v(x, y) = f'(z)\Delta z + o(|\Delta z|)$$

设 $f'(z) = a(x, y) + \mathrm{i}b(x, y)$,则

$$\Delta f = [a(x, y) + \mathrm{i}b(x, y)] \cdot (\mathrm{d}x + \mathrm{i}\mathrm{d}y) + o(|\Delta z|)$$

我们可以把 $o(|\Delta z|)$分成实部与虚部:

$$o(|\Delta z|) = o_1(|\Delta z|) + \mathrm{i}o_2(|\Delta z|)$$

Δf 可以写成

$$\Delta f = [a(x, y)\mathrm{d}x - b(x, y)\mathrm{d}y + o_1(|\Delta z|)] + \mathrm{i}[b(x, y)\mathrm{d}x + a(x, y)\mathrm{d}y + o_2(|\Delta z|)]$$

这时我们有

$$\Delta u(x, y) = a(x, y)\mathrm{d}x - b(x, y)\mathrm{d}y + o_1(|\Delta z|)$$

$$\Delta v(x, y) = b(x, y)\mathrm{d}x + a(x, y)\mathrm{d}y + o_2(|\Delta z|)$$

这表明 $u(x, y)$,$v(x, y)$ 可微,它们的微分分别为

$$\mathrm{d}u(x, y) = a(x, y)\mathrm{d}x - b(x, y)\mathrm{d}y$$

$$\mathrm{d}v(x, y) = b(x, y)\mathrm{d}x + a(x, y)\mathrm{d}y$$

以上推导说明,若复变函数 $f(z) = u(x, y) + \mathrm{i}v(x, y)$ 在点 z 处可导,$f(z)$的实部 $u(x, y)$与虚部 $v(x, y)$必为二元可微函数,是否任意两个二元可微函数都可当作某一复可微函数的实部与虚部呢?从上面的推导可以看出,答案是否定的.若 $u(x, y)$,$v(x, y)$为某

一可导函数的实部与虚部，除可微外，它们的偏导数尚需满足以下关系：

$$\begin{aligned}&\frac{\partial u}{\partial x}=\frac{\partial v}{\partial y}=a(x,y)\\&\frac{\partial u}{\partial y}=-\frac{\partial v}{\partial x}=-b(x,y)\end{aligned}\tag{2.2.6}$$

其中 $a(x,y)$，$b(x,y)$ 分别为 $f'(z)$ 的实部与虚部. 式(2.2.6)称为柯西-黎曼条件. 可导复函数的实部 $u(x,y)$ 与虚部 $v(x,y)$ 除可微外，尚需满足柯西-黎曼条件，这是复函数 $f(z)=u(x,y)+\mathrm{i}v(x,y)$ 可导的两个必要条件.

由于柯西-黎曼条件在复变函数中的重要性，这里再介绍它的另一种推导方法.

当 $f'(z)$ 存在时，不管 $\Delta z=\Delta x+\mathrm{i}\Delta y$ 以什么方式趋于零，均有

$$f'(z)=\lim_{\Delta z\to 0}\frac{\Delta f}{\Delta z}=\lim_{\Delta z\to 0}\frac{\Delta u+\mathrm{i}\Delta v}{\Delta x+\mathrm{i}\Delta y}$$

如果我们让动点沿 x 轴方向趋于定点，$\Delta z=\Delta x$，则有

$$f'(z)=\lim_{\substack{\Delta x\to 0\\ \Delta y=0}}\frac{\Delta u+\mathrm{i}\Delta v}{\Delta x}=\frac{\partial u}{\partial x}+\mathrm{i}\frac{\partial v}{\partial x}$$

如果我们让动点沿 y 轴方向趋于定点，$\Delta z=\mathrm{i}\Delta y$，则有

$$f'(z)=\lim_{\substack{\Delta y\to 0\\ \Delta x=0}}\frac{\Delta u+\mathrm{i}\Delta v}{\mathrm{i}\Delta y}=-\mathrm{i}\frac{\partial u}{\partial y}+\frac{\partial v}{\partial y}=\frac{\partial v}{\partial y}-\mathrm{i}\frac{\partial u}{\partial y}$$

因此，我们得柯西-黎曼条件：

$$\begin{cases}\dfrac{\partial u}{\partial x}=\dfrac{\partial v}{\partial y}\\[2mm]\dfrac{\partial u}{\partial y}=-\dfrac{\partial v}{\partial x}\end{cases}\tag{2.2.7}$$

例 2.5 证明复变函数 $f(z)=\mathrm{Re}z$ 在复平面处处不可导.

证

$$u(x,y)=x,v(x,y)=0$$

$$\frac{\partial u}{\partial x}=1,\ \frac{\partial u}{\partial y}=0,\ \frac{\partial v}{\partial x}=0,\ \frac{\partial v}{\partial y}=0$$

不满足柯西-黎曼条件，因此 $f(z)=\mathrm{Re}z$ 在复平面上处处不可导.

4. 复变函数可导的充分条件

$u(x,y)$，$v(x,y)$ 可微并满足柯西-黎曼条件也是复变函数 $f(z)=u(x,y)+\mathrm{i}v(x,y)$ 可导的充分条件.

证 因为 $u(x,y)$，$v(x,y)$ 可微，则

$$\begin{aligned}\Delta f&=\Delta u(x,y)+\mathrm{i}\Delta v(x,y)\\&=\left[\frac{\partial u}{\partial x}\mathrm{d}x+\frac{\partial u}{\partial y}\mathrm{d}y+o_1(|\Delta z|)\right]+\mathrm{i}\left[\frac{\partial v}{\partial x}\mathrm{d}x+\frac{\partial v}{\partial y}\mathrm{d}y+o_2(|\Delta z|)\right]\\&=\left(\frac{\partial u}{\partial x}+\mathrm{i}\frac{\partial v}{\partial x}\right)\mathrm{d}x+\left(\frac{\partial u}{\partial y}+\mathrm{i}\frac{\partial v}{\partial y}\right)\mathrm{d}y+o(|\Delta z|)\end{aligned}$$

其中

$$o(|\Delta z|)=o_1(|\Delta z|)+\mathrm{i}o_2(|\Delta z|)$$

由柯西-黎曼条件，上式可改写为

$$\begin{aligned}\Delta f&=\left(\frac{\partial u}{\partial x}+\mathrm{i}\frac{\partial v}{\partial x}\right)\mathrm{d}x+\left(-\frac{\partial v}{\partial x}+\mathrm{i}\frac{\partial u}{\partial x}\right)\mathrm{d}y+o(|\Delta z|)\\&=\left(\frac{\partial u}{\partial x}+\mathrm{i}\frac{\partial v}{\partial x}\right)\cdot(\mathrm{d}x+\mathrm{i}\mathrm{d}y)+o(|\Delta z|)\\&=\left(\frac{\partial u}{\partial x}+\mathrm{i}\frac{\partial v}{\partial x}\right)\mathrm{d}z+o(|\Delta z|)\end{aligned}$$

由上式可知，$f(z)$在点 z 处可微，即

$$f'(z)=\frac{\partial u}{\partial x}+\mathrm{i}\frac{\partial v}{\partial x}$$

u,v 可微并满足柯西-黎曼条件为 $f(z)=u(x,y)+\mathrm{i}v(x,y)$可导的充要条件.

当 $u(x,y),v(x,y)$的一阶偏导数连续时，u,v 必可微. 因此，当

(1) u_x,u_y,v_x,v_y连续；

(2) u,v 满足柯西-黎曼条件

时，复变函数 $f(z)=u(x,y)+\mathrm{i}v(x,y)$ 必可导(或可微). 它们是复变函数 $f(z)$可导或可微的充分条件. 偏导数连续比函数可微容易判定. 判定复变函数 $f(z)$可导，应用充分条件比较方便.

二、解析函数的概念

1. 解析函数

定义： 如果 $f(z)$在点 z_0 及其 z_0 的某个邻域内处处可导，则称 $f(z)$在点 z_0 处解析. 如果$f(z)$在区域 D 内处处解析，则称 $f(z)$在区域 D 内解析，也称 $f(z)$是区域 D 上的解析函数.

函数 $f(z)$在某点解析是比在某点可导更严格的条件，两者并不等价. 解析、可导、连续、极限四者之间的关系如图 2.3 所示. $f(z)$的实部、虚部在区域 D 内处处可微，并且满足柯西-黎曼条件，是 $f(z)$在区域 D 内解析的充要条件.

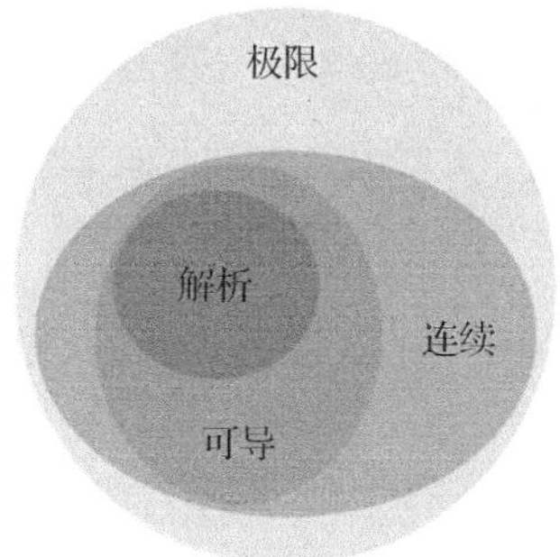

图 2.3　解析、可导、连续、极限四者之间的关系

函数 $f(z)$的不解析点称为奇点，比如 $z=0$ 是 $f(z)=\frac{1}{z}$的奇点.

例 2.6 证明函数 $f(z)=e^x(\cos y+i\sin y)$在复平面上解析，且 $f'(z)=f(z)$.

证 由 $u=e^x\cos y, v=e^x\sin y$，可求得

$$\frac{\partial u}{\partial x}=e^x\cos y, \frac{\partial u}{\partial y}=-e^x\sin y, \frac{\partial v}{\partial x}=e^x\sin y, \frac{\partial v}{\partial y}=e^x\cos y$$

它们均在复平面上连续，且满足柯西-黎曼条件. 因此，$f(z)$在复平面上解析，根据式(2.2.4)，即可证得

$$f'(z)=e^x\cos y+ie^x\sin y=f(z)$$

2. 解析函数的性质

(1) 已知 u 或 v，求解析函数 $f(z)$.

例 2.7 已知 $u=e^{-y}\cos x$，求解析函数 $f(z)=u+iv$.

解
$$\begin{aligned} dv &=\frac{\partial v}{\partial x}dx+\frac{\partial v}{\partial y}dy=-\frac{\partial u}{\partial y}dx+\frac{\partial u}{\partial x}dy \\ &=e^{-y}\cos x dx-e^{-y}\sin x dy=d(e^{-y}\sin x)\end{aligned}$$

因此 $v=e^{-y}\sin x+c$，$f(z)$可化简为 $f(z)=e^{iz}+ic$.

(2) $\nabla u\cdot\nabla v=0$.

∇u 和∇v 分别代表了曲线 $u=$常数及 $v=$常数的法向矢量，此关系说明 $u=$常数及 $v=$常数是彼此相互正交的两曲线族.

例 2.8 解析函数 $f(z)=z^2$ 实部与虚部的两族曲线除原点外相互正交.

解 $f(z)=z^2=x^2-y^2+i2xy$，实部和虚部等值线的正交关系如图 2.4 所示.

$$u(x,y)=x^2-y^2,\ v(x,y)=2xy$$

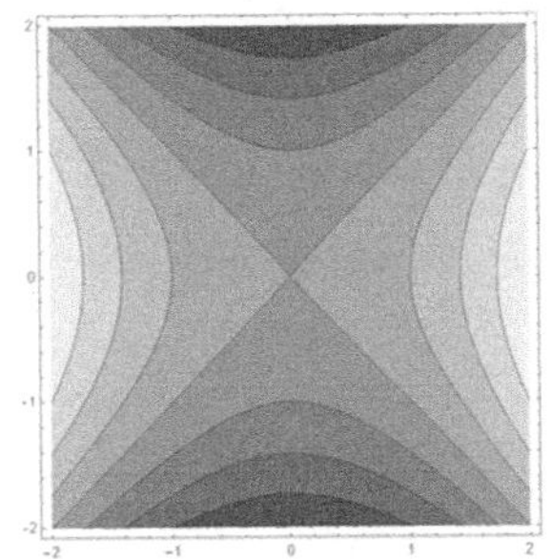
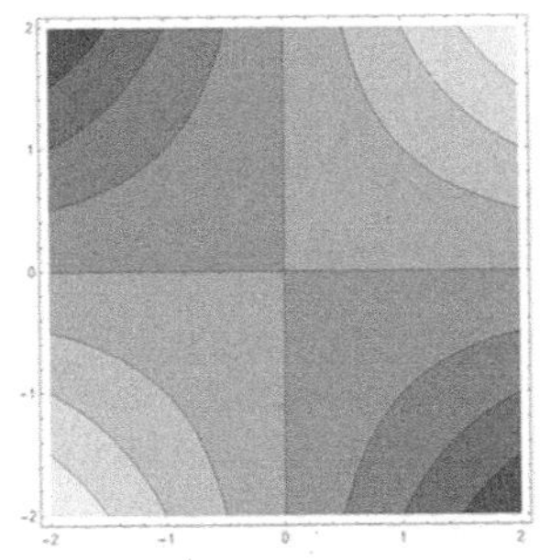
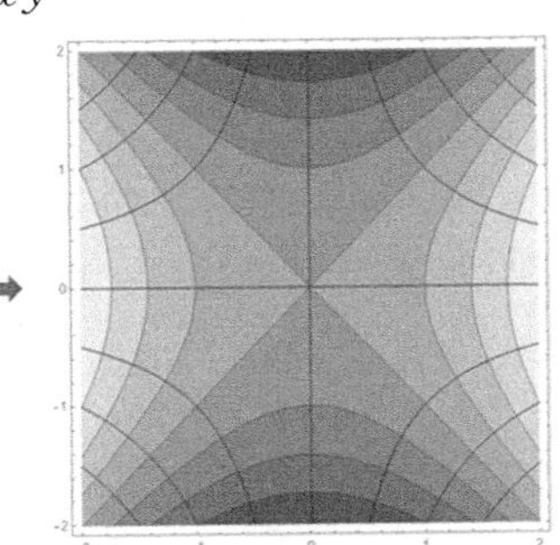

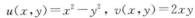

图 2.4 实部和虚部等值线的正交关系

(3) $\Delta u=0, \Delta v=0$.

我们把在区域内满足柯西-黎曼条件的两个调和函数 u 和 v 称为共轭调和函数.

§2.3　初等解析函数

一、单值函数

1. 整幂函数

$$f(z)=z^n \quad (n=0,\pm1,\pm2,\cdots) \tag{2.3.1}$$

其解析区域为 $D=C(n=0,1,2,\cdots)$ 及 $D=C\backslash\{0\}$ $(n=-1,-2,-3,\cdots)$.

2. 指数函数

$$w=\mathrm{e}^z=\mathrm{e}^x(\cos y+\mathrm{i}\sin y) \tag{2.3.2}$$

其解析区域为 $D=C$.

需要指出的是，与实函数 $f(x)=\mathrm{e}^x$ 不同，指数函数 e^z 是周期函数 $\mathrm{e}^{z+\mathrm{i}2k\pi}=\mathrm{e}^z(k\in\mathbf{Z})$.

3. 三角函数

根据 $\cos x=\dfrac{\mathrm{e}^{\mathrm{i}x}+\mathrm{e}^{-\mathrm{i}x}}{2}$，$\sin x=\dfrac{\mathrm{e}^{\mathrm{i}x}-\mathrm{e}^{-\mathrm{i}x}}{2\mathrm{i}}$，对任何复数 z，定义余弦函数和正弦函数如下：

$$\cos z=\frac{\mathrm{e}^{\mathrm{i}z}+\mathrm{e}^{-\mathrm{i}z}}{2},\ \sin z=\frac{\mathrm{e}^{\mathrm{i}z}-\mathrm{e}^{-\mathrm{i}z}}{2\mathrm{i}} \tag{2.3.3}$$

其解析区域为 $D=C$.

与实正弦函数和余弦函数不同，$|\cos z|\leqslant1$ 和 $|\sin z|\leqslant1$ 不成立. 例如，当 $z=\mathrm{i}y$ 时，有 $\cos\mathrm{i}y=\dfrac{\mathrm{e}^{-y}+\mathrm{e}^{y}}{2}\geqslant1$. 其他三角函数可以由 $\sin z$ 和 $\cos z$ 给出定义.

通过以上几类初等单值函数的介绍，我们了解了初等单值函数与相应实函数的定义在形式上是相同的；在其定义域内均解析；除某些新性质外，具有与相应实函数相同的性质.

二、多值函数

1. 根式函数

若 $w^n=z$，则

$$w=\sqrt[n]{z}\ (n=2,3,4,\cdots) \tag{2.3.4}$$

称为根式函数. 下面我们以 $n=2$ 为例，

$$w=\sqrt{r}\mathrm{e}^{\mathrm{i}\frac{\arg z+2k\pi}{2}}=\begin{cases}\sqrt{r}\mathrm{e}^{\mathrm{i}\frac{\arg z}{2}}, & (k=0,\pm2,\pm4,\cdots)\\ -\sqrt{r}\mathrm{e}^{\mathrm{i}\frac{\arg z}{2}}, & (k=\pm1,\pm3,\cdots)\end{cases}$$

其多值性来源于：当 z 的幅角每增加（或减小）2π 时，函数值会从一个分支跳跃至另外一个分支.

为了定义多值函数的极限、可导、解析等概念，我们首先需要将多值函数单值化. 为此我们介绍两个概念:支点和支割线.

如果绕一点转动一周,函数从一支跳跃至另一支,则称这个特殊的点为支点. 比如函数 $w=\sqrt{z}$,在复平面上 $z=0$ 是其支点;若在扩充复平面上考虑问题,则无穷远点也是 $w=\sqrt{z}$ 的支点. 支割线是连接多值函数两个支点切开 z 平面的线. 当 z 连续变化时,函数不得跨越支割线. 对于 $w=\sqrt{z}$ 而言,连接 $z=0$ 和 $z=\infty$ 的线有无穷多条.

例 2.9 函数 $f(z)=\sqrt{(z-a)(z-b)}$ 是几值函数? 在扩充复平面上有多少支点?

解 $$z-a=r_1\mathrm{e}^{\mathrm{i}(\Phi_1+2m\pi)},\quad z-b=r_2\mathrm{e}^{\mathrm{i}(\Phi_2+2n\pi)}\ (m,n\in\mathbf{Z})$$

$$w=\begin{cases}\sqrt{r_1r_2}\,\mathrm{e}^{\mathrm{i}\frac{\Phi_1+\Phi_2+2k\pi}{2}}=w_1\ (k=0,\pm2,\pm4,\cdots)\\ -\sqrt{r_1r_2}\,\mathrm{e}^{\mathrm{i}\frac{\Phi_1+\Phi_2+2k\pi}{2}}=w_2\ (k=\pm1,\pm3,\cdots)\end{cases}$$

显然,此函数为二值函数. 函数单独绕着 a 点或 b 点转一圈,函数值发生跳跃,即 $w_1\Leftrightarrow w_2$,因此 a 和 b 是此函数的支点. 但函数绕着 a 和 b 整体转一圈,函数值不会发生跳跃,因此可以间接推测无穷远点不是此函数的支点.

例 2.10 已知 $W(z)=\sqrt[3]{z}$,$W(\mathrm{i})=-\mathrm{i}$,求 $W(-\mathrm{i})$ 和 $W'(-\mathrm{i})$ (沿正实轴把复平面割开).

解 设 $z=r\exp(\mathrm{i}\varphi)$ $(0<\varphi<2\pi)$,则

$$\sqrt[3]{z}=\sqrt[3]{r}\exp\left[\mathrm{i}\left(\frac{\varphi}{3}+k\cdot\frac{2\pi}{3}\right)\right]$$

$\sqrt[3]{z}$ 有三个单叶分支:

分支Ⅰ,当 $k=0$ 时,$(\sqrt[3]{z})_1=\sqrt[3]{r}\exp\left(\mathrm{i}\,\frac{\varphi}{3}\right)$;

分支Ⅱ,当 $k=1$ 时,$(\sqrt[3]{z})_2=\sqrt[3]{r}\exp\left[\mathrm{i}\left(\frac{\varphi}{3}+\frac{2\pi}{3}\right)\right]$;

分支Ⅲ,当 $k=2$ 时,$(\sqrt[3]{z})_3=\sqrt[3]{r}\exp\left[\mathrm{i}\left(\frac{\varphi}{3}+\frac{4\pi}{3}\right)\right]$.

这三个单值函数的幅角分别属于区间:

分支Ⅰ,$0<\frac{\varphi}{3}<\frac{2\pi}{3}$;

分支Ⅱ,$\frac{2\pi}{3}<\frac{\varphi}{3}+\frac{2\pi}{3}<\frac{4\pi}{3}$;

分支Ⅲ,$\frac{4\pi}{3}<\frac{\varphi}{3}+\frac{4\pi}{3}<2\pi$.

现在已知 $W(\mathrm{i})=-\mathrm{i}$,$(-\mathrm{i})=\exp\left(\mathrm{i}\,\frac{3}{2}\pi\right)$,$\frac{3}{2}\pi\in\left(\frac{4\pi}{3},2\pi\right)$. 所以题设的函数 $W(z)$ 为 $\sqrt[3]{z}$ 的分支Ⅲ:

$$(\sqrt[3]{z})_3=\sqrt[3]{r}\exp\left[\mathrm{i}\left(\frac{\varphi}{3}+\frac{4\pi}{3}\right)\right]$$

$$W(-\mathrm{i})=\exp\left[\mathrm{i}\left(\frac{\pi}{2}+\frac{4\pi}{3}\right)\right]=\exp\left(\mathrm{i}\,\frac{11}{6}\pi\right)$$

$(\sqrt[3]{z})_3$ 为单值函数，

$$\frac{\mathrm{d}}{\mathrm{d}z}(\sqrt[3]{z})_3=\frac{1}{3}z^{-\frac{2}{3}}$$

$$W'(-\mathrm{i})=\left[\frac{\mathrm{d}}{\mathrm{d}z}(\sqrt[3]{z})_3\right]_{z=-\mathrm{i}}=\frac{1}{3}\exp\left[\mathrm{i}\,\frac{3}{2}\pi\cdot\left(-\frac{2}{3}\right)\right]=\frac{1}{3}\exp(-\mathrm{i}\pi)=-\frac{1}{3}.$$

2. 对数函数

定义：若 $\mathrm{e}^w=z(z\neq0)$，则称 w 为复变量 z 的对数函数，记作：

$$w=\mathrm{Ln}z(z\neq0) \tag{2.3.5}$$

又可表示为

$$w=\mathrm{Ln}z=\ln|z|+\mathrm{i}(\arg z+2k\pi)\ (z\neq0) \tag{2.3.6}$$

多值性来源于式(2.3.6)的虚部.

3. 一般幂函数

定义：对于任何复数 α，定义 z 的一般幂函数为

$$w=z^\alpha=\mathrm{e}^{\alpha\mathrm{Ln}z}(z\neq0) \tag{2.3.7}$$

其多值性来源于式(2.3.7)指数上的 Ln 函数.

4. 反三角函数

定义：若 $\sin w=z$，则称 w 为复变量 z 的反正弦函数，记作

$$w=\mathrm{Arcsin}z \tag{2.3.8}$$

式(2.3.8)又可表示为

$$w=\mathrm{Arcsin}z=\frac{1}{\mathrm{i}}\mathrm{Ln}(\mathrm{i}z+\sqrt{1-z^2}) \tag{2.3.9}$$

这是一个多值函数.其余反三角函数可以类似定义，不再赘述.

习　题

1. 写出下列复变函数的实部和虚部：

(1) $f(z)=2z^2+3z$；

(2) $f(z)=\sqrt{1+z}$.

2. 证明函数 $f(z)=\frac{1}{2\mathrm{i}}\left(\frac{z}{z^*}-\frac{z^*}{z}\right)$在原点不连续.

3. 证明 $(z^n)'=nz^{n-1}$.

4. 讨论下列函数的可导性和解析性：

(1) $f(z)=z\mathrm{Re}z$；

(2) $f(z)=|z|^2$.

5. 已知解析函数 $f(z)=u+\mathrm{i}v$,其中 $u=2(x-1)y$,求 v.

6. 若函数 $f(z)=ay^3+bx^2y+\mathrm{i}(x^3+cxy^2)$在复平面上解析,求 a,b,c 的值.

7. 已知解析函数 $f(z)=u+\mathrm{i}v$,请证明 $\nabla u\cdot\nabla v=0$.

8. 已知解析函数 $f(z)=u+\mathrm{i}v$,请证明 $\Delta u=0,\Delta v=0$.

9. 请指出下列哪个实函数可以作为复变函数 $f(z)$的实部(或虚部),使得 $f(z)$在区域 $|z|<1$ 上解析:

(1) $x^2-axy+y^2$;

(2) $\dfrac{x^2-y^2}{(x^2+y^2)^2}$.

10. 已知 $f(z)=\sqrt{z^2-1}$,当 $z=0$ 时 $f(0)=\mathrm{i}$,求 $f(\mathrm{i})$.

11. 解方程 $\mathrm{e}^z=1+\mathrm{i}$.

12. 证明如下三角函数等式:

(1) $\sin 2z=2\sin z\cos z$;

(2) $z\cot z=\mathrm{i}z\coth(\mathrm{i}z)$.

13. 计算 $\mathrm{Ln}(1-\mathrm{i})$和 i^{i}.

14. 证明式(2.3.9).

第 3 章

解析函数的积分

§3.1　复变函数的积分

一、复变函数的积分

定义： 如图 3.1 所示，复平面上有一条连接 A 和 B 两点的光滑简单曲线 C，$f(z)=u(x,y)+\mathrm{i}v(x,y)$是在 C 上的连续函数.

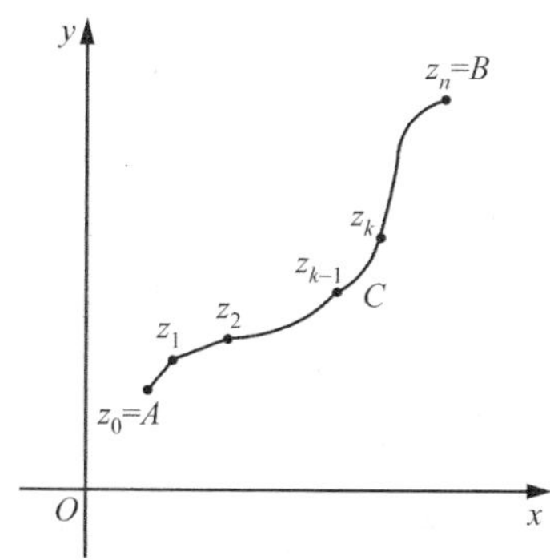

图 3.1　曲线 C

把曲线 C 分成 n 段弧段，在每个弧段上任取一点 ζ_k，和数

$$S_n=\sum_{k=1}^{n}f(\zeta_k)\Delta z_k \tag{3.1.1}$$

其中 $\Delta z_k=z_k-z_{k-1}$. 令 $\lambda=\max\limits_{1\leqslant k\leqslant n}\{|\Delta z_k|\}$，当 $\lambda\to 0$ 时，若式(3.1.1)的极限存在，且此极限值不依赖于 ζ_k 的选择，也不依赖于曲线 C 的分法，则称此极限值为 $f(z)$沿曲线 C 的积分，记作

$$\int_C f(z)\mathrm{d}z=\lim_{\substack{n\to\infty\\ \max|\Delta z_k|\to 0}}S_n \tag{3.1.2}$$

此外，当 $f(z)$沿曲线 C 的负方向(从 B 到 A)积分时，记作$\int_{C^-}f(z)\mathrm{d}z$；当 $f(z)$沿闭曲线 C

积分时,记作$\oint_C f(z)\mathrm{d}z$.

若复积分存在,则可以将 $f(z)=u(x,y)+\mathrm{i}v(x,y)$代入积分,得

$$\int_C f(z)\mathrm{d}z=\int_C(u\mathrm{d}x-v\mathrm{d}y)+\mathrm{i}\int_C(v\mathrm{d}x+u\mathrm{d}y) \tag{3.1.3}$$

上式表明,复积分可化成两个第二型曲线积分.只要把曲线的参数表示式代入,第二型曲线积分就可以化成普通的定积分.

例 3.1 证明

$$\oint_C \frac{\mathrm{d}z}{(z-a)^n}=\begin{cases}2\pi\mathrm{i}, & n=1\\ 0, & n\neq 1 \text{ 且为整数}\end{cases}$$

这里的 C 表示以 a 为中心、r 为半径的圆周.

证 在本例中,将被积函数分成实部加虚部并不方便,因而用式(3.1.3)计算并不方便.我们可以写出被积函数与 $\mathrm{d}z$ 在积分路径上的表示式,把复积分化为定积分.在 C 上,$z-a=r\mathrm{e}^{\mathrm{i}\theta}(0<\theta\leqslant 2\pi)$, $\mathrm{d}z=\mathrm{i}r\mathrm{e}^{\mathrm{i}\theta}\mathrm{d}\theta$,

当 $n=1$ 时,有

$$\oint_C\frac{\mathrm{d}z}{z-a}=\int_0^{2\pi}\frac{\mathrm{i}r\mathrm{e}^{\mathrm{i}\theta}}{r\mathrm{e}^{\mathrm{i}\theta}}\mathrm{d}\theta=2\pi\mathrm{i}$$

当 n 为不等于 1 的整数时,有

$$\oint_C\frac{\mathrm{d}z}{(z-a)^n}=\int_0^{2\pi}\frac{\mathrm{i}r\mathrm{e}^{\mathrm{i}\theta}}{r^n\mathrm{e}^{\mathrm{i}n\theta}}\mathrm{d}\theta=\frac{\mathrm{i}}{r^{n-1}}\int_0^{2\pi}\mathrm{e}^{-\mathrm{i}(n-1)\theta}\mathrm{d}\theta=0$$ (证毕)

思考:如果 C 不是圆周,而是幅角从 θ_1 张至 θ_2 的圆弧,该积分等于多少?(习题 1)

二、复变函数积分的基本性质

设 $f(z)$及 $g(z)$在简单曲线 C 上连续,则有

(1) $\int_C kf(z)\mathrm{d}z=k\int_C f(z)\mathrm{d}z$,其中 k 是常数;

(2) $\int_C[f(z)\pm g(z)]\mathrm{d}z=\int_C f(z)\mathrm{d}z\pm\int_C g(z)\mathrm{d}z$;

(3) $\int_C f(z)\mathrm{d}z=\int_{C_1}f(z)\mathrm{d}z+\int_{C_2}f(z)\mathrm{d}z+\cdots+\int_{C_n}f(z)\mathrm{d}z$,其中曲线 C 由光滑的曲线 $C_1,C_2,\cdots,C_n$ 连接而成;

(4) $\int_{C^-}f(z)\mathrm{d}z=-\int_C f(z)\mathrm{d}z$;

(5) $\left|\int_C f(z)\mathrm{d}z\right|\leqslant\int_C|f(z)||\mathrm{d}z|=\int_C|f(z)|\mathrm{d}s$;

(6) $\left|\int_C f(z)\mathrm{d}z\right|\leqslant Ml$,其中 M 为 $|f(z)|$ 在 C 上的一个上界,l 为 C 的长度.

注:(5),(6)两式为常用的积分估值不等式.

例 3.2 沿如图 3.2 所示路径($C_1:x+y=1;C_2:x^2+y^2=1$),计算如下积分:

(1) $\int_{C_j}(x^2+y^2)\mathrm{d}x-2xy\mathrm{d}y(j=1,2)$；

(2) $\int_{C_j}z\mathrm{d}z(j=1,2)$.

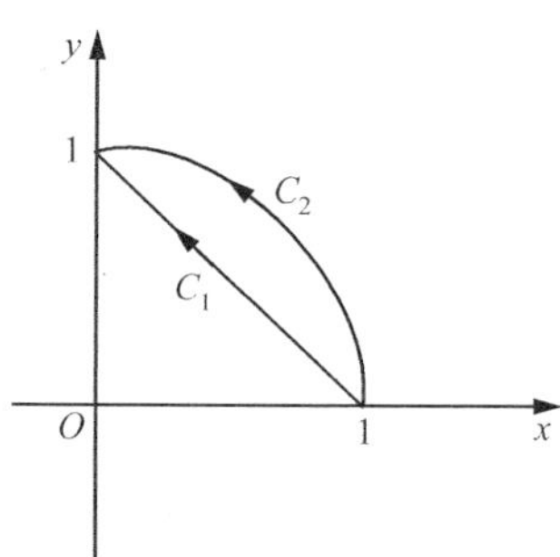

图 3.2　例 3.2 图

解　(1) 在 C_1 上，$x=1-t,y=t\ (0\leqslant t\leqslant 1)$.

$\int_{C_1}(x^2+y^2)\mathrm{d}x-2xy\mathrm{d}y=-\int_0^1[(1-t)^2+t^2]\mathrm{d}t-\int_0^1 2(1-t)t\mathrm{d}t=-1$

在 C_2 上，$x=\cos\theta,y=\sin\theta\left(0\leqslant\theta\leqslant\frac{\pi}{2}\right)$.

$\int_{C_2}(x^2+y^2)\mathrm{d}x-2xy\mathrm{d}y=-\int_0^{\frac{\pi}{2}}(\cos^2\theta+\sin^2\theta)\sin\theta\mathrm{d}\theta-2\int_0^{\frac{\pi}{2}}\cos^2\theta\sin\theta\mathrm{d}\theta=-\frac{5}{3}$

(2) 采用如(1)的参数化方法，得

$$\int_{C_1}z\mathrm{d}z=\int_0^1(1-t+\mathrm{i}t)(-1+\mathrm{i})\mathrm{d}t=-1$$

$$\int_{C_2}z\mathrm{d}z=\int_0^{\frac{\pi}{2}}\mathrm{e}^{\mathrm{i}\theta}\mathrm{i}\mathrm{e}^{\mathrm{i}\theta}\mathrm{d}\theta=-1$$

从此题的结论可以发现，有的被积函数积分值与积分路径有关，有的被积函数积分值与积分路径无关.那么满足什么样条件的复变函数其积分值与路径无关呢？

§3.2　柯西积分定理

一、柯西积分定理

定理： 设 $f(z)$是在单连通区域 D 内的解析函数，则 $f(z)$在 D 内沿任意一条闭曲线 C 的积分

$$\oint_C f(z)\mathrm{d}z=0 \tag{3.2.1}$$

1851 年，黎曼(Riemann)在 $f'(z)$连续的假设下给出了一个简单的证明，过程如下：

令 $z=x+\mathrm{i}y,f(z)=u(x,y)+\mathrm{i}v(x,y)$,

$$\oint_C f(z)\mathrm{d}z = \oint_C u\mathrm{d}x - v\mathrm{d}y + \mathrm{i}\oint_C v\mathrm{d}x + u\mathrm{d}y$$

因为 $f'(z)$在 D 内连续，所以 u_x, u_y, v_x, v_y 在 D 内连续. 由格林公式

$$\oint_C P\mathrm{d}x + Q\mathrm{d}y = \iint_D \left(\frac{\partial Q}{\partial x} - \frac{\partial P}{\partial y}\right)\mathrm{d}x\mathrm{d}y$$

得

$$\oint_C f(z)\mathrm{d}z = \iint_D \left(-\frac{\partial v}{\partial x} - \frac{\partial u}{\partial y}\right)\mathrm{d}x\mathrm{d}y + \mathrm{i}\iint_D \left(\frac{\partial u}{\partial x} - \frac{\partial v}{\partial y}\right)\mathrm{d}x\mathrm{d}y$$

根据柯西-黎曼条件，$u_x = v_y, u_y = -v_x$，得

$$\oint_C f(z)\mathrm{d}z = 0$$

1900 年，法国数学家古萨(E. Goursat)在仅假设 $f'(z)$存在，即 $f(z)$解析的前提下，证明了柯西积分定理. 由此可以推出解析函数无限阶可微，因而 $f'(z)$连续. 从数学上看，古萨的证明更"完满". 这里我们不做要求.

此外，上述结论还可推广到复连通区域(如图 3.3 所示，阴影部分为 D)：

$$\oint_C f(z)\mathrm{d}z = \oint_{C_1} f(z)\mathrm{d}z + \cdots + \oint_{C_n} f(z)\mathrm{d}z \tag{3.2.2}$$

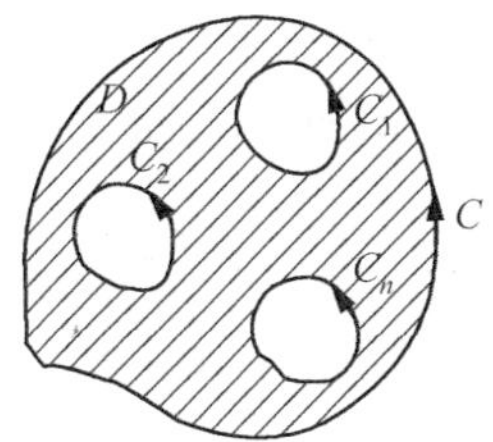

图 3.3　复连通区域

例 3.3　计算积分 $\int_C \frac{\mathrm{d}z}{(z-3)}$.

(1) $C: |z| = 2$；

(2) $C: |z-3| = 2$.

解　(1) 由于被积函数在所给区域内解析，因此该积分为 0；

(2) 利用例 3.1 结论，可得积分值为 $2\pi\mathrm{i}$.

例 3.4　证明：设 a 为围线 C 内部一点，则

$$\oint_C \frac{\mathrm{d}z}{(z-a)^n} = \begin{cases} 2\pi\mathrm{i}, & n=1 \\ 0, & n\neq 1 \text{ 且为整数} \end{cases}$$

证　当 $n \leqslant 0$ 时，$\frac{1}{(z-a)^n}$在 C 内解析，所以由柯西定理，得

$$\oint_C \frac{\mathrm{d}z}{(z-a)^n} = 0,\ n \leqslant 0$$

当 $n>0$ 时，$z=a$ 为 $\frac{1}{(z-a)^n}$ 的奇点，在 C 内以 a 为圆心，作一小圆 L 含于 C 内，则由复连通区域的柯西定理，得

$$\oint_C \frac{\mathrm{d}z}{(z-a)^n}=\oint_L \frac{\mathrm{d}z}{(z-a)^n}$$

由之前例题结论，有

$$\oint_L \frac{\mathrm{d}z}{(z-a)^n}=\begin{cases}2\pi\mathrm{i}, & n=1\\ 0, & n\neq 1\text{ 且为整数}\end{cases}$$

二、原函数与不定积分

由柯西积分定理可知：若 $f(z)$ 是在单连通区域 D 内的解析函数，则沿着区域 D 内的曲线 C 的积分 $\int_C f(\zeta)\mathrm{d}\zeta$ 与路径无关，只与起点 z_0 及终点 z 有关，此时也可写成 $\int_{z_0}^{z} f(\zeta)\mathrm{d}\zeta$. 在单连通区域 D 内固定 z_0，当 z 在区域 D 内变动时，$\int_{z_0}^{z} f(\zeta)\mathrm{d}\zeta$ 为上限 z 的一个函数，记作

$$F(z)=\int_{z_0}^{z} f(\zeta)\mathrm{d}\zeta \tag{3.2.3}$$

定理：设 $f(z)$ 是单连通区域 D 内的解析函数，则 $F(z)=\int f(\zeta)\mathrm{d}\zeta$ 也是区域 D 内的解析函数，且 $F'(z)=f(z)$.

证　如图 3.4 所示，以 z 为圆心作一个含于 D 内的小圆，小圆半径为 $\Delta z(\Delta z\neq 0)$，则

$$\frac{F(z+\Delta z)-F(z)}{\Delta z}=\frac{1}{\Delta z}\left[\int_{z_0}^{z+\Delta z} f(\zeta)\mathrm{d}\zeta-\int_{z_0}^{z} f(\zeta)\mathrm{d}\zeta\right]=\frac{1}{\Delta z}\int_{z}^{z+\Delta z} f(\zeta)\mathrm{d}\zeta$$

由于 $\frac{1}{\Delta z}\int_{z}^{z+\Delta z} f(z)\mathrm{d}\zeta=f(z)$，所以

$$\frac{F(z+\Delta z)-F(z)}{\Delta z}-f(z)=\frac{1}{\Delta z}\int_{z}^{z+\Delta z}[f(\zeta)-f(z)]\mathrm{d}\zeta$$

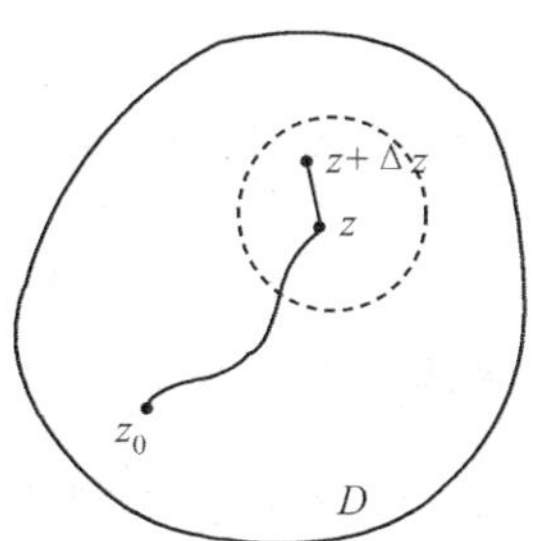

图 3.4　原函数定理

由于积分与路径无关，上述积分中的路径可取为从 z 到 $z+\Delta z$ 的直线段，ζ 为直线段上的点，此时必有 $|\zeta-z|\leqslant|\Delta z|$. 由 $f(\zeta)$ 的连续性可知，当 $|\Delta z|<\delta$ 时，$|\zeta-z|<\delta$，$|f(\zeta)-f(z)|=\varepsilon$.

因此，对于任意给定的 $\varepsilon>0$，存在 $\delta>0$，使得当 $|\Delta z|<\delta$ 时，有

$$\left|\frac{F(z+\Delta z)-F(z)}{\Delta z}-f(z)\right| = \left|\frac{1}{\Delta z}\int_z^{z+\Delta z}[f(\zeta)-f(z)]\mathrm{d}\zeta\right|$$

$$= \frac{1}{|\Delta z|}\left|\int_z^{z+\Delta z}[f(\zeta)-f(z)]\mathrm{d}\zeta\right| < \frac{\varepsilon}{|\Delta z|}|\Delta z| = \varepsilon$$

因此，$\lim\limits_{\Delta z\to 0}\dfrac{F(z+\Delta z)-F(z)}{\Delta z}=f(z)$，即 $F'(z)=f(z)\,(z\in D)$.

我们称 $F(z)$ 是 $f(z)$ 的一个原函数：

$$\int_{z_0}^{z} f(z)\mathrm{d}z = F(z)-F(z_0) \tag{3.2.4}$$

其中，$z_0\in D$，$z\in D$. 如果某一个区域内的连续函数有原函数，那么它沿这个区域内曲线的积分可以用原函数来计算，这可以看成牛顿-莱布尼茨公式的推广.

例 3.5 计算 $\int_1^{\mathrm{i}} z\mathrm{d}z$.

解 z 在复平面解析，$\dfrac{z^2}{2}$ 是它的一个原函数，则

$$\int_1^{\mathrm{i}} z\mathrm{d}z = \frac{z^2}{2}\Big|_1^{\mathrm{i}} = -1.$$

对照例 3.2 中(2)，显然用原函数方法更为简便.

§3.3 柯西积分公式

一、柯西积分公式

设 $f(z)$ 在简单闭曲线 C 所围成的区域 D 内解析，在 $\overline{D}=D\cup\partial D$ 上连续，z_0 是区域 D 内任一点，则有

$$f(z_0) = \frac{1}{2\pi\mathrm{i}}\oint_C \frac{f(z)}{z-z_0}\mathrm{d}z \tag{3.3.1}$$

其中，沿曲线 C 的积分是按逆时针方向取的，式(3.3.1)就是柯西积分公式，简称柯西公式.

证 设 $d_{\min}$ 为 z_0 到 D 的边界的最短距离. 以 z_0 为圆心、ρ 为半径画圆 Γ：$\{z; |z-z_0|=\rho\}$ $(\rho<d_{\min})$. 显然 Γ 的内部全部属于 D. 函数 $\dfrac{f(z)}{z-z_0}$ 在 C 与 Γ 之间的区域内解析：

$$\begin{aligned}\int_C \frac{f(z)}{z-z_0}\mathrm{d}z &= \int_\Gamma \frac{f(z)}{z-z_0}\mathrm{d}z \\ &= \int_\Gamma \frac{f(z)-f(z_0)+f(z_0)}{z-z_0}\mathrm{d}z \\ &= f(z_0)\int_\Gamma \frac{\mathrm{d}z}{z-z_0} + \int_\Gamma \frac{f(z)-f(z_0)}{z-z_0}\mathrm{d}z\end{aligned}$$

$$= 2\pi i f(z_0) + \int_\Gamma \frac{f(z) - f(z_0)}{z - z_0} dz$$

$$\left| \int_C \frac{f(z)}{z - z_0} dz - 2\pi i f(z_0) \right| = \left| \int_\Gamma \frac{f(z) - f(z_0)}{z - z_0} dz \right|$$

$$\leqslant \int_\Gamma \frac{|f(z) - f(z_0)|}{|z - z_0|} |dz|$$

$$= \frac{1}{\rho} \int_\Gamma |f(z) - f(z_0)| |dz|$$

因为 $f(z)$在 z_0 点处连续，$\forall \varepsilon > 0$，$\exists \delta > 0$，当$|z - z_0| < \delta$ 时，$|f(z) - f(z_0)| < \varepsilon$. 我们可取 $\rho < \delta$，当 $z \in \Gamma$ 时，$|f(z) - f(z_0)| < \varepsilon$.

$$\left| \int_C \frac{f(z)}{z - z_0} dz - 2\pi i f(z_0) \right| \leqslant \frac{\varepsilon}{\rho} \int_\Gamma |dz| = \frac{\varepsilon}{\rho} \cdot 2\pi\rho = 2\pi\varepsilon$$

$$\lim_{\varepsilon \to 0} \int_C \frac{f(z)}{z - z_0} dz = 2\pi i f(z_0)$$

但$\int_C \frac{f(z)}{z - z_0} dz$ 与ε 无关，因此

$$\lim_{\varepsilon \to 0} \int_C \frac{f(z)}{z - z_0} dz = \int_C \frac{f(z)}{z - z_0} dz$$

$$f(z_0) = \frac{1}{2\pi i} \int_C \frac{f(z)}{z - z_0} dz$$

二、解析函数的无限可微性

定理：设函数 $f(z)$在简单闭曲线 C 所围成的区域 D 内解析，在 $\overline{D}$ 上连续，则 $f(z)$的各阶导数均在区域 D 内解析，对区域 D 内任一点 z，有

$$f^{(n)}(z) = \frac{n!}{2\pi i} \oint_C \frac{f(\zeta)}{(\zeta - z)^{n+1}} d\zeta \ (n = 0, 1, 2, \cdots) \tag{3.3.2}$$

证　采用数学归纳法证明. 由柯西积分公式，可知 $n=0$ 时公式成立.

假设 $f^{(k)}(z) = \frac{k!}{2\pi i} \oint_C \frac{f(\zeta)\zeta}{(\zeta - z)^{k+1}} d\zeta$ 成立，则需证明

$$f^{(k+1)}(z) = \frac{(k+1)!}{2\pi i} \oint_C \frac{f(\zeta)}{(\zeta - z)^{k+2}} d\zeta$$

成立.

$$\frac{f^{(k)}(z + \Delta z) - f^{(k)}(z)}{\Delta z} = \frac{k!}{2\pi i} \frac{1}{\Delta z} \oint_C \left[\frac{f(\zeta)}{(\zeta - z - \Delta z)^{k+1}} - \frac{f(\zeta)}{(\zeta - z)^{k+1}} \right] d\zeta$$

$$= \frac{k!}{2\pi i} \frac{1}{\Delta z} \oint_C f(\zeta) \frac{(\zeta - z)^{k+1} - (\zeta - z - \Delta z)^{k+1}}{(\zeta - z)^{k+1} (\zeta - z - \Delta z)^{k+1}} d\zeta$$

$$= \frac{k!}{2\pi i} \oint_C \frac{f(\zeta)}{(\zeta - z)^{k+1} (\zeta - z - \Delta z)^{k+1}} [(k+1)(\zeta - z)^k + o(\Delta z)] d\zeta$$

对上式取极限 $\Delta z \to 0$，得

$$f^{(k+1)}(z)=\frac{(k+1)!}{2\pi \mathrm{i}}\oint_C \frac{f(\zeta)}{(\zeta-z)^{k+2}}\mathrm{d}\zeta \qquad \text{(证毕)}$$

由式(3.3.2)可知，函数 $f(z)$若在区域 D 内解析，那么 $f(z)$在 D 内有任意阶导数，并且它们也在区域 D 内解析.

例 3.6 计算积分 $\frac{1}{2\pi \mathrm{i}}\oint_C \frac{\mathrm{e}^z}{z(1-z)^3}\mathrm{d}z$，其中围线 C 如图 3.5 所示.

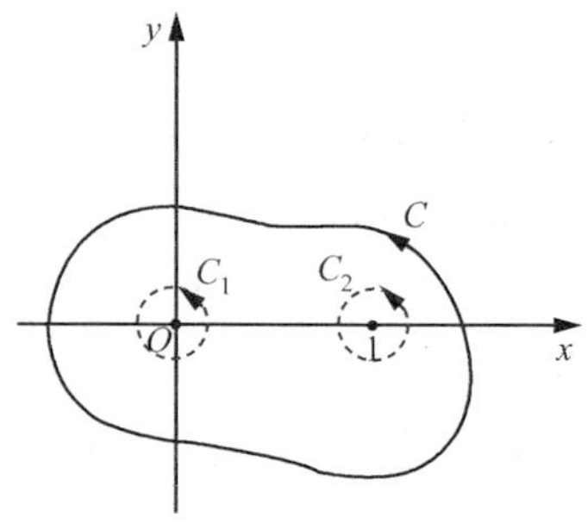

图 3.5 例 3.6 图

解 由式(3.2.2)，有

$$\begin{aligned}\frac{1}{2\pi \mathrm{i}}\oint_C \frac{\mathrm{e}^z}{z(1-z)^3}\mathrm{d}z &= \frac{1}{2\pi \mathrm{i}}\oint_{C_1} \frac{\mathrm{e}^z}{z(1-z)^3}\mathrm{d}z+\frac{1}{2\pi \mathrm{i}}\oint_{C_2} \frac{\mathrm{e}^z}{z(1-z)^3}\mathrm{d}z \\ &= \frac{1}{2\pi \mathrm{i}}\oint_{C_1} \frac{\frac{\mathrm{e}^z}{(1-z)^3}}{z-0}\mathrm{d}z-\frac{1}{2}\,\frac{2!}{2\pi \mathrm{i}}\oint_{C_2} \frac{\frac{\mathrm{e}^z}{z}}{(z-1)^3}\mathrm{d}z \\ &= 1-\frac{\mathrm{e}}{2}\end{aligned}$$

习 题

1. 证明：$\int_{C_r} \frac{\mathrm{d}z}{z-a}=\mathrm{i}(\theta_2-\theta_1)$，其中 C_r 是以 a 为圆心、r 为半径、幅角从 θ_1 至 θ_2 的圆弧.

2. 证明：$\left|\int_C f(z)\mathrm{d}z\right| \leqslant \int_C |f(z)||\mathrm{d}z| = \int_C |f(z)|\mathrm{d}s$.

3. 证明：$\left|\int_C f(z)\mathrm{d}z\right| \leqslant Ml$，其中 M 为$|f(z)|$在 C 上的一个上界，l 为 C 的长度.

4. 计算积分 $\int_{C_j} \mathrm{Re}(z)\mathrm{d}z$ ，积分路径如图 3.6 所示.

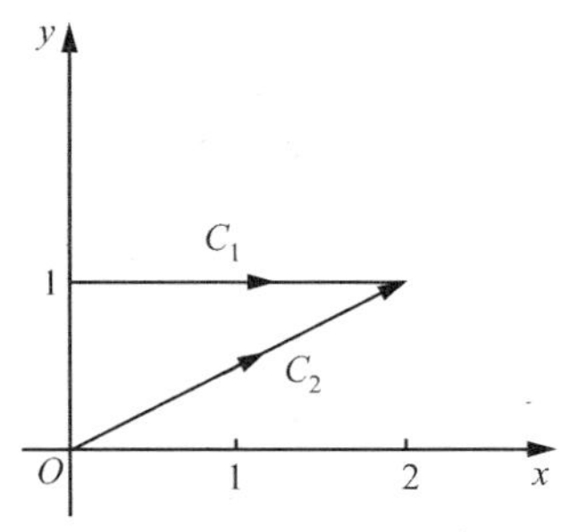

图 3.6　习题 4 图

5. 证明式(3.2.2).

6. 计算积分 $I=\int_{|z|=2}\frac{\mathrm{d}z}{z^2+2}$.

7. 计算积分 $I=\int_{|z|=1}\frac{z}{(2z+1)(z-2)}\mathrm{d}z$.

第4章 级 数

§4.1 复数项级数

一、敛散性的定义

设$\{z_n=a_n+b_n:n=0,1,2,\cdots\}$为复数列,则

$$\sum_{n=0}^{+\infty} z_n = z_0+z_1+z_2+\cdots+z_n+\cdots \tag{4.1.1}$$

称为复数项级数.

$$S_N=\sum_{n=0}^{N} z_n = z_0+z_1+z_2+\cdots+z_N \tag{4.1.2}$$

称为级数(4.1.1)的前 $N+1$ 项部分和. 若 $\lim\limits_{N\to+\infty} S_N$ 存在,则称级数(4.1.1)收敛;否则,称其为发散. 假如当 $N\to+\infty$时 S_N 的极限值为 S,即

$$S=\lim_{N\to+\infty} S_N=\lim_{N\to+\infty}(z_0+z_1+z_2+\cdots+z_N)$$

则称级数(4.1.1)的和为 S,记为

$$S=\lim_{N\to+\infty} S_N=\sum_{n=0}^{+\infty} z_n \tag{4.1.3}$$

去掉级数前 $N+1$ 项后剩下的级数

$$r_N=z_{N+1}+z_{N+2}+\cdots+z_{N+m}+\cdots$$

称为级数(4.1.1)第 $N+1$ 项后的余项. 当式(4.1.1)收敛时,

$$r_N=S-S_N$$

$$\lim_{N\to+\infty} r_N=\lim_{N\to+\infty}(S-S_N)=0$$

二、级数收敛的充要条件

1. 级数收敛的充要条件(I)

设 $z_n=a_n+\mathrm{i}b_n(a_n,b_n\in\mathbf{R})$,级数(4.1.1)收敛的充要条件为实级数 $\sum\limits_{n=0}^{+\infty} a_n$, $\sum\limits_{n=0}^{+\infty} b_n$ 同时收

敛. 若 $\sum_{n=0}^{+\infty} a_n = A, \sum_{n=0}^{+\infty} b_n = B$,则

$$\sum_{n=0}^{+\infty} z_n = A + \mathrm{i}B$$

2. 级数收敛的充要条件(II)

级数(4.1.1)收敛的充要条件为 $\forall \varepsilon > 0, \exists M > 0$,当 $N > M$ 时,对任何正整数 p,有

$$|S_{N+p} - S_N| = |z_{N+1} + z_{N+2} + \cdots + z_{N+p}| < \varepsilon$$

该收敛条件称为柯西收敛准则.

如果 $p=1$,则 $|z_{N+1}| < \varepsilon$. 这意味着当级数(4.1.1)收敛时必有 $\lim_{n \to +\infty} z_n = 0$. 这是级数收敛的必要条件.

三、绝对收敛、条件收敛

如果级数 $\sum_{n=0}^{+\infty} |z_n|$ 收敛,则级数 $\sum_{n=0}^{+\infty} |a_n|$、$\sum_{n=0}^{+\infty} |b_n|$ 同时收敛(正项级数的比较判别法). 由此可以推出 $\sum_{n=0}^{+\infty} a_n$、$\sum_{n=0}^{+\infty} b_n$ 收敛,$\sum_{n=0}^{+\infty} z_n$ 收敛. 这种收敛称为绝对收敛.

如果 $\sum_{n=0}^{+\infty} z_n$ 收敛、$\sum_{n=0}^{+\infty} |z_n|$ 发散,这种收敛称为条件收敛.

绝对收敛的级数具有如下性质:

(1) 绝对收敛的级数求和时,可以任意加括号与改变项的次序. 条件级数求和时,括号加得不同,会得到不同的结果. 改变项的次序,其和可以等于任何值.

(2) 当 $\sum_{n=0}^{+\infty} z_n$、$\sum_{m=0}^{+\infty} w_m$ 绝对收敛时,它们相乘的结果也为一绝对收敛的级数. 乘积级数

$$\sum_{n=0}^{+\infty} z_n \cdot \sum_{m=0}^{+\infty} w_n = \sum_{k=0}^{+\infty} u_k$$

中的项常写成

$$u_0 = z_0 w_0$$

$$u_1 = z_0 w_1 + z_1 w_0$$

$$u_2 = z_0 w_2 + z_1 w_1 + z_2 w_0$$

$$\cdots$$

$$u_k = z_0 w_k + z_1 w_{k-1} + \cdots + z_k w_0 = \sum_{j=0}^{n} z_j w_{k-j}$$

$$\sum_{n=0}^{+\infty} z_n \cdot \sum_{m=0}^{+\infty} w_m = \sum_{k=0}^{+\infty} u_k = \sum_{k=0}^{+\infty} \left(\sum_{j=0}^{k} z_j w_{k-j} \right) \tag{4.1.4}$$

若 $\sum_{n=0}^{+\infty} z_n = Z, \sum_{m=0}^{+\infty} w_m = W$,则 $\sum_{k=0}^{+\infty} u_k = ZW$.

例 4.1 试证：

$$\left(\sum_{n=0}^{+\infty} q^n\right)^2 = \sum_{n=0}^{+\infty}(n+1)q^n \quad (|q|<1)$$

证

$$\left(\sum_{n=0}^{+\infty} q^n\right)^2 = \sum_{j=0}^{+\infty} q^j \cdot \sum_{k=0}^{+\infty} q^k = \sum_{j=0}^{+\infty}\sum_{k=0}^{+\infty} q^{j+k}$$

令 $n=j+k$. 对 j,k 的取和可换成对 n,k 的取和. n 的取值范围为 $0\sim+\infty$. n 取定时，k 的取值范围为 $0\sim n$. 所以

$$\begin{aligned}(\sum_{n=0}^{+\infty} q^n)^2 &== \sum_{j=0}^{+\infty}\sum_{k=0}^{+\infty} q^{j+k} = \sum_{n=0}^{+\infty}\sum_{k=0}^{n} q^n \\ &= \sum_{n=0}^{+\infty} q^n \cdot \sum_{k=0}^{n} 1 = \sum_{n=0}^{+\infty}(n+1)q^n\end{aligned}$$

§4.2 复函数项级数

一、敛散性的定义

设$\{f_n(z):n=0,1,2,3,\cdots\}$为区域 D 上的复函数序列：

$$\sum_{n=0}^{+\infty} f_n(z) = f_0(z)+f_1(z)+f_2(z)+\cdots+f_n(z)+\cdots \tag{4.2.1}$$

称为区域 D 上的复函数项级数. 当 z 取定区域 D 中的一点 $z_0\in D$ 时，级数(4.2.1)成为复数项级数：

$$\sum_{n=0}^{+\infty} f_n(z_0) = f_0(z_0)+f_1(z_0)+f_2(z_0)+\cdots+f_n(z_0)+\cdots$$

如果该级数收敛，称函数项级数(4.2.1)在点 z_0 处收敛. 如果函数项级数(4.2.1) 在区域 D 的每一点都收敛，则称函数项级数(4.2.1)在区域 D 上收敛，此时其和函数

$$F(z) = \sum_{n=0}^{+\infty} f_n(z) = f_0(z)+f_1(z)+f_2(z)+\cdots+f_n(z)+\cdots \tag{4.2.2}$$

为区域 D 上的函数.

二、一致收敛

1. 一致收敛的定义

如果函数项级数(4.2.1)在区域 D 上收敛于和函数 $F(z)$，由收敛的定义可知，$\forall\varepsilon>0$，$\exists M(\varepsilon,z)$，当 $N>M(\varepsilon,z)$时，$|F(z)-S_N(z)|<\varepsilon$. 其中

$$S_N(z) = \sum_{n=0}^{N} f_n(z)$$

为级数(4.2.1)前 $N+1$ 项的部分和. 一般说来,这里找到的 $M(\varepsilon,z)$ 跟 ε,z 都有关. 如果可以找到一个只跟 ε 有关的 $M(\varepsilon)$,则对 D 上所有的 z,都有 $\forall\varepsilon>0$, $\exists M(\varepsilon)$,当 $N>M(\varepsilon)$ 时,

$$|F(z)-S_N(z)|<\varepsilon$$

这种收敛叫作在区域 D 上的一致收敛.

由柯西收敛准则可知,级数 $\sum\limits_{n=0}^{+\infty}f_n(z)$ 收敛的充要条件为:$\forall\varepsilon>0$, $\exists M(\varepsilon,z)>0$,当 $N>M(\varepsilon,z)$ 时,对任何正整数 p,都有

$$|f_{N+1}(z)+f_{N+2}(z)+\cdots+f_{N+p}(z)|<\varepsilon$$

如果可以找到一个不依赖于 z 的 M, $\forall\varepsilon>0$, $\exists M(\varepsilon)>0$,当 $N>M(\varepsilon)$ 时,对任何 p 都有

$$|f_{N+1}(z)+f_{N+2}(z)+\cdots+f_{N+p}(z)|<\varepsilon$$

这是级数 $\sum\limits_{n=0}^{+\infty}f_n(z)$ 在 D 上一致收敛的充要条件.

2. 一致收敛级数的性质

(1) 设 $f_n(z)$ $(n=0,1,2,\cdots)$ 在区域 D 上连续,$\sum\limits_{n=0}^{+\infty}f_n(z)$ 在 D 上一致收敛,则其和函数

$$F(z)=\sum_{n=0}^{+\infty}f_n(z)=f_0(z)+f_1(z)+f_2(z)+\cdots+f_n(z)+\cdots$$

在 D 上连续.

证 取 $z_0\in D$,

$$\begin{aligned}|F(z)-F(z_0)|&=|F(z)-S_N(z)+S_N(z)-S_N(z_0)+S_N(z_0)-F(z_0)|\\&\leqslant|F(z)-S_N(z)|+|S_N(z)-S_N(z_0)|+|S_N(z_0)-F(z_0)|\end{aligned}$$

由 $\sum\limits_{n=0}^{+\infty}f_n(z)$ 在 D 上一致收敛可知,$\forall\varepsilon>0$, $\exists M(\varepsilon)$,当 $N>M(\varepsilon)$ 时,

$$|F(z)-S_N(z)|<\frac{\varepsilon}{3},\ |S_N(z_0)-F(z_0)|<\frac{\varepsilon}{3}$$

$S_N(Z)$ 为 D 上的连续函数,$\forall\varepsilon>0$, $\exists\delta>0$,当 $|Z-Z_0|<\delta$ 时,$|S_N(z)-S_N(z_0)|<\frac{\varepsilon}{3}$.

总结起来,我们有 $\forall\varepsilon>0$, $\exists\delta>0$,当 $|z-z_0|<\delta$ 且 $N>M(\varepsilon)$ 时,$|F(z)-F(z_0)|<\varepsilon$. 这就是说,$\lim\limits_{z\to z_0}F(z)=F(z_0)$,函数 $F(z)$ 在点 z_0 处连续. z_0 是 D 内的任何一点,$F(z)$ 在 D 上连续.

(2) 设 C 为区域 D 内一条分段光滑的曲线. $f_n(z)$ $(n=0,1,2,\cdots)$ 在 C 上连续,$\sum\limits_{n=0}^{+\infty}f_n(z)=F(z)$ 在 C 上一致收敛. 上述级数在 C 上可逐项积分:

$$\begin{aligned}\int_C F(z)\mathrm{d}z&=\int_C f_0(z)\mathrm{d}z+\int_C f_1(z)\mathrm{d}z+\int_C f_2(z)\mathrm{d}z+\cdots+\int_C f_n(z)\mathrm{d}z+\cdots\\&=\sum_{n=0}^{+\infty}\int_C f_n(z)\mathrm{d}z\end{aligned}\tag{4.2.3}$$

证　式(4.2.3)右端无穷级数的前 $N+1$ 项部分和

$$\tilde{S}_N(z)=\int_C f_0(z)\mathrm{d}z+\int_C f_1(z)\mathrm{d}z+\cdots+\int_C f_N(z)\mathrm{d}z$$

对于有限项和，积分和求和的次序可以对调：

$$\begin{aligned}\tilde{S}_N(z)&=\sum_{n=0}^{N}\int_C f_n(z)\mathrm{d}z\\&=\int_C\sum_{n=0}^{N}f_n(z)\mathrm{d}z=\int_C S_N(z)\mathrm{d}z\end{aligned}$$

$$\left|\int_C F(z)\mathrm{d}z-\tilde{S}_N(z)\right|=\left|\int_C[F(z)-S_N(z)]\mathrm{d}z\right|$$

由于 $\sum\limits_{n=0}^{+\infty}f_n(z)=F(z)$ 在曲线 C 上一致收敛，$\forall\varepsilon>0$，$\exists M(\varepsilon)$，当 $N>M(\varepsilon)$ 时，$|F(z)-S_N(z)|<\dfrac{\varepsilon}{L}$，其中 L 为曲线 C 的长度. 这时有

$$\left|\int_C F(z)\mathrm{d}z-\tilde{S}_N(z)\right|\leqslant\int_C|F(z)-S_N(z)|\cdot|\mathrm{d}z|\leqslant\varepsilon$$

这说明 $\int_C F(z)\mathrm{d}z$ 为式(4.2.3)右端级数之和.

(3) 设 $f_n(z)$ $(n=0,1,2,\cdots)$ 在区域 D 内解析，在 D 内任一闭区域 $\overline{D}_0\subset D$ 上，$F(z)=\sum\limits_{n=0}^{+\infty}f_n(z)$ 一致收敛，上述级数可以逐项求导，导数组成的级数在 $\overline{D}_0$ 上一致收敛：

$$F^{(k)}(z)=\sum_{n=0}^{+\infty}f_n^{(k)}(z),z\in\overline{D}_0\tag{4.2.4}$$

这一结论不作证明. 这里说明两点：

(a) 无须假定 $F(z)=\sum\limits_{n=0}^{+\infty}f_n(z)$ 在闭区域 $\overline{D}_0\subset D$ 上一致收敛，可以推出级数逐项求导. 但不能保证导函数级数 $F^{(k)}(z)=\sum\limits_{n=0}^{+\infty}f_n^{(k)}(z)$ 在 D 上一致收敛.

(b) 对实函数级数，由导函数级数一致收敛，推出级数可以逐项求导. 对复函数级数，导函数级数一致收敛可以作为定理推出.

§4.3　幂级数

最简单的函数项级数为如下幂级数：

$$c_0+c_1(z-a)+c_2(z-a)^2+\cdots+c_n(z-a)^n+\cdots\tag{4.3.1}$$

一、阿贝尔(Abel)第一定理

级数 $\sum\limits_{n=0}^{+\infty}c_n(z-a)^n$ 在点 z_0 处收敛，则它在以 a 为圆心、以 $|z_0-a|$ 为半径的圆 $|z-a|$

$<|z_0-a|$内绝对收敛；在以 a 为圆心、以 $r<|z_0-a|$ 为半径的圆 $|z-a|\leqslant r<|z_0-a|$ 内一致收敛.

证　因为 $\sum\limits_{n=0}^{+\infty} c_n(z_0-a)^n$ 收敛，所以 $\lim\limits_{n\to+\infty} c_n(z_0-a)^n=0$.

$\forall\varepsilon>0$，$\exists N>0$，当 $n>N$ 时，

$$|c_n(z_0-a)^n|<\varepsilon$$

令 $\widetilde{M}=\max\{|c_0|,|c_1(z_0-a)|,|c_2(z_0-a)^2|,\cdots,|c_N(z_0-a)^N|,\varepsilon\}$，对所有 n，都有

$$|c_n(z_0-a)^n|<\widetilde{M}(n=0,1,2,\cdots)$$

$$|c_n(z-a)^n|=|c_n(z_0-a)^n|\cdot\left|\frac{z-a}{z_0-a}\right|^n<\widetilde{M}\left|\frac{z-a}{z_0-a}\right|^n$$

在圆 $|z-a|<|z_0-a|$ 内，$\left|\frac{z-a}{z_0-a}\right|<1$，级数 $\sum\limits_{n=0}^{+\infty}\widetilde{M}\left|\frac{z-a}{z_0-a}\right|^n$ 收敛，所以级数 $\sum\limits_{n=0}^{+\infty}|c_n(z-a)^n|$ 收敛，级数 $\sum\limits_{n=0}^{+\infty}c_n(z-a)^n$ 在圆 $|z-a|<|z_0-a|$ 内绝对收敛.

在圆 $|z-a|\leqslant r<|z_0-a|$ 内，

$$|c_n(z-a)^n|=|c_n(z_0-a)^n|\cdot\left|\frac{z-a}{z_0-a}\right|^n<\widetilde{M}\left|\frac{r}{z_0-a}\right|^n$$

$$\begin{aligned}&|c_{N+1}(z-a)^{N+1}+c_{N+2}(z-a)^{N+2}+\cdots+c_{N+p}(z-a)^{N+p}|\\&\quad\leqslant|c_{N+1}(z-a)^{N+1}|+|c_{N+2}(z-a)^{N+2}|+\cdots+|c_{N+p}(z-a)^{N+p}|\\&\quad<\widetilde{M}\left|\frac{r}{z_0-a}\right|^{N+1}+\widetilde{M}\left|\frac{r}{z_0-a}\right|^{N+2}+\cdots+\widetilde{M}\left|\frac{r}{z_0-a}\right|^{N+p}\end{aligned}$$

$\sum\limits_{n=0}^{+\infty}\widetilde{M}\left|\frac{r}{z_0-a}\right|^n$ 为收敛的正项级数，由收敛的柯西准则，知 $\forall\varepsilon>0$，$\exists M_0(\varepsilon)$，当 $N>M_0(\varepsilon)$ 时，对任何 $p>0$，都有

$$\widetilde{M}\left|\frac{r}{z_0-a}\right|^{N+1}+\widetilde{M}\left|\frac{r}{z_0-a}\right|^{N+2}+\cdots+\widetilde{M}\left|\frac{r}{z_0-a}\right|^{N+p}<\varepsilon$$

这时显然有

$$|c_{N+1}(z-a)^{N+1}+c_{N+2}(z-a)^{N+2}+\cdots+c_{N+p}(z-a)^{N+p}|<\varepsilon$$

由柯西准则，知级数 $\sum\limits_{n=0}^{+\infty}|c_n(z-a)^n|$ 在圆 $|z-a|\leqslant r$ 上收敛. 上面找到的 $M_0(\varepsilon)$ 与 z 无关，因此级数 $\sum\limits_{n=0}^{+\infty}|c_n(z-a)^n|$ 在圆 $|z-a|\leqslant r$ 上一致收敛.

若级数 $\sum\limits_{n=0}^{+\infty}c_n(z_0-a)^n$ 发散，则级数 $\sum\limits_{n=0}^{+\infty}c_n(z-a)^n$ 在圆 $|z-a|=|z_0-a|$ 外不可能收敛.

以 a 为圆心向外作圆，可以找到一个半径为 R 的圆 $|z-a|=R$，在圆内 $|z-a|<R$，级数 $\sum\limits_{n=0}^{+\infty}c_n(z-a)^n$ 收敛；在圆外 $|z-a|>R$，级数 $\sum\limits_{n=0}^{+\infty}c_n(z-a)^n$ 发散；在圆上 $|z-a|=$

R,级数 $\sum_{n=0}^{+\infty} c_n(z-a)^n$ 可能收敛,也可能发散,也可能在某些点上收敛,在某些点上发散.

R 称为级数 $\sum_{n=0}^{+\infty} c_n(z-a)^n$ 的收敛半径,$|z-a|<R$ 称为级数 $\sum_{n=0}^{+\infty} c_n(z-a)^n$ 的收敛圆.假如在圆 $|z-a|=R$ 上级数收敛,收敛圆将为闭圆 $|z-a|\leqslant R$.

若 $R=+\infty$,级数 $\sum_{n=0}^{+\infty} c_n(z-a)^n$ 在整个复平面上收敛;若 $R=0$,级数 $\sum_{n=0}^{+\infty} c_n(z-a)^n$ 仅在 a 点处收敛,收敛圆缩成 $z=a$ 一点.

二、收敛半径的求法

1. 比值法

假设

$$\lim_{n\to+\infty}\left|\frac{c_{n+1}}{c_n}\right|=\lambda \tag{4.3.2}$$

由正项级数敛散性的比值法可知,

$$\lim_{n\to+\infty}\frac{|c_{n+1}(z-a)^{n+1}|}{|c_n(z-a)^n|}=\lim_{n\to+\infty}\left|\frac{c_{n+1}}{c_n}\right|\cdot|z-a|=\lambda|z-a|<1$$

即

$$|z-a|<\frac{1}{\lambda}$$

级数 $\sum_{n=0}^{+\infty}|c_n(z-a)^n|$ 收敛,级数 $\sum_{n=0}^{+\infty} c_n(z-a)^n$ 绝对收敛.

若 $\lambda|z-a|>1$,即 $|z-a|>\frac{1}{\lambda}$,级数 $\sum_{n=0}^{+\infty}|c_n(z-a)^n|$ 发散. 此时,当 $n\to+\infty$ 时,$|c_n(z-a)^n|$ 越来越大,因此,$\lim_{n\to+\infty} c_n(z-a)^n\neq 0$,级数 $\sum_{n=0}^{+\infty} c_n(z-a)^n$ 发散. 由此可知,收敛半径

$$R=\frac{1}{\lambda}\quad\left(\lambda=\lim_{n\to+\infty}\left|\frac{c_{n+1}}{c_n}\right|\right) \tag{4.3.3}$$

2. 根值法

假设

$$\lim_{n\to+\infty}\sqrt[n]{|c_n|}=\mu \tag{4.3.4}$$

由正项级数敛散性的根值法可知,若

$$\lim_{n\to+\infty}\sqrt[n]{|c_n(z-a)^n|}=\lim_{n\to+\infty}\sqrt[n]{|c_n|}\cdot|z-a|=\mu|z-a|<1$$

即

$$|z-a|<\frac{1}{\mu}$$

级数 $\sum_{n=0}^{+\infty} |c_n(z-a)^n|$ 收敛,级数 $\sum_{n=0}^{+\infty} c_n(z-a)^n$ 绝对收敛.

若 $\mu|z-a|>1$,即 $|z-a|>\dfrac{1}{\mu}$,则

$$\lim_{n\to+\infty}\sqrt[n]{|c_n(z-a)^n|}\neq 0,\quad \lim_{n\to+\infty}c_n(z-a)^n\neq 0$$

级数 $\sum_{n=0}^{+\infty} c_n(z-a)^n$ 发散.由此可知,收敛半径

$$R=\frac{1}{\mu}\ (\mu=\lim_{n\to+\infty}\sqrt[n]{|c_n|})\tag{4.3.5}$$

例 4.2　求 $\sum_{n=1}^{+\infty}\dfrac{z^n}{n^3}$ 的收敛半径.

解

$$\lim_{n\to+\infty}\left|\frac{c_{n+1}}{c_n}\right|=\lim_{n\to+\infty}\frac{n^3}{(n+1)^3}=1$$

收敛半径 $R=1$.

在收敛圆周 $|z|=1$ 上, $\sum_{n=1}^{+\infty}\left|\dfrac{z^n}{n^3}\right|=\sum_{n=1}^{+\infty}\dfrac{1}{n^3}$ 收敛,故 $\sum_{n=1}^{+\infty}\dfrac{z^n}{n^3}$ 在闭圆 $|z|\leqslant 1$ 上绝对收敛.

例 4.3　求 $\sum_{n=1}^{+\infty}\dfrac{(z-1)^n}{n}$ 的收敛半径.

解

$$\lim_{n\to+\infty}\left|\frac{c_{n+1}}{c_n}\right|=\lim_{n\to+\infty}\frac{n}{n+1}=1$$

收敛半径 $R=1$.

在收敛圆周 $|z-1|=1$ 上 $z_1=0$ 处, $\sum_{n=1}^{+\infty}\dfrac{(z_1-1)^n}{n}=\sum_{n=1}^{+\infty}\dfrac{(-1)^n}{n}$ 为交错级数,由莱布尼茨(Leibniz)法则,可知它收敛. $z_2=2$ 也在收敛圆周上.此时 $\sum_{n=1}^{+\infty}\dfrac{(z_2-1)^n}{n}=\sum_{n=1}^{+\infty}\dfrac{1}{n}$ 为调和级数,它发散.

级数 $\sum_{n=1}^{+\infty}\dfrac{(z-1)^n}{n}$ 的收敛圆为开圆 $|z-1|<1$.

思考: 在圆周 $|z-1|=1$ 的其他点处,级数 $\sum_{n=1}^{+\infty}\dfrac{(z-1)^n}{n}$ 的收敛情况如何?

提示: 圆周上的任一点可用复数 $z=1+\exp i\theta$ 表示.在该点处级数

$$\sum_{n=1}^{+\infty}\frac{(z-1)^n}{n}=\sum_{n=1}^{+\infty}\frac{\cos n\theta}{n}+i\sum_{n=1}^{+\infty}\frac{\sin n\theta}{n}$$

在 $[-\pi,\pi]$ 上, $\sum_{n=1}^{+\infty}\dfrac{\cos n\theta}{n}$ 为偶函数, $\sum_{n=1}^{+\infty}\dfrac{\sin n\theta}{n}$ 为奇函数.只要考虑它们在 $(0,\pi)$ 上的性态.

在$(0,\pi)$上，将$F(\theta)=-\ln\left(2\sin\dfrac{\theta}{2}\right)$展开成傅里叶余弦级数；将$G(\theta)=\dfrac{\pi-\theta}{2}$展开成傅里叶正弦级数.

由此可以证明，级数$\sum\limits_{n=1}^{+\infty}\dfrac{(z-1)^n}{n}$在圆周$|z-1|=1$上仅在$z_2=2$处发散，在其他点处都收敛.

§4.4 泰勒级数

设幂级数$\sum\limits_{n=0}^{+\infty}c_n(z-a)^n$在圆$|z-a|<R$内收敛，其和函数为$f(z)$：

$$c_0+c_1(z-a)+c_2(z-a)^2+\cdots+c_n(z-a)^n+\cdots=f(z),|z-a|<R \tag{4.4.1}$$

逐次求导，可得

$$c_0=f(a),c_1=f'(a),c_2=\frac{1}{2!}f''(a),\cdots,c_n=\frac{1}{n!}f^{(n)}(a),\cdots$$

即幂级数为和函数的泰勒(Taylor)级数：

$$f(z)=\sum_{n=0}^{+\infty}\frac{1}{n!}f^{(n)}(a)(z-a)^n \tag{4.4.2}$$

反之，在圆$|z-a|<R$内任一解析函数$f(z)$亦都能展开成泰勒级数. 证明如下：

设$f(z)$在圆$|z-a|<R$上解析. 以a为圆心，$r<R$为半径，作小圆C_r：$|z-a|=r$. 在闭圆C：$|z-a|\leqslant r$内任取一点z. 由柯西积分公式，得

$$f(z)=\frac{1}{2\pi i}\oint_{C_r}\frac{f(\zeta)}{\zeta-z}d\zeta \tag{4.4.3}$$

$$\frac{1}{\zeta-z}=\frac{1}{(\zeta-a)-(z-a)}=\frac{1}{\zeta-a}\cdot\frac{1}{1-\dfrac{z-a}{\zeta-a}}$$

显然有$|\zeta-a|=r$，$|z-a|<r$. 因此

$$\frac{1}{\zeta-z}=\frac{1}{\zeta-a}\sum_{n=0}^{+\infty}\left(\frac{z-a}{\zeta-a}\right)^n$$

右边的级数在C_r上一致收敛. 代入式(4.4.3)，逐项积分，得

$$f(z)=\frac{1}{2\pi i}\oint_{C_r}\sum_{n=0}^{+\infty}\frac{f(\zeta)}{(\zeta-a)^{n+1}}d\zeta(z-a)^n=\sum_{n=0}^{+\infty}\left[\frac{1}{2\pi i}\oint_{C_r}\frac{f(\zeta)}{(\zeta-a)^{n+1}}d\zeta\right]\cdot(z-a)^n$$

由高阶导数的公式知，方括号内的表示式恰为$\dfrac{1}{n!}f^{(n)}(a)$. 因此

$$f(z) = \sum_{n=0}^{+\infty} \frac{1}{n!} f^{(n)}(a)(z-a)^n \tag{4.4.4}$$

$f(z)$的奇点不能落在其泰勒级数的收敛圆内,因为收敛圆内和函数解析. 若 $f(z)$的奇点落在收敛圆外,则泰勒级数的收敛区域还将扩大. 因此,$f(z)$的奇点只能落在收敛圆周上. 收敛半径 R 为展开中心到 $f(z)$奇点的最短距离.

在微积分中我们知道

$$\frac{1}{1+x^2}=1-x^2+x^4\cdots+(-1)^n x^{2n}+\cdots \quad (-1<x<1)$$

上式左边是在整个数轴上都有定义的函数,右侧级数只在区间$(-1,1)$内收敛. 在实数范围内考虑,这一矛盾很难得到理解. 如果考虑复级数

$$\frac{1}{1+z^2}=1-z^2+z^4-\cdots+(-1)^n z^{2n}+\cdots \quad (|z|<1)$$

$z=\pm\mathrm{i}$ 为函数$\frac{1}{1+z^2}$的一阶极点,它离展开中心 $z=0$ 的距离为 1. 所以收敛圆为$|z|<1$.

写出函数的泰勒展开式时,求出它的各阶导数,代入泰勒级数的表示式,这是一种办法. 但高阶导数的计算比较繁复. 我们常记住几个简单函数的泰勒级数展开式(这些展开式和实函数一样,仅把实变量 x 换成复变量 z),例如:

$$\exp z = \sum_{n=0}^{+\infty} \frac{1}{n!} z^n = 1+z+\frac{1}{2!}z^2+\cdots \quad (|z|<+\infty)$$

$$\cos z = \sum_{n=0}^{+\infty} (-1)^n \frac{z^{2n}}{(2n)!} = 1-\frac{1}{2!}z^2+\frac{1}{4!}z^4-\cdots \quad (|z|<+\infty)$$

$$\sin z = \sum_{n=0}^{+\infty} (-1)^n \frac{z^{2n+1}}{(2n+1)!} = z-\frac{1}{3!}z^3+\frac{1}{5!}z^5-\cdots \quad (|z|<+\infty)$$

$$\frac{1}{1-z} = \sum_{n=0}^{+\infty} z^n = 1+z+z^2+\cdots \quad (|z|<1)$$

$$\frac{1}{1+z} = \sum_{n=0}^{+\infty} (-1)^n z^n = 1-z+z^2-\cdots \quad (|z|<1)$$

通过级数运算,求出其他函数的级数展开式.

例 4.4 求 $\ln(1+z)$在 $z=0$ 的邻域内的泰勒展开式.

解 $z=-1$ 为 $\ln(1+z)$的支点. 在 $z=0$ 的邻域内 $\ln(1+z)$解析.

$$[\ln(1+z)]'=\frac{1}{1+z}=1-z+z^2-z^3+\cdots+(-1)^n z^n+\cdots \quad (|z|<1)$$

$$\int_0^z [\ln(1+z)]'\mathrm{d}z = z-\frac{z^2}{2}+\frac{z^3}{3}-\cdots+(-1)^n\frac{z^{n+1}}{n+1}+\cdots \quad (|z|<1)$$

$$\ln(1+z)=z-\frac{z^2}{2}+\frac{z^3}{3}-\cdots+(-1)^n\frac{z^{n+1}}{n+1}+\cdots \quad (|z|<1)$$

例 4.5 设 $f(z)=\frac{1}{z^2-3z+2}=\frac{1}{(z-1)(z-2)}$. $f(z)$有两个奇点:$z_1=1$ $z_2=2$.

(1) 在区域 $|z|<1$ 内 $f(z)$解析,将 $f(z)$展开成 z 的幂级数;

(2) 在区域$|z-5|<3$内$f(z)$解析,将$f(z)$展开成$z-5$的幂级数.

解 (1) $f(z)=\dfrac{1}{(z-1)(z-2)}=\dfrac{1}{z-2}-\dfrac{1}{z-1}$

$$=-\frac{1}{2}\cdot\frac{1}{1-\frac{z}{2}}+\frac{1}{1-z}=-\frac{1}{2}\sum_{n=0}^{+\infty}\left(\frac{z}{2}\right)^n+\sum_{n=0}^{+\infty}z^n$$

$$=\sum_{n=0}^{+\infty}\left(1-\frac{1}{2^{n+1}}\right)z^n=\sum_{n=0}^{+\infty}\frac{2^{n+1}-1}{2^{n+1}}z^n$$

$$=\frac{1}{2}+\frac{3}{4}z+\frac{7}{8}z^2+\cdots\quad(|z|<1)$$

(2) $f(z)=\dfrac{1}{z-5+3}-\dfrac{1}{z-5+4}$

$$=\frac{1}{3}\cdot\frac{1}{1+\frac{z-5}{3}}-\frac{1}{4}\cdot\frac{1}{1+\frac{z-5}{4}}$$

$$=\frac{1}{3}\sum_{n=0}^{+\infty}(-1)^n\left(\frac{z-5}{3}\right)^n-\frac{1}{4}\sum_{n=0}^{+\infty}(-1)^n\left(\frac{z-5}{4}\right)^n$$

$$=\sum_{n=0}^{+\infty}(-1)^n\left(\frac{1}{3^{n+1}}-\frac{1}{4^{n+1}}\right)(z-5)^n$$

$$=\left(\frac{1}{3}-\frac{1}{4}\right)+\left(\frac{1}{3^2}-\frac{1}{4^2}\right)(z-5)+\left(\frac{1}{3^3}-\frac{1}{4^3}\right)(z-5)^2+\cdots\quad(|z-5|<3)$$

极点$z_2=2$离展开中心$z=5$最近,相隔距离为3.收敛域为以$z=5$为中心,半径$R=3$的圆$|z-5|<3$.

例4.6 试将$\tan z$展开成z的幂级数.

解 设
$$\tan z=a_0+a_1z+a_2z^2+a_3z^3+\cdots$$

因为$\tan z$为奇函数,展开式中只出现z的奇次幂:

$$\tan z=\sum_{k=0}^{+\infty}a_{2k+1}z^{2k+1}=a_1z+a_3z^3+a_5z^5+\cdots$$

由$\tan z=\dfrac{\sin z}{\cos z}$,得

$$\cos z\cdot\tan z=\sin z$$

即
$$\left(1-\frac{1}{2!}z^2+\frac{1}{4!}z^4-\cdots\right)\cdot(a_1z+a_3z^3+a_5z^5+\cdots)=z-\frac{1}{3!}z^3+\frac{1}{5!}z^5-\cdots$$

比较等式两边z的同次幂系数,得

z $\qquad a_1=1$

z^3 $\qquad a_3-\dfrac{1}{2}a_1=-\dfrac{1}{3!}$,故$a_3=\dfrac{1}{2}-\dfrac{1}{6}=\dfrac{1}{3}$

z^5 $\qquad a_5-\dfrac{1}{2}a_3+\dfrac{1}{4!}a_1=\dfrac{1}{5!}$,故$a_5=\dfrac{2}{15}$

……

$$\tan z=z+\frac{1}{3}z^3+\frac{2}{15}z^5+\cdots$$

奇点 $z=\frac{\pi}{2}$ 离展开中心 $z=0$ 最近，收敛域为圆 $|z|<\frac{\pi}{2}$.

如果熟悉包含 $\sum$ 记号的运算，本题的结果可以表示成更一般的形式：

$$\sin z=\sum_{n=0}^{+\infty}(-1)^n\frac{z^{2n+1}}{(2n+1)!}$$

$$\cos z=\sum_{j=0}^{+\infty}(-1)^j\frac{z^{2j}}{(2j)!}$$

$$\tan z=\sum_{k=0}^{+\infty}a_{2k+1}z^{2k+1}$$

$$\sum_{j=0}^{+\infty}(-1)^j\frac{z^{2j}}{(2j)!}\cdot\sum_{k=0}^{+\infty}a_{2k+1}z^{2k+1}=\sum_{n=0}^{+\infty}(-1)^n\frac{z^{2n+1}}{(2n+1)!}$$

$$\sum_{j=0}^{+\infty}\sum_{k=0}^{+\infty}\frac{(-1)^j}{(2j)!}a_{2k+1}z^{2(j+k)+1}=\sum_{n=0}^{+\infty}\frac{(-1)^n}{(2n+1)!}z^{2n+1}$$

令 $j+k=n,k=n-j$. 两重求和中对 j,k 的取和可以换成对 n,j 的取和. n 可从 $0\to+\infty$. n 取定后，j 从 $0\to n$. 因此左边的二重求和变为

$$\sum_{n=0}^{+\infty}\left[\sum_{j=0}^{n}\frac{(-1)^j}{(2j)!}a_{2n-2j+1}\right]z^{2n+1}=\sum_{n=0}^{+\infty}\frac{(-1)^n}{(2n+1)!}z^{2n+1}$$

由此可得

$$\sum_{j=0}^{n}\frac{(-1)^j}{(2j)!}a_{2n-2j+1}=\frac{(-1)^n}{(2n+1)!}$$

当 $n=0$ 时，

$$a_1=1$$

当 $n=1$ 时，

$$\sum_{j=0}^{1}\frac{(-1)^j}{(2j)!}a_{2-2j+1}=-\frac{1}{3!}$$

即

$$a_3-\frac{1}{2}a_1=-\frac{1}{6},$$

解之，得

$$a_3=\frac{1}{3}.$$

当 $n=2$ 时，

$$\sum_{j=0}^{2}\frac{(-1)^j}{(2j)!}a_{4-2j+1}=\frac{1}{5!}$$

即

$$a_5-\frac{1}{2}a_3+\frac{1}{4!}a_1=\frac{1}{5!}$$

解之，得

$$a_5=\frac{1}{2}a_3-\frac{1}{4!}a_1+\frac{1}{5!}=\frac{2}{15}$$

§4.5 洛朗级数

下列级数称为洛朗(Laurent)级数：

$$\sum_{n=-\infty}^{+\infty} c_n(z-a)^n = \cdots + c_{-2}(z-a)^{-2} + c_{-1}(z-a)^{-1} + c_0 + c_1(z-a) + c_2(z-a)^2 + \cdots \tag{4.5.1}$$

上面的级数可以分成两部分：

$$(\text{I}) = \sum_{n=0}^{+\infty} c_n(z-a)^n = c_0 + c_1(z-a) + c_2(z-a)^2 + \cdots \tag{4.5.2}$$

这部分是上面讲的幂级数. 设其收敛半径为 R_2，则当 $|z-a|<R_2$ 时，级数(I)收敛.

$$(\text{II}) = \sum_{n=-\infty}^{-1} c_n(z-a)^n = \sum_{n=1}^{+\infty} c_{-n}(z-a)^{-n} = \frac{c_{-1}}{z-a} + \frac{c_{-2}}{(z-a)^2} + \frac{c_{-3}}{(z-a)^3} + \cdots \tag{4.5.3}$$

令 $\zeta=(z-a)^{-1}$，式(4.5.3)可化成

$$(\text{II}) = \sum_{n=1}^{+\infty} c_{-n}\zeta^n = c_{-1}\zeta + c_{-2}\zeta^2 + c_{-3}\zeta^3 + \cdots \tag{4.5.4}$$

这又是一个幂级数. 设它的收敛半径为 R_1. 当 $|\zeta|<R_1$，亦即 $|z-a|>R_1$ 时，级数(II)收敛. 仅当级数(I)和(II)都收敛时洛朗级数(4.5.1)才收敛. 当 $R_1>R_2$ 时，这种情况不会发生. 因为级数(I)和(II)没有共同的收敛区域. 当 $R_1<R_2$ 时，在圆环 $R_1<|z-a|<R_2$ 内，级数(I)和(II)都收敛. 这时洛朗级数(4.5.1)收敛. 因此，洛朗级数(4.5.1)的收敛域为圆环：$R_1<|z-a|<R_2$. 洛朗级数的和函数在收敛环内解析. 反之，在环内解析的函数在该环内可展开成洛朗级数(图 4.1).

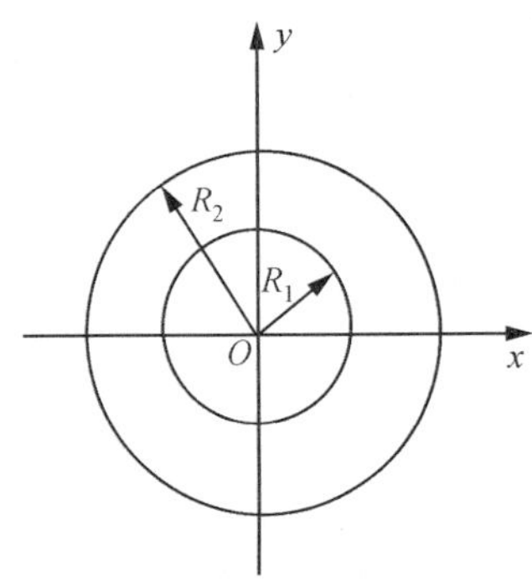

图 4.1　洛朗级数的收敛域

例 4.7　$f(z)=\dfrac{1}{(z+1)(z-2)}$.

(1) 在圆 $|z|<1$ 内展开成 z 的幂级数；

(2) 在圆环 $1<|z|<2$ 内展开成 z 的幂级数；

(3) 在圆环 $2<|z|<+\infty$ 内展开成 z 的幂级数.

解　(1) 在圆 $|z|<1$ 内,

$$\begin{aligned}f(z)&=\frac{1}{3}\left(\frac{1}{z-2}-\frac{1}{z+1}\right)\\&=-\frac{1}{3}\left[\frac{1}{2}\cdot\frac{1}{1-\frac{z}{2}}+\frac{1}{1+z}\right]\\&=-\frac{1}{3}\left[\frac{1}{2}\sum_{n=0}^{+\infty}\left(\frac{z}{2}\right)^n+\sum_{n=0}^{+\infty}(-1)^n z^n\right]\\&=-\frac{1}{3}\sum_{n=0}^{+\infty}\left[\left(\frac{1}{2}+1\right)+\left(\frac{1}{4}-1\right)z+\left(\frac{1}{8}+1\right)z^2+\cdots\right]\\&=-\frac{1}{3}\left(\frac{3}{2}-\frac{3}{4}z+\frac{9}{8}z^2-\frac{15}{16}z^3+\cdots\right)\\&=-\frac{1}{2}+\frac{1}{4}z-\frac{3}{8}z^2+\frac{5}{16}z^3+\cdots\end{aligned}$$

$f(z)$在圆 $|z|<1$ 内解析,因此能展开成泰勒级数.

(2) 在环 $1<|z|<2$ 内, $\left|\frac{1}{z}\right|<1$, $\left|\frac{z}{2}\right|<1$,

$$\begin{aligned}f(z)&=-\frac{1}{3}\left(\frac{1}{2}\cdot\frac{1}{1-\frac{z}{2}}+\frac{1}{z}\cdot\frac{1}{1+\frac{1}{z}}\right)\\&=-\frac{1}{3}\left[\sum_{n=0}^{+\infty}\frac{(-1)^n}{z^{n+1}}+\sum_{n=0}^{+\infty}\frac{1}{2^{n+1}}z^n\right]\\&=-\frac{1}{3}\left(\cdots+\frac{1}{z^3}-\frac{1}{z^2}+\frac{1}{z}+\frac{1}{2}+\frac{1}{4}z+\frac{1}{8}z^2+\cdots\right)\end{aligned}$$

(3) 在环 $|z|>2$ 内, $\left|\frac{2}{z}\right|<1$,

$$\begin{aligned}f(z)&=\frac{1}{3}\left(\frac{1}{z}\cdot\frac{1}{1-\frac{2}{z}}-\frac{1}{z}\cdot\frac{1}{1+\frac{1}{z}}\right)\\&=\frac{1}{3}\left[\frac{1}{z}\sum_{n=0}^{+\infty}\left(\frac{2}{z}\right)^n-\frac{1}{z}\sum_{n=0}^{+\infty}(-1)^n\cdot\frac{1}{z^n}\right]\\&=\frac{1}{3}\sum_{n=0}^{+\infty}[2^n-(-1)^n]\frac{1}{z^{n+1}}\\&=\frac{1}{z^2}+\frac{1}{z^3}+\frac{3}{z^4}+\cdots\end{aligned}$$

例 4.8　$f(z)=\dfrac{1}{z(1-z)}$.

(1) 在环 $0<|z|<1$ 内将 $f(z)$展开成 z 的洛朗级数;

(2) 在环 $0<|z-1|<1$ 内将 $f(z)$展开成 $z-1$ 的洛朗级数.

解　(1) 在环 $0<|z|<1$ 内,

$$f(z)=\frac{1}{z}\cdot\frac{1}{1-z}=\frac{1}{z}\cdot\sum_{n=0}^{+\infty}z^n$$
$$=\frac{1}{z}\cdot(1+z+z^2+z^3+\cdots)$$
$$=\frac{1}{z}+1+z+z^2+\cdots$$

(2) 在环 $0<|z-1|<1$ 内，

$$f(z)=\frac{1}{1-z}\cdot\frac{1}{1-(1-z)}$$
$$=\frac{1}{1-z}\cdot[1+(1-z)+(1-z)^2+(1-z)^3+\cdots]$$
$$=\frac{1}{1-z}+1+(1-z)+(1-z)^2+\cdots$$

§4.6 孤立奇异点

洛朗级数 $\sum\limits_{n=-\infty}^{+\infty}c_n(z-a)^n$ 的收敛域为环 $R_1<|z-a|<R_2$. 如果 $R_1=0$,则其发散圆 $|z-a|<R_1$ 缩成一点 $z=a$. 点 a 称为其和函数的孤立奇异点. 如果在函数 $f(z)$的孤立奇异点 $z=a$ 的环形邻域 $0<|z-a|<R_2$ 内展开成洛朗级数时,$z-a$ 的负幂项不出现,则称 a 为 $f(z)$的可去奇点. 如果只出现有限个负幂项(如例 4.8 所示),则称 a 为 $f(z)$的极点. 如果$(z-a)^{-1}$的最高幂为$(z-a)^{-m}$,则称 $z=a$ 为 $f(z)$的 m 阶极点. 如果洛朗级数中有无限多个负幂项,则称 a 为 $f(z)$的本性奇点.

如果 a 为 $f(z)$的 m 阶极点,则在 a 的环形邻域内,必有

$$f(z)=\frac{\Phi(z)}{(z-a)^m}$$

其中,$\Phi(z)$在 $z=a$ 的邻域内解析,$\Phi(a)\neq0$. 由此也可知 $z=a$ 为

$$g(z)=\frac{1}{f(z)}=\frac{(z-a)^m}{\Phi(z)}$$

的 m 级零点. 这两个性质对确定极点的阶很有帮助.

例如,$z_1=0,z_2=1$ 为 $f(z)=\dfrac{1}{z(1-z)}$的一阶极点. 它的洛朗展开式中,负幂项只有$\dfrac{1}{z}$和$\dfrac{1}{1-z}$.

设 $f(z)=\dfrac{z-5}{(z-1)^2z^2(z+1)^3}$,$z_1=-1$ 为三阶极点;$z_2=0$ 为二阶极点; $z_3=1$为二阶极点.

但若 $f(z)=\dfrac{\exp z-1}{z^3}$,不能一下子判定 $z=0$ 为三阶极点. 因为此时 $\Phi(z)=\exp z-1$,

$\Phi(0)=0$. 将 $f(z)$展开，有

$$\frac{\exp z-1}{z^3}=\frac{1}{z^3}\left(z+\frac{1}{2!}z^2+\frac{1}{3!}z^3+\frac{1}{4!}z^4+\cdots\right)$$

$$=\frac{1}{z^2}+\frac{1}{2}\cdot\frac{1}{z}+\frac{1}{3!}+\frac{1}{4!}z+\cdots$$

所以 $z=0$ 为二阶极点.

$\sin\frac{1}{z}=\frac{1}{z}-\frac{1}{3!}\cdot\frac{1}{z^3}+\frac{1}{5!}\cdot\frac{1}{z^5}-\cdots$，$z=0$ 为函数 $\sin\frac{1}{z}$的本性奇点.

习　题

1. 判断下列复数项级数是否收敛：

(1) $\sum\limits_{n=1}^{\infty}\left(\frac{1}{2^n}+\frac{\mathrm{i}}{n}\right)$；

(2) $\sum\limits_{n=1}^{\infty}z^n$.

2. 求下列级数的收敛半径：

(1) $\sum\limits_{n=0}^{\infty}2^nz^n$；

(2) $\sum\limits_{n=1}^{\infty}\frac{n!}{n^n}z^n$.

3. 将下列函数展开成形如 $\sum\limits_{n=0}^{\infty}c_nz^n$ 的幂级数，并指出收敛半径：

(1) $\frac{z}{z^2-4z+13}$；

(2) $\sinh z$；

(3) $\ln\frac{1+z}{1-z}$.

4. 级数

$$\frac{z}{\exp z-1}=\sum_{n=0}^{\infty}\frac{B_n}{n!}z^n$$

中的展开系数 B_n 叫伯努利(Bernoulli)数，计算 B_0，B_1，B_2，B_3.

5. 将下列函数在指定区域内展开成洛朗级数.

(1) $\mathrm{e}^{z+\frac{1}{z}}\ (0<|z|<\infty)$；

(2) $\frac{z^2-2z+5}{(z-2)(z^2+1)}\ (1<|z|<2)$；

(3) $f(z)=\sqrt{\frac{z}{(z-1)(z-2)}}\ \left(考虑\ \mathrm{Im}f\left(\frac{3}{2}\right)>0\right)\ (1<|z|<2)$.

6. 如下函数的级数展开系数称作勒让德(Legendre)多项式 $P_n(\alpha)$.

$$f(z)=\frac{1}{(1-2\alpha z+z^2)^{\frac{1}{2}}}$$
$$=1+P_1(\alpha)z+P_2(\alpha)z^2+\cdots+P_n(\alpha)z^n+\cdots$$

求该多项式的前四项.

7. 判定如下函数在复平面上的奇点及其类型:

(1) $\dfrac{z^4}{1+z^4}$;

(2) $e^{-\frac{1}{z^2}}$;

(3) $e^{-z}\cos\dfrac{1}{z}$.

第 5 章

留数及其应用

§ 5.1　留数定理

一、留数的定义

设 $z=a$ 是函数 $f(z)$ 的孤立奇点，在 $z=a$ 的去心邻域 $0<z-a<R$ 内 $f(z)$ 可展开成洛朗级数，即 $f(z)=\sum\limits_{k=-\infty}^{+\infty} c_k(z-a)^k$. 围绕奇点 $z=a$ 的积分可表示为

$$\oint_C f(z)\mathrm{d}z=\sum_{k=-\infty}^{+\infty} c_k\oint_C (z-a)^k\mathrm{d}z=2\pi\mathrm{i}c_{-1} \tag{5.1.1}$$

其中使用到了 $\oint_C \frac{1}{(z-a)^n}\mathrm{d}z=2\pi\mathrm{i}\delta_{n,1}$. 我们把 c_{-1} 称作函数 $f(z)$ 在 $z=a$ 处的留数(residue)，记为 $\mathop{\mathrm{Res}}\limits_{z=a} f(z)$ 或 $\mathrm{Res}\{f(z),z=a\}$.

二、留数定理

留数定理：设 $f(z)$ 在围线 C 所包围的区域 D 内，除 $a_1,a_2,\cdots,a_n$ 外解析，则

$$\oint_C f(z)\mathrm{d}z=2\pi\mathrm{i}\sum_{k=1}^{n}\mathop{\mathrm{Res}}_{z=a_k} f(z) \tag{5.1.2}$$

证明：如图 5.1 所示，利用柯西定理可知，围线积分 C 等价于围绕奇点的小的围线积分之和. 利用式(5.1.1)关于留数的定义，即可证得式(5.1.2).

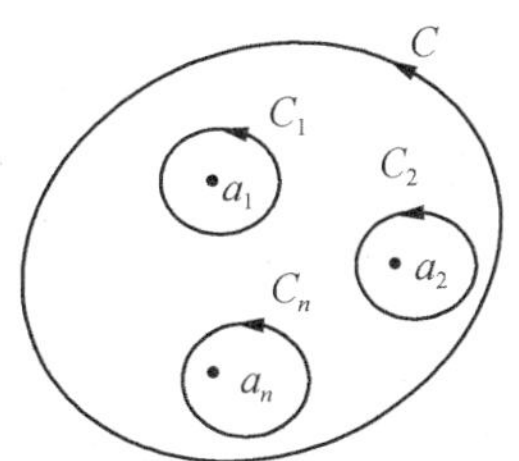

图 5.1　留数定理

三、留数的计算方法

根据留数定理，我们不难发现，只要我们能在奇点的去心邻域内展开成洛朗级数，负一次幂前面的常系数就是相应的留数. 这是计算留数最直接的方法. 显然，当奇点是可去奇点时，留数为 0；当奇点是本性奇点时，我们只能用洛朗级数展开的方法求留数；但当奇点是极点时，我们有一些简化的计算方法.

1. $z=a$ 为 $f(z)$ 的一阶极点

$$f(z)=\frac{a_{-1}}{z-a}+a_0+a_1(z-a)+\cdots$$

$$\operatorname*{Res}_{z=a}f(z)=a_{-1}=\lim_{z\to a}[(z-a)f(z)] \tag{5.1.3}$$

若 $f(z)=\dfrac{\varphi(z)}{\psi(z)}$，$\varphi(a)\neq 0$，$\psi(a)=0$，$\psi'(a)\neq 0$，则 $z=a$ 为 $f(z)$ 的一阶极点，

$$\operatorname*{Res}_{z=a}f(z)=a_{-1}=\lim_{z\to a}[(z-a)f(z)]=\lim_{z\to a}\left[\frac{(z-a)\varphi(z)}{\psi(z)}\right]$$

$$=\lim_{z\to a}\frac{\varphi(z)+(z-a)\varphi'(z)}{\psi'(z)}=\frac{\varphi(a)}{\psi'(a)} \tag{5.1.4}$$

例 5.1 已知 $f(z)=\dfrac{z\exp(z)}{z^2-1}$，求 $f(z)$ 在 $z=\pm 1$ 处的留数.

解 $z=\pm 1$ 为 $f(z)$ 的两个一阶极点. 由式(5.1.3)，得

$$\operatorname*{Res}_{z=1}f(z)=\lim_{z\to 1}[(z-1)f(z)]=\lim_{z\to 1}\left[(z-1)\cdot\frac{z\exp(z)}{z^2-1}\right]=\lim_{z\to 1}\frac{z\exp(z)}{z+1}=\frac{\mathrm{e}}{2}$$

$$\operatorname*{Res}_{z=-1}f(z)=\lim_{z\to -1}\left[(z+1)\cdot\frac{z\exp(z)}{z^2-1}\right]=\lim_{z\to -1}\frac{z\exp(z)}{z-1}=\frac{\mathrm{e}^{-1}}{2}$$

在本例中

$$f(z)=\frac{\varphi(z)}{\psi(z)},\ \varphi(z)=z\exp(z),\ \psi(z)=z^2-1$$

由(5.1.4)，得

$$\operatorname*{Res}_{z=1}f(z)=\frac{\varphi(1)}{\psi'(1)}=\frac{\mathrm{e}}{2},\ \operatorname*{Res}_{z=-1}f(z)=\frac{\varphi(-1)}{\psi'(-1)}=\frac{\mathrm{e}^{-1}}{2}$$

2. $z=a$ 为 $f(z)$ 的 n 阶极点

$$f(z)=\frac{a_{-n}}{(z-a)^n}+\frac{a_{-n+1}}{(z-a)^{n-1}}+\cdots+\frac{a_{-1}}{z-a}+a_0+a_1(z-a)+\cdots$$

$$(z-a)^nf(z)=a_{-n}+a_{-n+1}(z-a)+\cdots+a_{-1}(z-a)^{n-1}+a_0(z-a)^n+\cdots$$

$$\frac{\mathrm{d}^{n-1}}{\mathrm{d}z^{n-1}}[(z-a)^nf(z)]=(n-1)!\ a_{-1}+n(n-1)\cdots 2a_0(z-a)+\cdots$$

$$\operatorname*{Res}_{z=a}f(z)=a_{-1}=\frac{1}{(n-1)!}\lim_{z\to a}\frac{\mathrm{d}^{n-1}}{\mathrm{d}z^{n-1}}[(z-a)^nf(z)] \tag{5.1.5}$$

例 5.2 求 $f(z)=\dfrac{z^5}{(z-1)^2}$ 在复平面上的留数.

解 首先容易判断 $z=1$ 是 $f(z)$ 的极点，下面判断极点的阶数.

方法一 按照定义，在 $z=1$ 的去心邻域内展开成洛朗级数，有

$$f(z)=(z-1)^{-2}+5(z-1)^{-1}+10+10(z-1)+5(z-1)^2+(z-1)^3$$

显然 $z=1$ 是二阶极点，且相应的留数为 5.

方法二 根据式(5.1.5)，同样可求得 $f(z)$ 在 $z=1$ 处的留数为 5.

例 5.3 求函数 $f(z)=\tan(\pi z)$ 在复平面上的留数.

解　$z=k+\frac{1}{2}(k\in\mathbf{Z})$是 $f(z)$的一阶极点. 因为 $\tan\pi z=\frac{\sin\pi z}{\cos\pi z}$,由式(5.1.4),可求得 $f(z)$在 $z=k+\frac{1}{2}$处的留数为

$$\operatorname*{Res}_{z=k+\frac{1}{2}} f(z)=\frac{\sin\left(k+\frac{1}{2}\right)\pi}{(-\pi)\sin\left(k+\frac{1}{2}\right)\pi}=-\frac{1}{\pi}$$

例 5.4　计算积分$\oint_{|z|=2}\frac{5z-1}{z(z-1)^2}\mathrm{d}z$.

解　被积函数在圆周$|z|=2$ 内有一阶极点 $z=0$ 和二阶极点 $z=1$. 留数分别为

$$\operatorname*{Res}_{z=0}f(z)=\left.\frac{5z-1}{(z-1)^2}\right|_{z=0}=-1$$

$$\operatorname*{Res}_{z=1}f(z)=\left.\left(\frac{5z-1}{z}\right)'\right|_{z=1}=1$$

根据留数定理,可得题中积分为 0.

例 5.5　计算积分$\oint_{|z|=n}\tan\pi z\mathrm{d}z$ (n 为正整数).

解　被积函数以 $z=k+\frac{1}{2}(k\in\mathbf{Z})$为一阶极点(见例 5.3),如图 5.2 所示,在$|z|=n$ 圆内共有 $2n$ 个奇点.

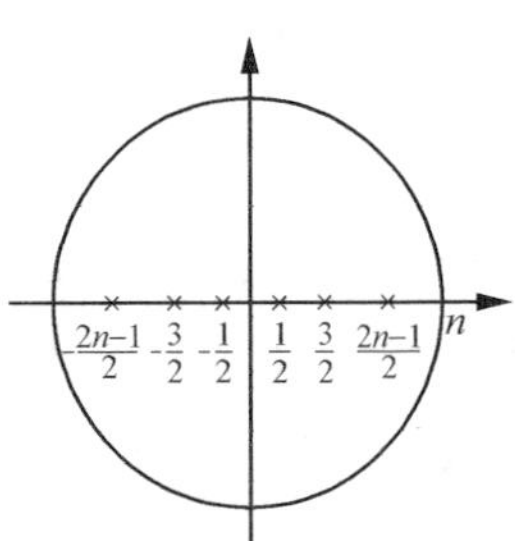

图 5.2　例 5.5 图

$$\oint_{|z|=n}\tan\pi z\mathrm{d}z=2\pi\mathrm{i}\sum_{\left|k+\frac{1}{2}\right|<n}\operatorname*{Res}_{z=k+\frac{1}{2}}(\tan\pi z)$$

$$=2\pi\mathrm{i}\left(-\frac{2n}{\pi}\right)=-4n\mathrm{i}$$

§ 5.2　留数定理的应用

一、几个引理

在利用留数定理计算实积分中常用到大、小圆弧引理和约当(Jordan)引理. 这些引理可简化计算过程,现将具体内容和证明过程叙述如下.

1. 大圆弧引理

设 $f(z)$沿着圆弧 $C_R: z=R\mathrm{e}^{\mathrm{i}\theta}(\theta_1\leqslant\theta\leqslant\theta_2)$连续(图 5.3),且 $\lim\limits_{R\to+\infty}zf(z)=\lambda$ 于 C_R 上一致成立,则

$$\lim_{R\to+\infty}\int_{C_R}f(z)\mathrm{d}z=\mathrm{i}\lambda(\theta_2-\theta_1)\qquad(5.2.1)$$

图 5.3　圆弧 C_R

证　对于任意给定的 $\varepsilon>0$,由已知条件,存在 $R_0(\varepsilon)>0$,使得当 $R>R_0$ 时,得

$$|zf(z)-\lambda|<\frac{\varepsilon}{\theta_2-\theta_1},\ z\in C_R$$

考虑到 $\int_{C_R}\frac{1}{z}\mathrm{d}z=\mathrm{i}(\theta_2-\theta_1)$，有

$$\left|\int_{C_R}f(z)\mathrm{d}z-\mathrm{i}(\theta_2-\theta_1)\lambda\right|=\left|\int_{C_R}\frac{zf(z)-\lambda}{z}\mathrm{d}z\right|\leqslant\int_{C_R}\frac{|zf(z)-\lambda|}{|z|}|\mathrm{d}z|<\varepsilon$$

2. 小圆弧引理

设 $f(z)$在 $z=a$ 的去心邻域内连续，且在 $\theta_1\leqslant\arg(z-a)\leqslant\theta_2$ 中，当$|z-a|=r\to0$ 时，$(z-a)f(z)$一致地趋向 λ，则

$$\lim_{r\to0}\int_{C_r}f(z)\mathrm{d}z=\mathrm{i}\lambda(\theta_2-\theta_1)\qquad(5.2.2)$$

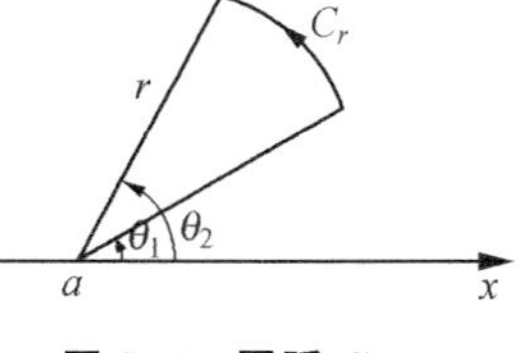

图 5.4　圆弧 C_r

其中 C_r 是以 $z=a$ 为圆心、r 为半径、张角 $\theta_2-\theta_1$ 的圆弧(图 5.4).

证　见本章习题 7.

3. 约当 Jordan 引理

设在 $0\leqslant\arg z\leqslant\pi$ 范围内，当$|z|\to\infty$时，$f(z)$一致地趋于 0，则

$$\lim_{R\to\infty}\int_{C_R}f(z)\mathrm{e}^{\mathrm{i}pz}\mathrm{d}z=0\qquad(5.2.3)$$

其中 $p>0$，C_R 是以原点为圆心、R 为半径的半圆弧.

证　对于任意给定的 $\varepsilon>0$，存在与 $\arg z$ 无关的 $M(\varepsilon)>0$，使得当$|z|=R>M$，且 $0\leqslant\arg z\leqslant\pi$ 时，$|f(z)|<\varepsilon$，

$$\begin{aligned}\left|\int_{C_R}f(z)\mathrm{e}^{\mathrm{i}pz}\mathrm{d}z\right|&=\left|\int_0^{\pi}f(R\mathrm{e}^{\mathrm{i}\theta})\mathrm{e}^{\mathrm{i}pR(\cos\theta+\mathrm{i}\sin\theta)}R\mathrm{e}^{\mathrm{i}\theta}\mathrm{i}\mathrm{d}\theta\right|\\&\leqslant\int_0^{\pi}|f(R\mathrm{e}^{\mathrm{i}\theta})|\mathrm{e}^{-pR\sin\theta}R\mathrm{d}\theta\\&<\varepsilon R\int_0^{\pi}\mathrm{e}^{-pR\sin\theta}\mathrm{d}\theta=2\varepsilon R\int_0^{\frac{\pi}{2}}\mathrm{e}^{-pR\sin\theta}\mathrm{d}\theta\\&<2\varepsilon R\int_0^{\pi/2}\mathrm{e}^{-pR\cdot2\theta/\pi}\mathrm{d}\theta=\frac{\varepsilon\pi}{p}(1-\mathrm{e}^{-pR})\end{aligned}$$

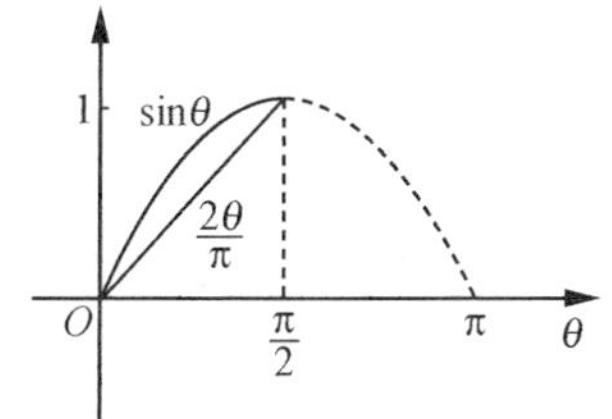

图 5.5　Jordan 不等式的证明

其中用到了 Jordan 不等式：当 $0<\theta<\frac{\pi}{2}$时，$\frac{2\theta}{\pi}<\sin\theta<\theta$(图 5.5). 当 $R\to\infty$时，得证.

二、利用留数计算实积分

1. $\int_0^{2\pi}R(\cos\theta,\sin\theta)\mathrm{d}x$ 类型的积分

$R(\cos\theta,\sin\theta)$表示 $\cos x$，$\sin x$ 的有理函数，并且在$[0,2\pi]$上连续. 通常令 $z=\mathrm{e}^{\mathrm{i}\theta}$，则 $\cos\theta=\frac{z+z^{-1}}{2}$，$\sin\frac{z-z^{-1}}{2\mathrm{i}}$，代入积分，可得

$$\int_0^{2\pi} R(\cos\theta,\sin\theta)\mathrm{d}x=\oint_{|z|=1} R\left(\frac{z^2-1}{2z},\frac{z^2-1}{2\mathrm{i}z}\right)\frac{\mathrm{d}z}{\mathrm{i}z}$$

显然，等式右边的积分可以利用留数定理求解.

例 5.6　计算积分 $I=\int_0^{2\pi}\frac{\mathrm{d}\theta}{1-2a\cos\theta+a^2}\ (0\leqslant|a|<1)$.

解　令 $z=\mathrm{e}^{\mathrm{i}\theta}$，则

$$I=\frac{1}{\mathrm{i}}\int_{|z|=1}\frac{\mathrm{d}z}{(z-a)(1-az)}$$

$$=\frac{1}{\mathrm{i}}\cdot 2\pi\mathrm{i}\cdot\frac{1}{1-a^2}=\frac{2\pi}{1-a^2}\ (0\leqslant|a|<1)$$

2. $\int_{-\infty}^{+\infty}f(x)\mathrm{d}x$ 类型的无穷积分

对于此类积分，我们的基本策略是引入虚轴，并考虑如下围线积分(图 5.6)：

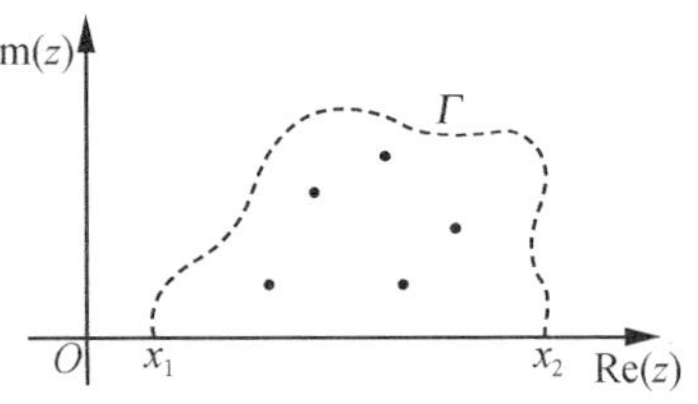

图 5.6　$\int_{-\infty}^{+\infty}f(x)\mathrm{d}x$ **的积分**

$$\oint_C f(z)\mathrm{d}z=\int_{x_1}^{x_2} f(x)\mathrm{d}x+\int_\Gamma f(z)\mathrm{d}z$$

利用留数定理可算出左边的积分.若能算出 $\int_\Gamma f(z)\mathrm{d}z$，就能得出 $\int_{x_1}^{x_2} f(x)\mathrm{d}x$. 进一步，有

$$\int_{-\infty}^{+\infty} f(x)\mathrm{d}x=\lim_{\substack{x_1\to+\infty\\x_2\to+\infty}}\int_{x_1}^{x_2} f(x)\mathrm{d}x \tag{5.2.4}$$

在很多应用中，Γ 常取为以原点为圆心的半圆，积分 $\int_{x_1}^{x_2} f(x)\mathrm{d}x$ 变为 $\int_{-x_2}^{x_2} f(x)\mathrm{d}x$，$\lim\limits_{x_2\to+\infty}\int_{-x_2}^{x_2} f(x)\mathrm{d}x$ 称为无穷区间上积分的柯西主值，记为

$$\mathrm{V.P.}\int_{-\infty}^{+\infty} f(x)\mathrm{d}x=\lim_{x_2\to+\infty}\int_{-x_2}^{x_2} f(x)\mathrm{d}x \tag{5.2.5}$$

在一些物理应用中，仅考虑柯西主值(见本章附录一).

例 5.7　计算 $I=\int_{-\infty}^{+\infty}\frac{x^2}{x^4+x^2+1}\mathrm{d}x$.

解　考虑复变函数

$$f(z)=\frac{z^2}{z^4+z^2+1}$$

以 O 为圆心，足够大的 R 为半径，在上半平面内作半圆 C_R. C_R 与实轴上的区间 $[-R,R]$ 一起构成闭合回路 C (图 5.7). $f(z)$ 有 4 个一阶极点 $z_1=\frac{1}{2}+\frac{\sqrt{3}}{2}\mathrm{i}$，$z_2=-\frac{1}{2}+\frac{\sqrt{3}}{2}\mathrm{i}$，$z_3=\frac{1}{2}-\frac{\sqrt{3}}{2}\mathrm{i}$，$z_4=-\frac{1}{2}-\frac{\sqrt{3}}{2}\mathrm{i}$. z_1，z_2 位于闭合回路 C 内. 由留数定理，知

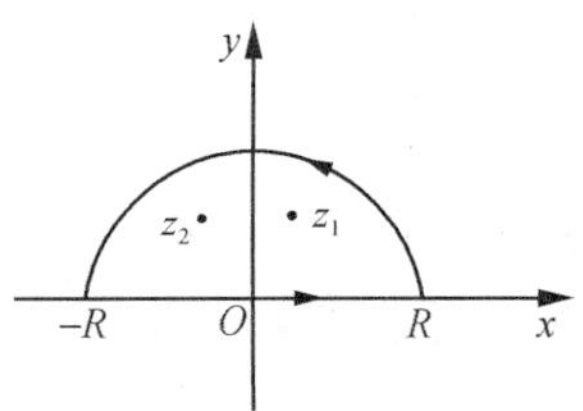

图 5.7　例 5.7 图

$$\oint_C f(z)\mathrm{d}z = 2\pi\mathrm{i}[\underset{z_1}{\mathrm{Res}}f(z) + \underset{z_2}{\mathrm{Res}}f(z)]$$

但

$$\oint_C f(z)\mathrm{d}z = \int_{-R}^{R} \frac{x^2}{x^4+x^2+1}\mathrm{d}x + \int_{C_R} \frac{z^2}{z^4+z^2+1}\mathrm{d}z$$

易证，当$|z|=R\to+\infty$时，$z\cdot\dfrac{z^2}{z^4+z^2+1}$一致地$\to0$. 由模估计，易证

$$\int_{C_R} \frac{z^2}{z^4+z^2+1}\mathrm{d}z \xrightarrow[R\to+\infty]{} 0$$

$$\int_{-R}^{R} \frac{x^2}{x^4+x^2+1}\mathrm{d}x \xrightarrow[R\to+\infty]{} \mathrm{V.P.}\int_{-\infty}^{+\infty} \frac{x^2}{x^4+x^2+1}\mathrm{d}x$$

所以

$$\begin{aligned}\mathrm{V.P.}\int_{-\infty}^{+\infty} \frac{x^2}{x^4+x^2+1}\mathrm{d}x &= 2\pi\mathrm{i}\left[\underset{z_1}{\mathrm{Res}}\frac{z^2}{z^4+z^2+1} + \underset{z_2}{\mathrm{Res}}\frac{z^2}{z^4+z^2+1}\right] \\ &= 2\pi\mathrm{i}\left[\frac{{z_1}^2}{4{z_1}^3+2z_1} + \frac{{z_2}^3}{4{z_2}^3+2z_2}\right] = \frac{\sqrt{3}}{3}\pi\end{aligned}$$

例 5.8 计算 $I=\displaystyle\int_0^{+\infty} \frac{x\sin mx}{x^4+a^4}\,\mathrm{d}x(m>0,a>0)$.

解 被积函数为偶函数，所以

$$I = \int_0^{+\infty} \frac{x\sin mx}{x^4+a^4}\mathrm{d}x = \frac{1}{2}\int_{-\infty}^{+\infty} \frac{x\sin mx}{x^4+a^4}\mathrm{d}x = \frac{1}{2}\mathrm{Im}\int_{-\infty}^{+\infty} \frac{x\mathrm{e}^{\mathrm{i}mx}}{x^4+a^4}\mathrm{d}x$$

设 $f(z)=\dfrac{z\mathrm{e}^{\mathrm{i}mz}}{z^4+a^4}$，它共有四个一阶极点，即 $z_k=a\mathrm{e}^{\mathrm{i}\frac{\pi+2k\pi}{4}}(k=0,1,2,3)$.

由于 $a>0$，$f(z)$在上半平面只有两个一阶极点 z_0 及 z_1；考虑到 $m>0$，根据约当引理，当 $R\to+\infty$时. $\int_\Gamma f(z)\mathrm{d}z=0$，其中 Γ 为以 O 为圆心、R 为半径，位于上半平面的半圆.

$$\int_{-\infty}^{+\infty} \frac{x\mathrm{e}^{\mathrm{i}mx}}{x^4+a^4}\mathrm{d}x = 2\pi\mathrm{i}\sum_{k=0,1}\underset{z=z_k}{\mathrm{Res}}\frac{z\mathrm{e}^{\mathrm{i}mz}}{z^4+a^4} = \mathrm{i}\,\frac{\pi}{a^2}\exp\left(-\frac{\sqrt{2}}{2}ma\right)\sin\frac{\sqrt{2}}{2}ma$$

于是，

$$I = \frac{1}{2}\mathrm{Im}\int_{-\infty}^{+\infty} \frac{x\mathrm{e}^{\mathrm{i}mx}}{x^4+a^4}\mathrm{d}x = \frac{\pi}{2a^2}\exp\left(-\frac{\sqrt{2}}{2}ma\right)\sin\frac{\sqrt{2}}{2}ma$$

例 5.9 计算狄利克雷(Dirichlet)积分$\displaystyle\int_0^{+\infty} \frac{\sin x}{x}\mathrm{d}x$.

解 考虑 $f(z)=\dfrac{\mathrm{e}^{\mathrm{i}z}}{z}$，由于实轴上有 $x=0$ 这一奇点，因此可按照如图 5.8 所示构造围线，绕过实轴上的奇点. 围线内部没有奇点，根据留数定理，可得

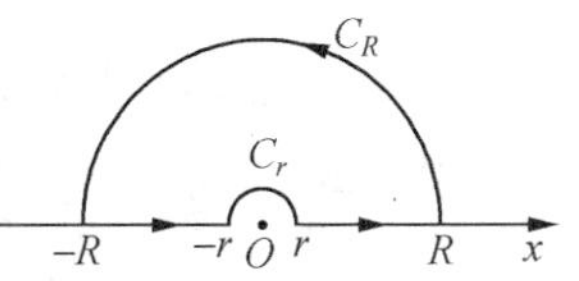

图 5.8 例 5.9 图

$$\int_r^R \frac{\mathrm{e}^{\mathrm{i}x}}{x}\mathrm{d}x + \int_{C_R} \frac{\mathrm{e}^{\mathrm{i}z}}{z}\mathrm{d}z + \int_{-R}^{-r} \frac{\mathrm{e}^{\mathrm{i}x}}{x}\mathrm{d}x + \int_{C_r} \frac{\mathrm{e}^{\mathrm{i}z}}{z}\mathrm{d}z = 0.$$

根据约当引理，可得

$$\lim_{R\to+\infty}\int_{C_R}\frac{e^{iz}}{z}dz=0$$

将 $z=r\exp i\theta$ 代入，经过简单计算，可得

$$\lim_{r\to 0}\int_{C_r}\frac{e^{iz}}{z}dz=-i\pi$$

令 $r\to 0, R\to\infty$，可得

$$\text{V. P.}\int_{-\infty}^{+\infty}\frac{\exp ix}{x}dx=i\pi$$

$$\text{Im}\left\{\text{V. P.}\int_{-\infty}^{+\infty}\frac{\exp ix}{x}dx\right\}=\int_{-\infty}^{+\infty}\frac{\sin x}{x}dx=2\int_{0}^{+\infty}\frac{\sin x}{x}dx=\pi$$

因此

$$\int_{0}^{+\infty}\frac{\sin x}{x}dx=\frac{\pi}{2}$$

3. 多值函数的积分

基本思路：先找出支点，沿着支割线分割复平面，形成单值分支；选取合适的围线，利用留数定理、大小圆弧引理、约当引理等处理.

例 5.10　计算积分 $I=\int_0^\infty\frac{\sqrt{x}\ln x}{(1+x)^2}dx$.

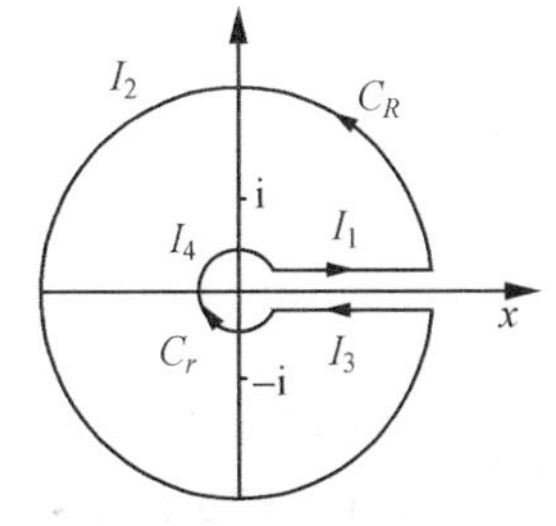

图 5.9　例 5.10 图

解　考虑函数 $f(z)=\frac{\sqrt{z}\ln z}{(1+z)^2}$，该函数的多值性来源于 $\sqrt{z}\ln z$，在 C_∞ 上有 0 和 ∞ 两个支点，可以沿着正实轴连接这两个支点，将复平面割开，这时多值函数 $\sqrt{z}$ 与 $\ln z$ 变成如下的单值分支：$(\sqrt{z})_0=\sqrt{|z|}\exp\left(\frac{\arg z}{2}\right)$，$(\ln z)_0=\ln|z|+i\arg z$. 这里我们规定 $0<\arg z<2\pi$. 建立如图 5.9 所示的围线. $z=-1$ 为被积函数 $f(z)$ 在回路内的二阶极点，$\underset{z=-1}{\text{Res}}\frac{\sqrt{z}\ln z}{(1+z)^2}=\frac{d}{dz}(\sqrt{z}\ln z)\big|_{z=-1}=\frac{\pi}{2}-i$. 利用留数定理，可得

$$\int_C f(z)dz=I_1+I_2+I_3+I_4=2\pi i\left(\frac{\pi}{2}-i\right)$$

其中

$$I_1=\int_0^\infty\frac{\sqrt{x}\ln x}{(1+x)^2}dx,\ I_3=\int_\infty^0\frac{-\sqrt{x}(\ln x+2\pi i)}{(1+x)^2}dx$$

可以证明：当 $|z|=R\to+\infty$ 时 $zf(z)$ 一致 $\to 0$，由大圆弧引理，知 $I_2\to 0$；当 $r\to 0$ 时，$zf(z)$ 一致 $\to 0$，由小圆弧引理，知 $I_4\to 0$.

$$2I+2\pi i\int_0^\infty\frac{\sqrt{x}}{(1+x)^2}dx=2\pi+\pi^2 i$$

考虑实部相等，得

$$I=\int_0^{\infty}\frac{\sqrt{x}\ln x}{(1+x)^2}\mathrm{d}x=\pi$$

三、利用留数定理计算无穷级数

利用留数定理除了可以计算以上几类实积分外，还可以计算一些无穷级数．文献[2]证明：若函数 $f(z)$除有限个非整数极点外，在复平面上处处解析，存在常数 $R>0$ 和 $M>0$，当$|z|>R$ 时 $|zf(z)|\leqslant M$，则当 $N\to+\infty$时，有

$$\oint_{C_N}\pi\cot\pi z\cdot f(z)\mathrm{d}z\to 0$$

其中 C_N 为顶点为$\left(N+\frac{1}{2}\right)(1+\mathrm{i})$，$\left(N+\frac{1}{2}\right)(1-\mathrm{i})$，$-\left(N+\frac{1}{2}\right)(1+\mathrm{i})$，$-\left(N+\frac{1}{2}\right)(1-\mathrm{i})$的正方形．在上述正方形内，被积函数有两类极点：

(1) $\cot\pi z$ 的一阶极点 $z=n$ $(n=0,\pm1,\pm2,\cdots,\pm N)$．容易证明

$$\operatorname*{Res}_{z=n}\{\pi\cot\pi z\cdot f(z)\}=f(n)$$

(2) $f(z)$的极点 $z=z_j(j=1,2,\cdots,r)$．由留数定理，可知

$$\oint_{C_N}\pi\cot\pi z\cdot f(z)\mathrm{d}z=2\pi\mathrm{i}\left\{\sum_{n=-N}^{N}f(n)+\sum_{j=1}^{r}\operatorname*{Res}_{z=z_j}[\pi\cot\pi z\cdot f(z)]\right\}$$

当 $N\to+\infty$ 时，有

$$\sum_{n=-\infty}^{+\infty}f(n)+\sum_{j=1}^{r}\operatorname*{Res}_{z=z_j}[\pi\cot\pi z\cdot f(z)]=0$$

因此，我们有如下定理．

定理：若函数 $f(z)$除有限个非整数极点外，在全平面解析，存在常数 $R>0$ 和 $M>0$．当$|z|>R$ 时，$|zf(z)|\leqslant M$，则

$$\sum_{n=-\infty}^{+\infty}f(n)=-\sum_{j}\operatorname*{Res}_{z_j}\{\pi\cot\pi z\cdot f(z)\}\qquad(5.2.6)$$

其中，z_j 为 $f(z)$的极点．式(5.2.6)中的 $\sum\limits_{n=-\infty}^{+\infty}f(n)$代表两个级数之和，即 $\sum\limits_{n=-\infty}^{+\infty}f(n)=\sum\limits_{n=-\infty}^{-1}f(n)+\sum\limits_{n=0}^{+\infty}f(n)=\sum\limits_{n=1}^{+\infty}f(-n)+f(0)+\sum\limits_{n=1}^{+\infty}f(n)$．

例 5.11 计算级数 $\sum\limits_{n=0}^{+\infty}\frac{1}{(2n+1)^2}$．

解 取 $f(z)=\frac{1}{\left(z-\frac{1}{2}\right)^2}$，$f(z)$仅有一个二阶极点 $z=\frac{1}{2}$，则

$$\begin{aligned}\sum_{n=-\infty}^{+\infty}\frac{1}{\left(n-\frac{1}{2}\right)^2}&=\sum_{n=1}^{+\infty}\frac{1}{\left(-n-\frac{1}{2}\right)^2}+\frac{1}{\left(-\frac{1}{2}\right)^2}+\sum_{n=1}^{+\infty}\frac{1}{\left(n-\frac{1}{2}\right)^2}\\&=\sum_{n=1}^{+\infty}\frac{4}{(2n+1)^2}+4+\sum_{n=1}^{+\infty}\frac{4}{(2n-1)^2}\end{aligned}$$

$$= \sum_{n=1}^{+\infty} \frac{4}{(2n+1)^2} + 4 + 4 + \sum_{n=1}^{+\infty} \frac{4}{(2n+1)^2}$$

$$= 8\sum_{n=0}^{+\infty} \frac{1}{(2n+1)^2}$$

$$\operatorname*{Res}_{z_0=\frac{1}{2}}\left\{\frac{\pi\cot\pi z}{\left(z-\frac{1}{2}\right)^2}\right\}=\pi\left[\frac{\mathrm{d}}{\mathrm{d}z}\cot\pi z\right]_{z=\frac{1}{2}}=-\pi^2$$

根据定理,可得 $\sum\limits_{n=0}^{+\infty} \frac{1}{(2n+1)^2}=\frac{\pi^2}{8}$.

例 5.12　证明 $\cot\pi x=\frac{1}{\pi x}+\frac{2x}{\pi}\sum\limits_{n=1}^{+\infty}\frac{1}{x^2-n^2}$($x$ 为非整数).

证　上式可改写为

$$\sum_{n=1}^{+\infty}\frac{1}{n^2-x^2}=\frac{1}{2x^2}-\frac{\pi}{2}\cdot\frac{\cot\pi x}{x}$$

设 $f(z)=\frac{1}{z^2-x^2}$,$z=\pm x$ 为 $f(z)$的两个一阶极点,

$$\sum_{n=-\infty}^{+\infty} f(n) = \sum_{n=1}^{+\infty} f(-n) + f(0) + \sum_{n=1}^{+\infty} f(n)$$

$$=-\frac{1}{x^2}+2\sum_{n=1}^{+\infty}\frac{1}{n^2-x^2}\cdot$$

$$\operatorname*{Res}_{z=x}\left\{\pi\cot\pi z\cdot\frac{1}{z^2-x^2}\right\}+\operatorname*{Res}_{z=-x}\left\{\pi\cot\pi z\cdot\frac{1}{z^2-x^2}\right\}$$

$$=\frac{\pi\cot\pi x}{2x}+\frac{\pi\cot(-\pi x)}{2(-x)}$$

$$=\frac{\pi\cot\pi x}{x}$$

根据定理,可得

$$-\frac{1}{x^2}+2\sum_{n=1}^{+\infty}\frac{1}{n^2-x^2}=-\frac{\pi\cot\pi x}{x}$$

由此可得题设之结论.

例 5.13　计算巴塞尔(Basel)级数 $\sum\limits_{n=1}^{\infty}\frac{1}{n^2}$之和.

解　取 $f(z)=\frac{1}{z^2}$. 在本例中 $z=0$ 为 $f(z)$的二阶极点,不能直接应用式(5.2.6),可以应用留数定理进行计算.

$$\oint_{C_N}\frac{\pi\cot\pi z}{z^2}\mathrm{d}z=2\pi\mathrm{i}\sum_{n=-N}^{N}\operatorname{Res}\left\{\frac{\pi\cot\pi z}{z^2}\right\}_{z=n}$$

$z=0$ 为$\frac{\pi\cot\pi z}{z^2}$的三阶极点,由式(5.1.5),得

$$\operatorname*{Res}_{z=0}\left\{\frac{\pi\cot\pi z}{z^2}\right\}=\lim_{z\to 0}\frac{1}{z!}\frac{\mathrm{d}^2}{\mathrm{d}z^2}\{\pi z\cot\pi z\}=-\frac{\pi^2}{3}$$

$z=n\neq 0$ 为$\frac{\pi\cot\pi z}{z^2}$的一阶极点：

$$\operatorname*{Res}_{z=n}\left\{\frac{\pi\cot\pi z}{z^2}\right\}=\frac{1}{n^2}$$

于是$\oint_{C_N}\frac{\pi\cot\pi z}{z^2}\mathrm{d}z=2\pi\mathrm{i}\left(-\frac{\pi^2}{3}+2\sum_{n=1}^{N}\frac{1}{n^2}\right)$，当$|z|\to\infty$，$|zf(z)|\to 0$时，左边的积分$\to 0$，所以$\sum_{n=1}^{\infty}\frac{1}{n^2}=\frac{\pi^2}{6}$.

本来只受数学家关注的欧拉 Zeta 函数

$$\zeta(x)=\sum_{n=0}^{\infty}\frac{1}{n^x}$$

最近有人用于重振化计算，附录二给出了 $\zeta(2m)$与伯努利数 B_{2m}间的关系：

$$\zeta(2m)=\frac{(-1)^{m-1}(2\pi)^{2m}}{2\cdot(2m)!}B_{2m}\quad(m\geqslant 1)\tag{5.2.7}$$

其中，B_{2m}为伯努利数$\left(B_2=\frac{1}{6},B_4=-\frac{1}{30},B_6=\frac{1}{12},\text{等等}\right)$.

上述欧拉 Zeta 函数还可解析延拓至整个复平面，延拓后的函数称为黎曼 Zeta 函数，具体可表示为

$$\zeta(s)=-\frac{1}{2\pi\mathrm{i}}\Gamma(1-s)\oint_C\frac{(-z)^{s-1}}{\mathrm{e}^z-1}\mathrm{d}z\tag{5.2.8}$$

其中，$s\in\mathbf{C}$，$s\neq 1$；C 为如图 5.10 所示的围线. 根据式(5.2.8)，不难证明当 s 为负偶数时黎曼 Zeta 函数的值为零，这些零点称为平凡零点. 除此之外，在复平面上还有其他 s 可以使得 $\zeta(s)=0$，这些 s 被称为非平凡零点. 黎曼给出的推测是“所有的非平凡零点位于临界线 $s=1/2+\mathrm{i}\sigma$ ($\sigma\in\mathbf{R}$)上”，这就是著名的黎曼猜想. 到目前为止，人们借助于计算机所计算出的非平凡零点全都位于临界线上($\sigma\leqslant$3 000 175 332 800)(文献[9]). 是否会有非平凡零点位于临界线之外，仍是未解之谜. 在 ζ 函数的计算中，要用到许多复函的技巧与知识，这里不再详述.

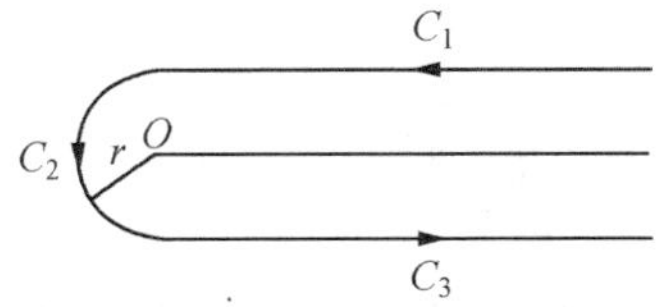

图 5.10　例 5.13 图

*附录一　柯西主值积分

在量子散射问题中会遇到下列类型的积分：

$$I(\sigma)=\frac{1}{\mathrm{i}}\int_{-\infty}^{+\infty}\frac{x\exp(\mathrm{i}x)}{x^2-\sigma^2}\mathrm{d}x \tag{a5.1.1}$$

这是一个广义积分. 积分区间无限，$x=\pm\sigma$ 为被积函数的一阶极点. 无限区间广义积分存在的条件为下列极限存在：

$$\lim_{\substack{R_1\to+\infty\\R_2\to+\infty}}\int_{-R_1}^{R_2}$$

积分区间中存在极点时广义积分存在的条件为下列极限存在：

$$\lim_{\substack{\gamma_1\to0\\\gamma_2\to0}}\int_{-\sigma-\gamma_1}^{-\sigma+\gamma_2},\quad\lim_{\substack{\gamma_3\to0\\\gamma_4\to0}}\int_{\sigma-\gamma_3}^{\sigma+\gamma_4}$$

上述极限都存在，称广义积分(a5.1.1)存在. 若上述极限都不存在，称上述广义积分发散.

上述极限不存在时，某些特殊的极限可能存在. 在实际问题中有时只需用这些特殊的极限.

对于无限区间的积分 $\int_{-\infty}^{+\infty}$，可以考虑极限

$$\lim_{R\to\infty}\int_{-R}^{R}$$

对于极点 $x=\pm\sigma$ 的情形，可以考虑极限

$$\lim_{r_1\to0}\int_{-\sigma-r_1}^{-\sigma+r_1},\quad\lim_{r_2\to0}\int_{\sigma-r_2}^{\sigma+r_2}$$

假如这些极限存在，我们称这些特殊的极限为广义积分的柯西主值，在积分符号前标以 P. V.. 广义积分(a5.1.1)的柯西主值可记为

$$\mathrm{P.V.}\frac{1}{\mathrm{i}}\int_{-\infty}^{+\infty}\frac{x\exp(\mathrm{i}x)}{x^2-\sigma^2}\mathrm{d}x=\frac{1}{\mathrm{i}}\lim_{\substack{R\to+\infty\\r_1\to0\\r_2\to0}}\left[\int_{-R}^{-\sigma-r_1}+\int_{-\sigma+r_1}^{\sigma-r_2}+\int_{\sigma+r_2}^{R}\right] \tag{a5.1.2}$$

回路积分对计算柯西主值积分提供了一个方便的方法. 我们以计算主值积分(a5.1.1)为例，介绍这种方法.

首先取复函数

$$f(z)=\frac{1}{\mathrm{i}}\frac{z\exp(\mathrm{i}z)}{z^2-\sigma^2} \tag{a5.1.3}$$

在复平面上取一条绕开极点的闭合回路进行积分. 该积分值可用留数定理算出. 最后让闭合回路的一部分趋向无穷远，在这部分路径上的积分趋向零. 最后剩下的积分中即所要求的主值积分. 在本例中可考虑图 5.11 中某一回路进行积分. 例如，考虑 $f(z)$沿图 5.11(a)中的回路 Γ_1 进行积分. $f(z)$在 Γ_1 内有一个一阶极点 $z_2=\sigma$. 由留数定理，可得

$$\oint_{\Gamma_1} f(z)\mathrm{d}z = 2\pi \mathrm{i}\mathrm{Res}[f(z_2)] = \frac{1}{\mathrm{i}}\frac{\sigma\exp(\mathrm{i}\sigma)}{2\sigma} = \frac{1}{2\mathrm{i}}\exp(\mathrm{i}\sigma)$$

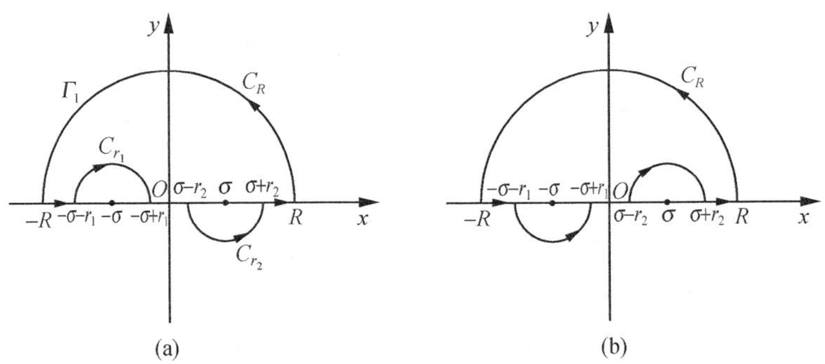

图 5.11　计算积分$\frac{1}{\mathrm{i}}\oint\frac{z\exp(\mathrm{i}z)}{z^2-\sigma^2}\mathrm{d}z$的回路

左边的积分可分几段来计算.

$$\frac{1}{\mathrm{i}}\oint_{\Gamma_1}\frac{z\exp(\mathrm{i}z)}{z^2-\sigma^2}\mathrm{d}z = \frac{1}{\mathrm{i}}\left[\int_{-R}^{-\sigma-r_1}\frac{x\exp(\mathrm{i}x)}{x^2-\sigma^2}\mathrm{d}x + \int_{C_{r_1}}\frac{z\exp(\mathrm{i}z)}{z^2-\sigma^2}\mathrm{d}z + \int_{-\sigma+r_1}^{\sigma-r_2}\frac{x\exp(\mathrm{i}x)}{x^2-\sigma^2}\mathrm{d}x\right.$$
$$\left.+\int_{C_{r_2}}\frac{z\exp(\mathrm{i}z)}{z^2-\sigma^2}\mathrm{d}z + \int_{\sigma+r_2}^{R}\frac{x\exp(\mathrm{i}x)}{x^2-\sigma^2}\mathrm{d}x + \int_{C_R}\frac{z\exp(\mathrm{i}z)}{z^2-\sigma^2}\mathrm{d}z\right]$$

显然

$$\lim_{\substack{R\to\infty\\ r_1\to 0\\ r_2\to 0}}\left(\int_{-R}^{-\sigma-r_1}+\int_{-\sigma+r_1}^{\sigma-r_2}+\int_{\sigma+r_2}^{R}\right) = \mathrm{P.V.}\int_{-\infty}^{+\infty}\frac{x\exp(\mathrm{i}x)}{x^2-\sigma^2}\mathrm{d}x$$

在 C_{r_1} 上，$z=-\sigma+r_1\exp(\mathrm{i}\theta)$，$\mathrm{d}z=\mathrm{i}r_1\exp(\mathrm{i}\theta)\mathrm{d}\theta$，

$$\frac{1}{\mathrm{i}}\int_{C_{r_1}}\frac{z\exp(\mathrm{i}z)}{z^2-\sigma^2}\mathrm{d}z = \frac{1}{\mathrm{i}}\int_{\pi}^{0}\frac{[-\sigma+r_1\exp(\mathrm{i}\theta)]\exp\{\mathrm{i}[-\sigma+r_1\exp(\mathrm{i}\theta)]\}}{[-\sigma+r_1\exp(\mathrm{i}\theta)]^2-\sigma^2}\mathrm{i}r_1\exp(\mathrm{i}\theta)\mathrm{d}\theta$$

当 $r_1\to 0$ 时，有

$$\frac{1}{\mathrm{i}}\int_{C_{r_1}}\frac{z\exp(\mathrm{i}z)}{z^2-\sigma^2}\mathrm{d}z \to -\int_{0}^{\pi}\frac{(-\sigma)\exp(-\mathrm{i}\sigma)}{(-2\sigma)}\mathrm{d}\theta = -\frac{\pi}{2}\exp(-\mathrm{i}\sigma)$$

在 C_{r_2} 上，$z=\sigma+r_2\exp(\mathrm{i}\theta)$，$\mathrm{d}z=\mathrm{i}r_2\exp(\mathrm{i}\theta)\mathrm{d}\theta$，

$$\frac{1}{\mathrm{i}}\int_{C_{r_2}}\frac{z\exp(\mathrm{i}z)}{z^2-\sigma^2}\mathrm{d}z = \frac{1}{\mathrm{i}}\int_{-\pi}^{0}\frac{[\sigma+r_2\exp(\mathrm{i}\theta)]\exp\{\mathrm{i}[\sigma+r_2\exp(\mathrm{i}\theta)]\}}{[\sigma+r_2\exp(\mathrm{i}\theta)]^2-\sigma^2}\mathrm{i}r_2\exp(\mathrm{i}\theta)\mathrm{d}\theta$$

当 $r_2\to 0$ 时，有

$$\frac{1}{\mathrm{i}}\int_{C_{r_2}}\frac{z\exp(\mathrm{i}z)}{z^2-\sigma^2}\mathrm{d}z \to \int_{-\pi}^{0}\frac{\sigma\exp(\mathrm{i}\sigma)}{2\sigma}\mathrm{d}\theta = \frac{\pi}{2}\exp(\mathrm{i}\sigma)$$

易证当 $R\to+\infty$ 时，有

$$\frac{1}{\mathrm{i}}\int_{C_R}\frac{z\exp(\mathrm{i}z)}{z^2-\sigma^2}\mathrm{d}z \to 0$$

因此，当 $R\to\infty$，$r_1\to 0$，$r_2\to 0$ 时，有

$$\text{P.V.}\frac{1}{\mathrm{i}}\int_{-\infty}^{+\infty}\frac{x\exp(\mathrm{i}x)}{x^2-\sigma^2}\mathrm{d}x-\frac{\pi}{2}\exp(-\mathrm{i}\sigma)+\frac{\pi}{2}\exp(\mathrm{i}\sigma)=2\pi\mathrm{i}\cdot\frac{1}{2\mathrm{i}}\exp(\mathrm{i}\sigma)=\pi\exp(\mathrm{i}\sigma)$$

$$\text{P.V.}\frac{1}{\mathrm{i}}\int_{-\infty}^{+\infty}\frac{x\exp(\mathrm{i}x)}{x^2-\sigma^2}\mathrm{d}x=\frac{\pi}{2}[\exp(\mathrm{i}\sigma)+\exp(-\mathrm{i}\sigma)]=\pi\cos\sigma \qquad (\text{a5.1.4})$$

我们也可以沿图 5.11 中的其他回路进行积分，甚至两个小半圆都在实轴的上方或下方，给出的主值积分结果相同.

式(a5.1.4)给出的是驻波解. 若要求行波解，可以采用图 5.12 中的路径，最后再让图 5.12(a)和图 5.12(b)中的路径趋于实轴.

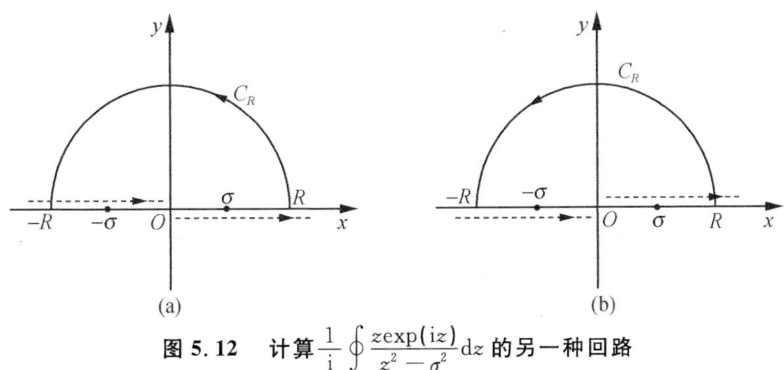

图 5.12 计算 $\frac{1}{\mathrm{i}}\oint\frac{z\exp(\mathrm{i}z)}{z^2-\sigma^2}\mathrm{d}z$ 的另一种回路

对于图 5.12(a)和图 5.12(b)中的路径，在上半 z 平面内补上半径为 R 的半圆 C_R. 当 $R\to+\infty$ 时，有

$$\frac{1}{\mathrm{i}}\int_{C_R}\frac{z\exp(\mathrm{i}z)}{z^2-\sigma^2}\mathrm{d}z\to 0$$

沿图 5.12(a)中的路径积分，可得

$$\frac{1}{\mathrm{i}}\int_{-\infty}^{+\infty}\frac{x\exp(\mathrm{i}x)}{x^2-\sigma^2}\mathrm{d}x=2\pi\mathrm{i}\cdot\frac{1}{\mathrm{i}}\cdot\frac{\sigma\exp(\mathrm{i}\sigma)}{2\sigma}=\pi\exp(\mathrm{i}\sigma) \qquad (\text{a5.1.5})$$

沿图 5.12(b)中的路径积分，可得

$$\frac{1}{\mathrm{i}}\int_{-\infty}^{+\infty}\frac{x\exp(\mathrm{i}x)}{x^2-\sigma^2}\mathrm{d}x=2\pi\mathrm{i}\cdot\frac{1}{\mathrm{i}}\cdot\frac{(-\sigma)\exp(-\mathrm{i}\sigma)}{2(-\sigma)}=\pi\exp(-\mathrm{i}\sigma) \qquad (\text{a5.1.6})$$

(a5.1.5)描述出射波；(a5.1.6)描述入射波. 在上面的计算中，实际上我们只考虑了一个极点的影响. 另外一个极点对所求的问题没有影响.

在复平面上，绕开极点的路径很多，沿每一条路径的积分都能给出散射方程的一个解. 若要符合边界条件，必须选择恰当的路径. 若要求出射波，可选择图 5.12(a)中的路径. 若要求入射波，可选择图 5.12(b)中的路径. 若要求驻波解，则取图 5.11 中的回路.

对于行波解，我们也可以用下列方法来求：

先作积分：

$$I(\sigma+\mathrm{i}\varepsilon)=\frac{1}{\mathrm{i}}\int_{-\infty}^{+\infty}\frac{x\exp(\mathrm{i}x)}{x^2-(\sigma+\mathrm{i}\varepsilon)^2}\mathrm{d}x$$

再取极限：

$$I(\sigma)=\lim_{\varepsilon\to 0+} I(\sigma+\mathrm{i}\varepsilon)$$

考虑复积分：

$$I(\sigma+\mathrm{i}\varepsilon)=\frac{1}{\mathrm{i}}\oint_{\Gamma_2}\frac{z\exp(\mathrm{i}z)}{z^2-(\sigma+\mathrm{i}\varepsilon)^2}\mathrm{d}z$$

积分回路如图 5.13(a)所示. 在回路内有一个一阶极点 $z_2=\sigma+\mathrm{i}\varepsilon$.

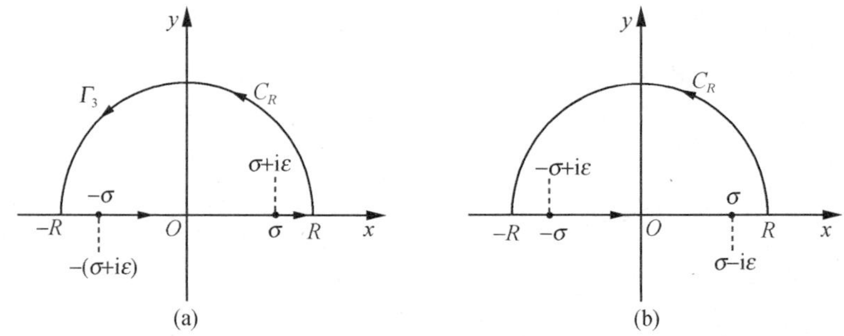

图 5.13　计算积分回路

由留数定理,很容易算得

$$I(\sigma+\mathrm{i}\varepsilon)=\pi\exp(-\varepsilon)\exp(\mathrm{i}\sigma)$$

$$I(\sigma)=\lim_{\varepsilon\to 0+}\mathrm{i}(\sigma+\mathrm{i}\varepsilon)=\pi\exp(\mathrm{i}\sigma) \tag{a5.1.7}$$

同理,考虑 $I(\sigma-\mathrm{i}\varepsilon)$,回路[图 5.13(b)]内极点为 $z_1=-\sigma+\mathrm{i}\varepsilon$,可以算得

$$I(\sigma-\mathrm{i}\varepsilon)=\pi\exp(-\varepsilon)\exp(-\mathrm{i}\sigma)$$

$$I(\sigma)=\pi\exp(-\mathrm{i}\sigma) \tag{a5.1.8}$$

一个积分所以会得出不同的结果,主要在于广义,积分 $\frac{1}{\mathrm{i}}\int_{-\infty}^{+\infty}\frac{x\exp(\mathrm{i}x)}{x^2-\sigma^2}\mathrm{d}x$ 并不存在. 当我们考虑特殊的极限时,不同的极限会给出不同的结果. 具体采用哪种极限,取决于边界条件.

*附录二　伯努利数与 ζ 函数

一、伯努利数

$\frac{x}{\exp(x)-1}$泰勒展开式中$\frac{x^n}{n!}$项的系数称为伯努利数 B_n：

$$\frac{x}{\exp(x)-1}=\sum_{n=0}^{+\infty}\frac{B_n}{n!}x^n \tag{a5.2.1}$$

易知

$$B_n=\left\{\frac{\mathrm{d}^n}{\mathrm{d}x^n}\left[\frac{x}{\exp(x)-1}\right]\right\}_{x=0} \tag{a5.2.2}$$

当 n 比较小时，导数很容易求. 例如：

$$B_0=\lim_{x\to 0}\frac{x}{\exp(x)-1}=1$$

$$B_1=\left\{\frac{\mathrm{d}}{\mathrm{d}x}\left[\frac{x}{\exp(x)-1}\right]\right\}_{x=0}=-\frac{1}{2}$$

随着 n 的增大，导数表示式越来越复杂. 我们可以推导一个 B_n 之间的递推关系，以此来计算伯努利数 B_n.

令

$$\Phi(x)=\frac{x}{\exp(x)-1}-1+\frac{1}{2}x=\frac{x[\exp(x)+1]}{2[\exp(x)-1]}-1$$

$$\Phi(-x)=\frac{(-x)[\exp(-x)+1]}{2[\exp(-x)-1]}-1=\frac{x[\exp(x)+1]}{2[\exp(x)-1]}-1$$

由此可见 $\Phi(x)$ 为偶函数. 将它展开成 x 的幂级数时只出现 x 的偶次幂，$B_{2n+1}=0(n\geqslant 1)$.

$$\frac{x}{\exp(x)-1}=1-\frac{1}{2}x+\sum_{n=1}^{+\infty}\frac{B_{2n}}{(2n)!}x^{2n} \tag{a5.2.3}$$

$$\frac{\exp(x)-1}{x}\cdot\frac{x}{\exp(x)-1}=1$$

两边展开成 x 的幂级数：

$$\left[\sum_{k=0}^{+\infty}\frac{x^k}{(k+1)!}\right]\cdot\left[1-\frac{1}{2}x+\sum_{n=1}^{+\infty}\frac{B_{2n}}{(2n)!}x^{2n}\right]=1$$

$$\left(1-\frac{1}{2}x\right)\cdot\sum_{k=0}^{+\infty}\frac{x^k}{(k+1)!}+\sum_{k=0}^{+\infty}\frac{x^k}{(k+1)!}\cdot\sum_{n=1}^{+\infty}\frac{B_{2n}}{(2n)!}x^{2n}=1$$

$$1+\sum_{k=1}^{+\infty}\frac{x^k}{(k+1)!}-\frac{1}{2}\sum_{k=0}^{+\infty}\frac{x^{k+1}}{(k+1)!}+\sum_{k=0}^{+\infty}\sum_{n=1}^{+\infty}\frac{B_{2n}}{(k+1)!\,(2n)!}x^{2n+k}=1$$

$$\sum_{k=1}^{+\infty}\left[\frac{1}{(k+1)!}-\frac{1}{2\cdot k!}\right]x^k+\sum_{N=2}^{+\infty}\left[\sum_{n=1}^{\left[\frac{N}{2}\right]}\frac{B_{2n}}{(2n)!(N-2n+1)!}\right]x^N=0(N=2n+k)$$

最后可以得到 $B_{2n}(n\geqslant 1)$ 之间的递推关系：

$$\sum_{n=1}^{\left[\frac{N}{2}\right]}\frac{B_{2n}}{(2n)!(N+1-2n)!}=\frac{1}{2\cdot N!}-\frac{1}{(N+1)!}$$

$$\sum_{n=1}^{\left[\frac{N}{2}\right]}\mathrm{C}_{N+1}^{2n}B_{2n}=\frac{N-1}{2} \tag{a5.2.4}$$

当 $N=2$ 时，$\mathrm{C}_3^2B_2=\frac{1}{2}$，故 $B_2=\frac{1}{2}\times\frac{1}{3}=\frac{1}{6}$；

当 $N=4$ 时，$\sum_{n=1}^{2}\mathrm{C}_5^{2n}B_{2n}=\frac{3}{2}$，即 $\mathrm{C}_5^2B_2+\mathrm{C}_5^4B_4=\frac{3}{2}$，故 $B_4=-\frac{1}{30}$；

当 $N=6$ 时，$\sum_{n=1}^{3}\mathrm{C}_7^{2n}B_{2n}=\frac{5}{2}$，即 $\mathrm{C}_7^2B_2+\mathrm{C}_7^4B_4+\mathrm{C}_7^6B_6=\frac{5}{2}$，故 $B_6=\frac{1}{42}$.

以此类推.（奇数的 N 不给出新的结果）

二、ζ函数和伯努利数间的关系

在式(a5.2.3)中令 $x=2\mathrm{i}y$,

$$\frac{2\mathrm{i}y}{\exp(2\mathrm{i}y)-1}+\mathrm{i}y=1+\sum_{n=1}^{+\infty}\frac{B_{2n}}{(2n)!}(-1)^n(2y)^{2n}$$

稍加整理,可得

$$y\cot y=\sum_{n=0}^{+\infty}(-1)^n\frac{2^{2n}B_{2n}}{(2n)!}y^{2n} \tag{a5.2.5}$$

由例 5.12 知,

$$\cot\pi x=\frac{1}{\pi x}-2\frac{x}{\pi}\sum_{k=1}^{+\infty}\frac{1}{k^2-x^2}$$

令 $y=\pi x$,有

$$\cot y=\frac{1}{y}-2\sum_{k=1}^{+\infty}\frac{y}{k^2\pi^2-y^2}$$

$$y\cot y=1-2\sum_{k=1}^{+\infty}\frac{\frac{y^2}{k^2\pi^2}}{1-\frac{y^2}{k^2\pi^2}}=1-2\sum_{k=1}^{+\infty}\sum_{n=1}^{+\infty}\left(\frac{y^2}{k^2\pi^2}\right)^n$$

$$=1-2\sum_{n=1}^{+\infty}\left(\sum_{k=1}^{+\infty}\frac{1}{k^{2n}}\right)\frac{1}{\pi^{2n}}y^{2n}=1-2\sum_{n=1}^{+\infty}\zeta(2n)\frac{1}{\pi^{2n}}y^{2n} \tag{a5.2.6}$$

由此可得

$$\zeta(2n)=(-1)^{n-1}\frac{(2\pi)^{2n}}{2(2n)!}B_{2n}(n\geqslant 1) \tag{a5.2.7}$$

当 $n=1$ 时,$\zeta(2)=\frac{(2\pi)^2}{2\cdot 2}B_2=\frac{\pi^2}{6}$;

当 $n=2$ 时,$\zeta(4)=-\frac{(2\pi)^4}{2\cdot 4!}B_4=\frac{\pi^4}{90}$;

当 $n=3$ 时,$\zeta(6)=\frac{(2\pi)^6}{2\cdot 6!}B_6=\frac{\pi^6}{945}$.

以此类推.

三、玻色(Bose)积分与费米(Fermi)积分

统计物理中会遇到玻色积分:

$$I_{\mathrm{B}}(p)=\int_0^{+\infty}\frac{x^{p-1}}{\exp(x)-1}\mathrm{d}x \tag{a5.2.8}$$

和费米积分:

$$I_{\mathrm{F}}(p)=\int_0^{+\infty}\frac{x^{p-1}}{\exp(x)+1}\mathrm{d}x \tag{a5.2.9}$$

式(a5.2.8)中 p 为大于或等于 2 的整数,式(a5.2.9)中 p 为大于或等于 1 的整数.因为

$$\frac{1}{\exp(x)-1}=\exp(-x)\cdot\frac{1}{1-\exp(-x)}$$

$$=\exp(-x)\sum_{n=0}^{+\infty}\exp(-nx)=\sum_{n=1}^{+\infty}\exp(-nx)$$

令 $y=nx$,则

$$I_{\mathrm{B}}(p)=\sum_{n=1}^{+\infty}\int_{0}^{+\infty}x^{p-1}\exp(-nx)\mathrm{d}x=\sum_{n=1}^{+\infty}\int_{0}^{+\infty}\left(\frac{y}{n}\right)^{p-1}\cdot\frac{\exp(-y)}{n}\mathrm{d}y$$

$$=\int_{0}^{+\infty}y^{p-1}\exp(-y)\mathrm{d}y\cdot\sum_{n=1}^{+\infty}\frac{1}{n^{p}}=\Gamma(p)\zeta(p)\tag{a5.2.10}$$

其中

$$\Gamma(p)=\int_{0}^{+\infty}y^{p-1}\exp(-y)\mathrm{d}y$$

为 Γ 函数,

$$\zeta(p)=\sum_{n=1}^{+\infty}\frac{1}{n^{p}}$$

为黎曼 ζ 函数.

同理,有

$$\frac{1}{\exp(x)+1}=\exp(-x)\cdot\frac{1}{1+\exp(-x)}$$

$$=\exp(-x)\sum_{n=0}^{+\infty}(-1)^{n}\exp(-nx)=\sum_{n=1}^{+\infty}(-1)^{n-1}\exp(-nx)$$

$$I_{\mathrm{F}}(p)=\int_{0}^{+\infty}x^{p-1}\sum_{n=1}^{+\infty}(-1)^{n-1}\exp(-nx)\mathrm{d}x$$

$$=\int_{0}^{+\infty}y^{p-1}\exp(-y)\mathrm{d}y\cdot\sum_{n=1}^{+\infty}(-1)^{n-1}\cdot\frac{1}{n^{p}}$$

当 $p>1$ 时,我们有

$$\sum_{n=1}^{+\infty}(-1)^{n-1}\cdot\frac{1}{n^{p}}=\sum_{m=0}^{+\infty}\frac{1}{(2m+1)^{p}}-\sum_{m=1}^{+\infty}\frac{1}{(2m)^{p}}$$

$$=\sum_{n=1}^{+\infty}\frac{1}{n^{p}}-2\sum_{n=1}^{+\infty}\frac{1}{(2n)^{p}}=\left(1-\frac{1}{2^{p-1}}\right)\zeta(p)$$

$$I_{\mathrm{F}}(p)=\left(1-\frac{1}{2^{p-1}}\right)\Gamma(p)\zeta(p)\tag{a5.2.11}$$

显然

$$I_{\mathrm{F}}(p)=\frac{2^{p-1}-1}{2^{p-1}}I_{\mathrm{B}}(p)\quad(p>1)\tag{a5.2.12}$$

$$I_{\mathrm{B}}(p)=\frac{2^{p-1}}{2^{p-1}-1}I_{\mathrm{F}}(p)\quad(p>1)\tag{a5.2.13}$$

例如,在普朗克(Planck)的黑体辐射理论中会遇到积分

$$\int_{0}^{+\infty}\frac{x^{3}}{\exp(x)-1}\mathrm{d}x$$

显然它就是 $I_B(4)$. 由式(a5.2.10),可知

$$\int_0^{+\infty}\frac{x^3}{\exp(x)-1}dx=\Gamma(4)\zeta(4)=6\cdot\frac{\pi^4}{90}=\frac{\pi^4}{15}$$

玻色积分和费米积分,除用式(a5.2.10)、(a5.2.11)计算以外,可以用回路积分进行计算. 下面用具体实例说明这一点.

附例 1 计算 $I_B(2)=\int_0^{+\infty}\frac{x}{\exp(x)-1}dx$.

解 考虑复积分

$$\oint_C\frac{z}{\exp(z)-1}dz$$

其中,曲线 C 为回路 $O(0,0)\to A(R,0)\to B(R,\pi)\to C(0,\pi)\to O(0,0)$(图 5.14).

在回路内无奇点,所以

$$\oint_C\frac{z}{\exp(z)-1}dz=0$$

上述回路积分可分 4 段计算.

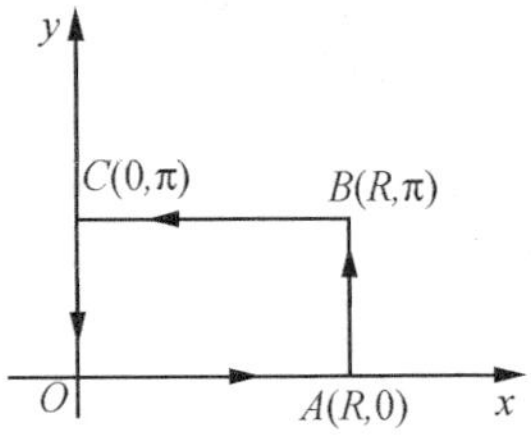

图 5.14 附例 1 图

(1) 在 OA 上,$z=x$,有

$$\int_{OA}\frac{z}{\exp(z)-1}dz=\int_0^R\frac{x}{\exp(x)-1}dx$$

当 $R\to+\infty$时,上述积分趋于 $I_B(2)$.

(2) 在 AB 上,$z=R+iy$,有

$$\int_{AB}\frac{z}{\exp(z)-1}dz=\int_0^{\pi}\frac{R+yi}{\exp(R+yi)-1}idy$$

通过模估计,不难证明,当 $R\to+\infty$时,上述积分趋于零.

(3) 在 BC 上,$z=x+\pi i$,有

$$\int_{BC}\frac{z}{\exp(z)-1}dz=\int_R^0\frac{x+\pi i}{\exp(x+\pi i)-1}dx$$

$$=\int_0^R\frac{x+\pi i}{\exp(x)+1}dx=\int_0^R\frac{x}{\exp(x)+1}dx+i\pi\int_0^R\frac{dx}{\exp(x)+1}$$

当 $R\to+\infty$时,上述积分趋于

$$I_F(2)+i\pi\int_0^{+\infty}\frac{dx}{\exp(x)+1}=\frac{1}{2}I_B(2)+i\pi\ln 2$$

(4) 在 CO 上,$z=yi$,有

$$\int_{CO}\frac{z}{\exp(z)-1}dz=\int_{\pi}^0\frac{yi}{\exp(yi)-1}idy=\int_0^{\pi}\frac{y}{\cos y-1+i\sin y}dy$$

$$=\frac{1}{2}\int_0^{\pi}\frac{y(\cos y-1-i\sin y)}{1-\cos y}dy=-\frac{1}{2}\int_0^{\pi}ydy-\frac{i}{2}\int_0^{\pi}y\cot\frac{y}{2}dy$$

$$=-\frac{\pi^2}{4}-2i\int_0^{\pi/2}s\cot s ds$$

$$\int_0^{\pi/2}s\cot s ds=\int_0^{\pi/2}s d\ln\sin s$$

$$= [s\ln\sin s]_0^{\pi/2} - \int_0^{\pi/2} \ln\sin s\,\mathrm{d}s = -\int_0^{\pi/2} \ln\sin s\,\mathrm{d}s$$

令

$$A = \int_0^{\pi/2} \ln\sin s\,\mathrm{d}s$$

易证

$$\int_0^{\pi/2} \ln\sin s\,\mathrm{d}s = \int_0^{\pi/2} \ln\cos s\,\mathrm{d}s$$

所以

$$\begin{aligned} 2A &= \int_0^{\pi/2} \ln\sin s\,\mathrm{d}s + \int_0^{\pi/2} \ln\cos s\,\mathrm{d}s = \int_0^{\pi/2} \ln(\sin s \cdot \cos s)\,\mathrm{d}s \\ &= \int_0^{\pi/2} \ln\sin(2s)\,\mathrm{d}s - \ln 2\int_0^{\pi/2} \mathrm{d}s = \frac{1}{2}\int_0^{\pi} \ln\sin u\,\mathrm{d}u - \frac{\pi}{2}\ln 2 \\ &= \frac{1}{2}\left[\int_0^{\pi/2} \ln\sin u + \int_{\pi/2}^{\pi} \ln\sin u\,\mathrm{d}u\right] - \frac{\pi}{2}\ln 2 = \int_0^{\pi/2} \ln\sin u\,\mathrm{d}u - \frac{\pi}{2}\ln 2 \end{aligned}$$

由此可求得

$$A = \int_0^{\pi/2} \ln\sin s\,\mathrm{d}s = -\frac{\pi}{2}\ln 2$$

因此

$$\int_{CO} \frac{z}{\exp(z) - 1}\mathrm{d}z = -\frac{\pi^2}{4} - \mathrm{i}\pi\ln 2$$

由

$$\oint_C \frac{z}{\exp(z) - 1}\mathrm{d}z = 0$$

得

$$I_{\mathrm{B}}(2) + \frac{1}{2} I_{\mathrm{B}}(2) - \frac{\pi^2}{4} = 0$$

故

$$I_{\mathrm{B}}(2) = \frac{\pi^2}{6},\ I_{\mathrm{F}}(2) = \frac{\pi^2}{12}$$

附例 2　计算 $I_{\mathrm{B}}(4) = \int_0^{+\infty} \frac{x^3}{\exp(x) - 1}\mathrm{d}x$.

解　考虑复积分

$$\oint_C \frac{z^3}{\exp(z) - 1}\mathrm{d}z$$

其中,曲线 C 为上述回路.

(1) 在 OA 上,$z=x$,有

$$\int_{OA} \frac{z^3}{\exp(z) - 1}\mathrm{d}z = \int_0^R \frac{x^3}{\exp(x) - 1}\mathrm{d}x \xrightarrow[R\to+\infty]{} \int_0^{+\infty} \frac{x^3}{\exp(x) - 1}\mathrm{d}x = I_{\mathrm{B}}(4)$$

(2) 在 AB 上,$z=R+y\mathrm{i}$,有

$$\int_{AB} \frac{z^3}{\exp(z) - 1}\mathrm{d}z = \int_0^{\pi} \frac{(R + y\mathrm{i})^3}{\exp(R + y\mathrm{i}) - 1}\mathrm{i}\mathrm{d}y \xrightarrow[R\to+\infty]{} 0$$

(3) 在 BC 上,$z=x+\pi\mathrm{i}$,有

$$\begin{aligned}\int_{BC}\frac{z^3}{\exp(z)-1}\mathrm{d}z &= \int_R^0\frac{(x+\pi\mathrm{i})^3}{\exp(x+\pi\mathrm{i})-1}\mathrm{d}x\\ &= \int_0^R\frac{x^3+3\mathrm{i}\pi x^2-3\pi^2x-\mathrm{i}\pi^3}{\exp(x)+1}\mathrm{d}x\\ &= \int_0^R\frac{x^3}{\exp(x)+1}\mathrm{d}x-3\pi^2\int_0^R\frac{x}{\exp(x)+1}\mathrm{d}x+\\ &\quad \mathrm{i}\left[3\pi\int_0^R\frac{x^2}{\exp(x)+1}\mathrm{d}x-\pi^3\int_0^R\frac{1}{\exp(x)+1}\mathrm{d}x\right]\end{aligned}$$

当 $R\to+\infty$ 时,上式趋于

$$I_{\mathrm{F}}(4)-3\pi^2 I_{\mathrm{F}}(2)+\mathrm{i}[3\pi I_{\mathrm{F}}(3)-\pi^3 I_{\mathrm{F}}(1)]$$

(4) 在 CO 上,$z=y\mathrm{i}$,有

$$\begin{aligned}\int_{CO}\frac{z^3}{\exp(z)-1}\mathrm{d}z &= \int_\pi^0\frac{(y\mathrm{i})^3}{\exp(y\mathrm{i})-1}\mathrm{i}\mathrm{d}y\\ &=-\int_0^\pi\frac{y^3}{\cos y-1+\mathrm{i}\sin y}\mathrm{d}y\\ &=-\int_0^\pi\frac{y^3(\cos y-1-\mathrm{i}\sin y)}{2(1-\cos y)}\mathrm{d}y\\ &=\frac{1}{2}\int_0^\pi y^3\mathrm{d}y+\mathrm{i}\,\frac{1}{2}\int_0^\pi y^3\cot\frac{y}{2}\mathrm{d}y\\ &=\frac{\pi^4}{8}+\mathrm{i}\,\frac{1}{2}\int_0^\pi y^3\cot\frac{y}{2}\mathrm{d}y\end{aligned}$$

由

$$\oint_C\frac{z^3}{\exp(z)-1}\Delta z=0\Rightarrow\mathrm{Re}\oint_C\frac{z^3}{\exp(z)-1}\mathrm{d}z=0$$

得

$$I_{\mathrm{B}}(4)+I_{\mathrm{F}}(4)-3\pi^2 I_{\mathrm{F}}(2)+\frac{\pi^4}{8}=0$$

故

$$\frac{15}{8}I_{\mathrm{B}}(4)-\frac{3\pi^2}{2}\cdot\frac{\pi^2}{6}+\frac{\pi^4}{8}=0$$

即

$$I_{\mathrm{B}}(4)=\frac{\pi^4}{15}$$

一般地,可以得到下列递推公式:

$$I_{\mathrm{B}}(2m)+\sum_{p=0}^{m-1}(-1)^p\mathrm{C}_{2m-1}^{2p}\pi^{2p}\frac{2^{2m-2p-1}-1}{2^{2m-2p-1}}I_{\mathrm{B}}(2m-2p)+\frac{(-1)^m}{4m}\pi^{2m}=0\ (m\geqslant1)$$

习　题

1. 求函数 $f(z)=\dfrac{1}{\exp(z)-1}$ 在极点处的留数.

2. 求 $f(z)=e^{\frac{1}{z}}$ 在 $z=0$ 处的留数.

3. 求 $f(z)=\dfrac{e^z}{z^2(z^2+1)}$ 在复平面上的所有留数.

4. 若在扩充复平面 $\mathbf{C}_\infty$ 上考虑问题，则无穷远点处的留数可定义为

$$\operatorname*{Res}_{z=\infty} f(z)=\frac{1}{2\pi i}\oint_{C^-} f(z)\mathrm{d}z$$

其中 C^- 为顺时针绕行的闭合围线，$f(z)$在 C^- 所围区域内除了无穷远点外都解析. 如果$f(z)$在 $\mathbf{C}_\infty$ 上只有有限个孤立奇点(包括无穷远点在内)，证明：$f(z)$在 $\mathbf{C}_\infty$ 上的留数总和为零.

5. 计算复积分 $\displaystyle\oint_{|z|=3}\frac{5z-2}{z(z-2)}$.

6. 计算复积分 $\displaystyle\oint_{|z|=4}\frac{z^{15}}{(z^2+1)^2(z^4+2)^3}\mathrm{d}z$.

7. 证明小圆弧引理式(5.2.2).

8. 计算实积分 $\displaystyle\int_0^{2\pi} e^{\cos\theta}\cos(n\theta-\sin\theta)\mathrm{d}\theta$.

9. 计算积分 $\displaystyle\int_{-\infty}^{+\infty}\frac{1+x^2}{1+x^4}\mathrm{d}x$.

10. 计算积分 $\displaystyle\int_0^{+\infty}\frac{\sin x}{x(1+x^2)}\mathrm{d}x$.

11. 计算积分 $\displaystyle\int_0^{+\infty}\frac{\sqrt{x}}{1+x^2}\mathrm{d}x$.

12. 利用留数定理，计算无穷级数 $\displaystyle\sum_{k=0}^{\infty}\frac{(-1)^k}{(2k+1)}\operatorname{sech}\frac{(2k+1)\pi}{2}$.

第二部分

数学物理方程

第 6 章

数学物理方程的导出

§6.1　泛定方程的建立

一、均匀弦的微小横振动

弦是理想化的弹性细线，横截面可以不计. 弦不能抗弯曲，说明弦内部的张力只能沿弦的切线方向，张力沿垂直于切线方向（称为横向）的分量等于零. 弦不同于杆，只能抗拉，不能抗压，外界施于弦的力，只能使弦拉紧. 均匀表明它的线密度 ρ 为常数. “横振动” 表明弦上各点都在垂直于弦的方向运动，而且所有各点的运动方向都在同一个平面内. 假设开始时弦在 x 轴上，质点沿垂直于 x 轴的 u 轴方向运动. 运动过程中，弦始终在 xOu 平面内. 设时刻 t，弦上横坐标为 x 的质点的位移为 $u(x,t)$. $u(x,t)$ 满足的微分方程刻画了弦的运动规律.

在弦做微小横振动的过程中，弦上任一点的切线对 x 轴的倾角很小. 用数学来刻画可表示为 $\left|\dfrac{\partial u}{\partial x}\right| = |\tan\alpha| \ll 1$. 其中 α 为指向 x 增加方向的切线对 x 轴的倾角.

列方程时我们在弦上任取一元段 M_1M_2. M_1 的位移为 $u(x,t)$，M_2 的位移为 $u(x+dx,t)$ (图 6.1).

作用于弦上的重力可以忽略不计. 当横向没有其他外力作用时，作用在元段上的外力仅为作用在端点处其他部分弦对它的拉力 T_1 和 T_2. 拉力在水平方向上的合力为

$$T_2\cos\alpha_2 - T_1\cos\alpha_1 = 0 \tag{6.1.1}$$

$\cos\alpha_1 = \cos\alpha_2 \approx 1$，因此

$$T_2 = T_1$$

弦中张力 T 与 x 无关，$T = T(t)$.

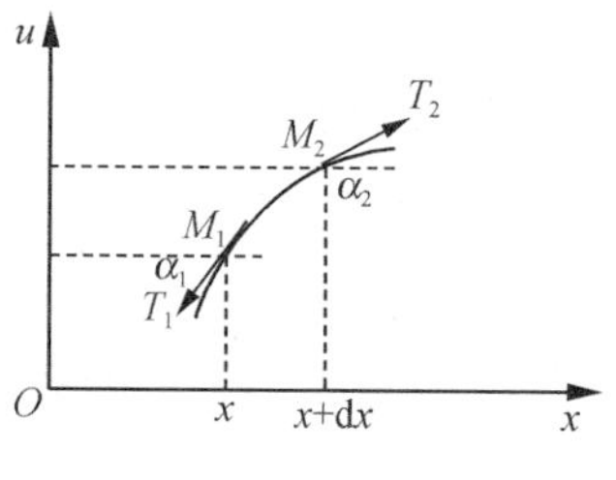

图 6.1　弦的横振动

弧段 M_1M_2 的长度为

$$ds = \sqrt{dx^2 + du^2} = \sqrt{1 + \left(\frac{\partial u}{\partial x}\right)^2}\,dx \approx dx \tag{6.1.2}$$

弦在振动的过程中长度没有改变. 因此，张力 T 不随时间改变，它是个常数：

$$T_1=T_2=T \tag{6.1.3}$$

元段 M_1M_2 的质量为 $\rho\mathrm{d}x$，ρ 为弦的线密度. 作用于 M_1，M_2 处张力的竖直分量为 $-T\sin\alpha_1$ 与 $T\sin\alpha_2$. 由牛顿运动定律，知

$$\rho\mathrm{d}x\frac{\partial^2 u}{\partial t^2}=T\sin\alpha_2-T\sin\alpha_1=T\tan\alpha_2-T\tan\alpha_1$$

$$=T\left[\left(\frac{\partial u}{\partial x}\right)_{x+\mathrm{d}x}-\left(\frac{\partial u}{\partial x}\right)_x\right]=T\frac{\partial^2 u}{\partial x^2}\mathrm{d}x$$

令

$$a^2=\frac{T}{\rho} \tag{6.1.4}$$

弦上任一点的位移 $u(x,t)$ 满足如下规律：

$$u_{tt}-a^2u_{xx}=0 \tag{6.1.5}$$

如果 u 方向有线密度为 $f(x,t)$ 的横向外力作用，均匀弦的微小横振动方程为

$$u_{tt}-a^2u_{xx}=\frac{f(x,t)}{\rho} \tag{6.1.6}$$

式(6.1.5)为齐次波动方程，式(6.1.6)为非齐次波动方程.

二、均匀杆的微小纵振动

在杆的纵振动问题中，我们要研究的是杆上各点的纵向位移 $u(x,t)$. 设杆位于 x 轴上. 在 x 与 $x+\mathrm{d}x$ 间取一元段，元段两端的位移分别为 $u(x,t)$ 与 $u(x+\mathrm{d}x,t)$(图 6.2).

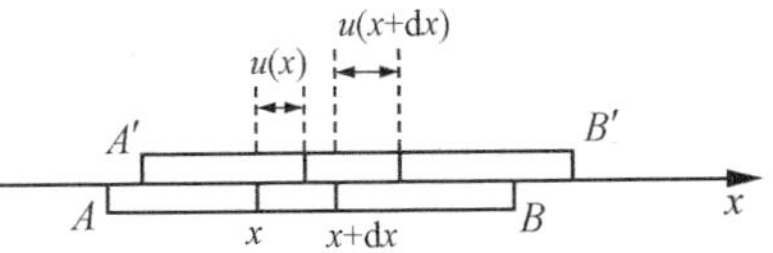

图 6.2　杆的纵振动

$$u(x+\mathrm{d}x,t)=u(x,t)+\frac{\partial u}{\partial x}\mathrm{d}x \tag{6.1.7}$$

元段的绝对伸长量为

$$\mathrm{d}u=u(x+\mathrm{d}x,t)-u(x,t)=\frac{\partial u}{\partial x}\mathrm{d}x \tag{6.1.8}$$

$\mathrm{d}u$ 为元段的绝对伸长量，杆的应变为它的相对伸长 $\frac{\partial u}{\partial x}$，杆中的应力与应变有关. 元段两端的应变分别为 $[u_x]_x$，$[u_x]_{x+\mathrm{d}x}$. 作用在元段两端的应力(作用在单位横截面上垂直于横截面的力)分别为 $[Yu_x]_x$ 与 $[Yu_x]_{x+\mathrm{d}x}$，Y 为杨氏(Young)模量. 设想元段被拉伸，右端对元段的拉力方向向右，左端对元段的拉力方向向左，作用在元段上的合力为

$$F=YS[u_x]_{x+\mathrm{d}x}-YS[u_x]_x=YS\frac{\partial u_x}{\partial x}\mathrm{d}x \tag{6.1.9}$$

这里 S 为杆的横截面积.

当元段被拉伸时，$u_x>0$；当元段被压缩时，$u_x<0$. 元段被压缩时外部对元段右端面的作用向左，对左端面的作用向右. 式(6.1.9)仍成立. 不管是拉伸还是压缩，元段的运动方程均为

$$(\rho S\mathrm{d}x)u_{tt}=YSu_{xx}\mathrm{d}x$$

$$u_{tt}=a^2u_{xx} \tag{6.1.10}$$

式中，

$$a^2=\frac{Y}{\rho} \tag{6.1.11}$$

其中，ρ 为杆的质量密度.

设膜平衡时位于 xOy 平面内. 当膜做微小横振动时，时刻 t，膜上坐标为(x,y)的点沿垂直于 xOy 平面的位移为$u(x,y,t)$，可以导出 $u(x,y,t)$满足二维波动方程：

$$u_{tt}-a^2(u_{xx}+u_{yy})=0 \tag{6.1.12}$$

描述三维空间的波动方程为

$$u_{tt}-a^2(u_{xx}+u_{yy}+u_{zz})=0 \tag{6.1.13}$$

波动方程可以统一写成

$$u_{tt}=a^2\nabla^2u \tag{6.1.14}$$

的形式. 其中$\nabla^2=\frac{\partial^2}{\partial x^2}+\frac{\partial^2}{\partial y^2}+\frac{\partial^2}{\partial z^2}$为拉普拉斯(Laplace)算子.

三、热传寻方程

物体内部温度分布不均匀，热量会从温度高的地方流向温度低的地方. 在物体内部任意位置处隔离出一小块. 设小块占有的区域为V，V的界面为∂V. $M(x,y,z)$为V内任一点. 时刻t，该点处的温度为$U(x,y,z,t)$. 在V的界面上任取一微元 dS(图 6.3)，它的外法向单位矢量为$\boldsymbol{n}$. 在无穷小时间段 dt 内从V内通过界面向外流出的热量

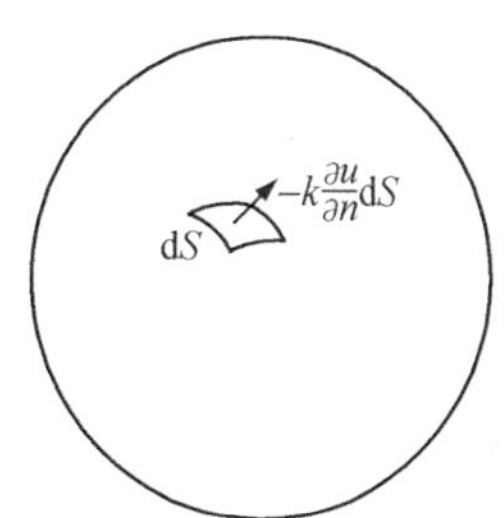

图 6.3 热的传导

$$\mathrm{d}Q=-k\frac{\partial u}{\partial n}\mathrm{d}S\mathrm{d}t \tag{6.1.15}$$

式中，k 为导热系数，$\frac{\partial u}{\partial n}$为温度 u 沿外法线方向的导数. 热量总是从高温流向低温. 若热量确从V内流向V外，在界面上必有$\frac{\partial u}{\partial n}<0$，所以式(6.1.15)中要加一“$-$”号. 若界面上$\frac{\partial u}{\partial n}>0$，式(6.1.15)给出的 d$Q<0$，表明此时热量从$V$外流入$V$内.

由方向导数的计算公式，可得

$$\frac{\partial u}{\partial n}=\frac{\partial u}{\partial x}\frac{\partial x}{\partial n}+\frac{\partial u}{\partial y}\frac{\partial y}{\partial n}+\frac{\partial u}{\partial z}\frac{\partial z}{\partial n}=\nabla u\cdot\boldsymbol{n} \tag{6.1.16}$$

其中∇u 为温度梯度：

$$\nabla u=\frac{\partial u}{\partial x}\boldsymbol{i}+\frac{\partial u}{\partial y}\boldsymbol{j}+\frac{\partial u}{\partial z}\boldsymbol{k}$$

$\boldsymbol{n}$ 为外法向单位矢量：

$$\boldsymbol{n}=\frac{\partial x}{\partial n}\boldsymbol{i}+\frac{\partial y}{\partial n}\boldsymbol{j}+\frac{\partial z}{\partial n}\boldsymbol{k}$$

$$dQ = -k\nabla u \cdot \boldsymbol{n} dS dt \tag{6.1.17}$$

在$[t_1, t_2]$时间内，通过界面∂V从V内流出的热量为

$$Q_1 = -\int_{t_1}^{t_2} dt \oiint_{\partial V} k\nabla u \cdot d\boldsymbol{S} \tag{6.1.18}$$

在$[t_1, t_2]$时间内，通过界面∂V从V外流入的热量为

$$Q_2 = \int_{t_1}^{t_2} dt \oiint_{\partial V} k\nabla u \cdot d\boldsymbol{S} \tag{6.1.19}$$

如果V内没有热源和冷库，流入的热量使物体温度升高，则

$$\int_{t_1}^{t_2} dt \oiint_{\partial V} k\nabla u \cdot d\boldsymbol{S} = \iiint_V c\rho[u(x,y,z,t_2) - u(x,y,z,t_1)] dV \tag{6.1.20}$$

式中，c为比热容，ρ为密度. 由高斯(Gauss)公式，得

$$\oiint_{\partial V} k\nabla u \cdot d\boldsymbol{S} = \iiint_V k\nabla^2 u dV \tag{6.1.21}$$

式(6.1.20)右端的积分可表示为

$$\iiint_V c\rho\left[\int_{t_1}^{t_2} \frac{\partial u}{\partial t} dt\right] dV = \int_{t_1}^{t_2} dt \iiint_V c\rho \frac{\partial u}{\partial t} dV \tag{6.1.22}$$

因此，式(6.1.20)可表示为

$$\int_{t_1}^{t_2} dt\left[\iiint_V k\nabla^2 u dV\right] = \int_{t_1}^{t_2} dt\left[\iiint_V c\rho \frac{\partial u}{\partial t} dV\right] \tag{6.1.23}$$

$[t_1, t_2]$ 与V均可任取，所以

$$c\rho \frac{\partial u}{\partial t} - k\nabla^2 u = 0$$

$$\frac{\partial u}{\partial t} = a^2\nabla^2 u = a^2\left(\frac{\partial^2 u}{\partial x^2} + \frac{\partial^2 u}{\partial y^2} + \frac{\partial^2 u}{\partial z^2}\right) \tag{6.1.24}$$

其中

$$a^2 = \frac{k}{c\rho} \tag{6.1.25}$$

对一维的细杆，热传导方程为

$$\frac{\partial u}{\partial t} = a^2 \frac{\partial^2 u}{\partial x^2} \tag{6.1.26}$$

其中，温度 $u = u(x,t)$.

对二维平板，热传导方程为

$$\frac{\partial u}{\partial t} = a^2\left(\frac{\partial^2 u}{\partial x^2} + \frac{\partial^2 u}{\partial y^2}\right) \tag{6.1.27}$$

其中，温度 $u = u(x,y,t)$.

温度稳定分布时，$\frac{\partial u}{\partial t} = 0$. 热传导方程(6.1.24)化为拉普拉斯(Laplace)方程：

$$\nabla^2 u = 0 \tag{6.1.28}$$

四、电磁场方程

电场强度 $\boldsymbol{E}(x,y,z,t)$ 和磁感应强度 $\boldsymbol{B}(x,y,z,t)$ 满足麦克斯韦(Maxwell)方程:

$$\begin{cases}\nabla\cdot\boldsymbol{B}=0\\\nabla\times\boldsymbol{E}+\dfrac{\partial}{\partial t}\boldsymbol{B}=0\\\nabla\cdot\boldsymbol{E}=\dfrac{\rho}{\varepsilon_0}\\\nabla\times\boldsymbol{B}-\dfrac{1}{c^2}\dfrac{\partial}{\partial t}\boldsymbol{E}=\mu_0\boldsymbol{j}\end{cases}\tag{6.1.29}$$

这里仅讨论真空中的电磁场. ε_0 为真空介电常数, μ_0 为真空磁导率, ρ 为电荷密度, $\boldsymbol{j}$ 为电流密度.

1. 静电场、静磁场

$\boldsymbol{E}$ 和 $\boldsymbol{B}$ 与 t 无关. 麦克斯韦方程化为静电场方程和静磁场方程.

静电场方程:

$$\begin{cases}\nabla\cdot\boldsymbol{E}=\dfrac{\rho}{\varepsilon_0}\\\nabla\times\boldsymbol{E}=0\end{cases}\tag{6.1.30}$$

$\boldsymbol{E}$ 为无旋场,可引进标势 $\varphi(x,y,z)$.

$$\boldsymbol{E}=-\nabla\varphi\tag{6.1.31}$$

φ 满足泊松(Poisson)方程:

$$\nabla^2\varphi=-\frac{\rho}{\varepsilon_0}\tag{6.1.32}$$

静磁场方程

$$\begin{cases}\nabla\cdot\boldsymbol{B}=0\\\nabla\times\boldsymbol{B}=\mu_0\boldsymbol{j}\end{cases}\tag{6.1.33}$$

这里 $\boldsymbol{j}=\boldsymbol{j}(x,y,z)$ 与 t 无关(稳恒电流).

$\boldsymbol{B}$ 为无散场,可引进矢势 $\boldsymbol{A}(x,y,z)$.

$$\boldsymbol{B}=\nabla\times\boldsymbol{A}\tag{6.1.34}$$

$$\nabla\times(\nabla\times\boldsymbol{A})=\mu_0\boldsymbol{j}\tag{6.1.35}$$

因为

$$\nabla\times(\nabla\times\boldsymbol{A})=\nabla(\nabla\cdot\boldsymbol{A})-\nabla^2\boldsymbol{A}$$

式(6.1.35)化为

$$\nabla(\nabla\cdot\boldsymbol{A})-\nabla^2\boldsymbol{A}=\mu_0\boldsymbol{j}\tag{6.1.36}$$

在静电场中, $\boldsymbol{E}$ 与 $\boldsymbol{B}$ 是分开的, φ 与 $\boldsymbol{A}$ 也是分开的.

2. 可变电磁场

若 $\boldsymbol{E}=\boldsymbol{E}(x,y,z,t)$, $\boldsymbol{B}=\boldsymbol{B}(x,y,z,t)$. 在麦克斯韦方程组(6.1.29)中, $\boldsymbol{E}$ 与 $\boldsymbol{B}$ 不能分

开. 磁感应强度 $\boldsymbol{B}$ 始终是无散的. 因此,

$$\boldsymbol{B}=\nabla\times\boldsymbol{A} \tag{6.1.37}$$

矢势 $\boldsymbol{A}$ 可能依赖时间:

$$\boldsymbol{A}=\boldsymbol{A}(x,y,z,t)$$

对可变电磁场,$\boldsymbol{E}$ 并非无旋,我们可以通过下式引入标势. 令

$$\boldsymbol{E}=-\nabla\varphi-\frac{\partial}{\partial t}\boldsymbol{A} \tag{6.1.38}$$

现在标势也可能依赖时间:

$$\varphi=\varphi(x,y,z,t).$$

将 $\boldsymbol{E},\boldsymbol{B}$ 分别用式(6.1.37)、式(6.1.38)表示出后,麦克斯韦方程组中的两个齐次方程自动满足. 两个非齐次方程变为

$$\nabla^2\varphi+\frac{\partial}{\partial t}(\nabla\cdot\boldsymbol{A})=-\frac{\rho}{\varepsilon_0} \tag{6.1.39}$$

$$\nabla\times(\nabla\times\boldsymbol{A})=\frac{1}{c^2}\frac{\partial}{\partial t}\left[-\nabla\varphi-\frac{\partial}{\partial t}\boldsymbol{A}\right]+\mu_0\boldsymbol{j} \tag{6.1.40}$$

或

$$\nabla^2\boldsymbol{A}-\frac{1}{c^2}\frac{\partial^2}{\partial t^2}\boldsymbol{A}=\nabla\left[\frac{1}{c^2}\frac{\partial\varphi}{\partial t}+\nabla\cdot\boldsymbol{A}\right]-\mu_0\boldsymbol{j} \tag{6.1.41}$$

引进矢势、标势后,麦克斯韦方程组中四个方程减少为两个. 原来 $\boldsymbol{E},\boldsymbol{B}$ 有六个分量,现在 $\varphi,\boldsymbol{A}$ 只有四个分量,求解的难度有所减少. 但在方程(6.1.39)和方程(6.1.41)中,φ 和 $\boldsymbol{A}$ 没有分开,求解尚有困难.

给定 $\boldsymbol{B}$ 和 $\boldsymbol{E}$,求出满足方程(6.1.37)和方程(6.1.38)的 $\boldsymbol{A}$ 和 φ,答案并不唯一. 设 $\boldsymbol{A}$ 和 φ 满足式(6.1.37)和式(6.1.38). 令

$$\boldsymbol{A}'=\boldsymbol{A}+\nabla\Lambda \tag{6.1.42}$$

$$\varphi'=\varphi-\frac{\partial\Lambda}{\partial t} \tag{6.1.43}$$

其中 $\Lambda=\Lambda(x,y,z,t)$ 为任一可微函数,有

$$\nabla\times\boldsymbol{A}'=\nabla\times\boldsymbol{A}+\nabla\times\nabla\Lambda=\nabla\times\boldsymbol{A}=\boldsymbol{B}$$

$$\left(-\nabla\varphi'-\frac{\partial}{\partial t}\boldsymbol{A}'\right)=-\nabla\varphi+\frac{\partial}{\partial t}\nabla\Lambda-\frac{\partial}{\partial t}\boldsymbol{A}-\frac{\partial}{\partial t}\nabla\Lambda=-\nabla\varphi-\frac{\partial}{\partial t}\boldsymbol{A}=\boldsymbol{E}$$

因此 $\boldsymbol{A}',\varphi'$ 亦可以作为矢势与标势. 取定一种矢势与标势,或者说取定式(6.1.42)和式(6.1.43)中的函数 $\Lambda=\Lambda(x,y,z,t)$,我们说取定了一种规范. 适当选择规范,可使问题解决比较方便. 许多规范就是用最早提出该规范的科学家名字来命名的. 下面介绍两种用得最多的规范.

(1) 洛伦兹(Lorentz)规范.

如果矢势 $\boldsymbol{A}$ 与标势 φ 满足

$$\frac{1}{c^2}\frac{\partial\varphi}{\partial t}+\nabla\cdot\boldsymbol{A}=0 \tag{6.1.44}$$

则式(6.1.39)变成

$$\nabla^2\varphi-\frac{1}{c^2}\frac{\partial^2\varphi}{\partial t^2}=-\frac{\rho}{\varepsilon_0} \tag{6.1.45}$$

式(6.1.41)变成

$$\nabla^2\mathbf{A}-\frac{1}{c^2}\frac{\partial^2}{\partial t^2}\mathbf{A}=-\mu_0\boldsymbol{j} \tag{6.1.46}$$

φ 与 $\mathbf{A}$ 满足的方程分开了. 这时我们说采用了洛伦兹规范. 式(6.1.44)为洛伦兹规范的条件. 洛伦兹规范条件(6.1.44)在时空坐标的洛伦兹变换下形式不变.

任给矢势 $\mathbf{A}^{(0)}$ 和标势 $\varphi^{(0)}$,令

$$\mathbf{A}=\mathbf{A}^{(0)}+\nabla\Lambda^{(0)} \tag{6.1.47}$$

$$\varphi=\varphi^{(0)}-\frac{\partial}{\partial t}\Lambda^{(0)} \tag{6.1.48}$$

$$\frac{1}{c^2}\frac{\partial\varphi}{\partial t}+\nabla\cdot\mathbf{A}=\frac{1}{c^2}\left(\frac{\partial\varphi^{(0)}}{\partial t}-\frac{\partial^2}{\partial t^2}\Lambda^{(0)}\right)+\nabla\cdot\mathbf{A}^{(0)}+\nabla^2\Lambda^{(0)}$$

只要 $\Lambda^{(0)}$ 满足

$$\frac{1}{c^2}\frac{\partial^2}{\partial t^2}\Lambda^{(0)}-\nabla^2\Lambda^{(0)}=\frac{1}{c^2}\frac{\partial\varphi^{(0)}}{\partial t}+\nabla\cdot\mathbf{A}^{(0)} \tag{6.1.49}$$

$\mathbf{A},\varphi$ 满足洛伦兹条件.

(2) 库仑(Coulomb)规范.

$\nabla\cdot\mathbf{A}=0$ 的规范叫作库仑规范. 此时 $\mathbf{A},\varphi$ 满足的方程为

$$\nabla^2\varphi=-\frac{\rho(x,y,z,t)}{\varepsilon_0} \tag{6.1.50}$$

$$\nabla^2\mathbf{A}-\frac{1}{c^2}\frac{\partial^2}{\partial t^2}\mathbf{A}=\nabla\left(\frac{1}{c^2}\frac{\partial\varphi}{\partial t}\right)-\mu_0\boldsymbol{j} \tag{6.1.51}$$

我们可先从式(6.1.50)解出 φ,再从式(6.1.51)解出 $\mathbf{A}$.

方程(6.1.50)形式上和静电场的电势方程(6.1.32)相同. 但式(6.1.32)中电荷密度 ρ 与时间 t 无关,因而求得的标势 φ 与时间无关. 在可变电磁场中,ρ 与 φ 都可能依赖时间.

任给矢势 $\mathbf{A}^{(0)}$ 和标势 $\varphi^{(0)}$,令

$$\mathbf{A}=\mathbf{A}^{(0)}+\nabla\Lambda^{(0)}$$

$$\varphi=\varphi^{(0)}-\frac{\partial}{\partial t}\Lambda^{(0)}$$

只要 $\Lambda^{(0)}$ 满足

$$\nabla^2\Lambda^{(0)}=-\nabla\cdot\mathbf{A}^{(0)}$$

则

$$\nabla\cdot\mathbf{A}=0 \tag{6.1.52}$$

即任给矢势与标势,通过规范变换,总可能将它们转变为库仑规范情形.

在库仑规范情形,如果自由电荷密度 $\rho=0$,我们当然可将标势 φ 取为零. 当 $\varphi=0$ 时,我们称取了时间规范. 当 $\rho=0$ 时,我们可以同时取库仑规范与时间规范. 有的作者把同时

满足 $\varphi=0$、$\nabla\cdot\mathbf{A}=0$ 的规范称为库仑规范. 要知道这仅适用于 $\rho=0$ 的情形. 不存在 ρ 和 $\boldsymbol{j}$ 的场叫作自由场. 用量子场论处理自由电磁场时,常把同时满足 $\nabla\cdot\mathbf{A}=0$ 和 $\varphi=0$ 两个条件的规范叫作库仑规范. 此时式(6.1.51)变成

$$\nabla^2\mathbf{A}-\frac{1}{c^2}\frac{\partial^2}{\partial t^2}\mathbf{A}=-\mu_0\boldsymbol{j} \tag{6.1.53}$$

很容易证明这两种规范的势之间也仅差一个规范变换.

采用洛伦兹规范时,最后要解两个波动方程(6.1.45)和(6.1.46). 当 $\rho=0$ 时,同时采用库仑规范和时间规范,最后只要解一个波动方程(6.1.53). 这是它在计算上方便的地方. 可惜的是库仑规范的条件

$$\nabla\cdot\mathbf{A}=0$$

在时空坐标的洛伦兹变换下,形式并不协变. 即在一个惯性系中式(6.1.52)成立,在另一个惯性系中式(6.1.52)并不成立,这给理论分析带来不便.

波动方程

$$\frac{\partial^2 u}{\partial t^2}-a^2\frac{\partial^2 u}{\partial x^2}=0 \tag{6.1.54}$$

热传导方程

$$\frac{\partial u}{\partial t}-a^2\frac{\partial^2 u}{\partial x^2}=0 \tag{6.1.55}$$

拉普拉斯方程

$$\nabla^2 u=0 \tag{6.1.56}$$

以上是我们将讨论的三类典型的数学物理方程.

§6.2 定解条件

上节导出的方程是相应过程都得遵守的物理规律. 在具体问题中,还得定出具体的条件,才能把问题完全定下来. 这些具体条件分为初始条件和边界条件两类,统称为定解条件. 不含定解条件的偏微分方程叫作泛定方程. 泛定方程加定解条件,统称为定解问题.

弦振动方程

$$\frac{\partial^2 u}{\partial t^2}=a^2\frac{\partial^2 u}{\partial x^2} \tag{6.2.1}$$

包含对 t 的二阶导数. 要求出 u,需给出 u 和 u_t 的初始值:

$$u(x,0)=\varphi(x) \tag{6.2.2}$$

$$u_t(x,0)=\psi(x) \tag{6.2.3}$$

一维热传导方程只包含对 t 的一阶导数:

$$\frac{\partial u}{\partial t}=a^2\frac{\partial^2 u}{\partial x^2} \tag{6.2.4}$$

确定时刻 t 的温度分布 $u(x,t)$，要给出初始时刻的温度分布：

$$u(x,0)=\varphi(x) \tag{6.2.5}$$

拉普拉斯方程中不含对 t 的导数，不需给初始条件. 如果研究在全空间中发生的物理过程，泛定方程加初始条件就够了. 数学上把这样的问题叫作柯西问题. 如果物理过程发生在空间有限区域内，需要给出边界面的约束条件. 约束条件反映了界面外的“环境”对所论区域的影响.

长为 l 的轻弦做微小横振动时，端点可以固定，可以自由，也可以与弹性支承相连，由此引出不同的边条件.

设长为 l 的弦，平衡时在 x 轴上，端点为 $A(0,0)$ 和 $B(l,0)$. 两端固定的边界条件为

$$u(0,t)=0,\ t\geqslant 0 \tag{6.2.6}$$

$$u(l,t)=0,\ t\geqslant 0 \tag{6.2.7}$$

两端固定弦微小横振动问题可归结为求解下列定解问题：

$$\begin{cases}\dfrac{\partial^2 u}{\partial t^2}-a^2\dfrac{\partial^2 u}{\partial x^2}=0 & \\ u(0,t)=0 & \\ u(l,t)=0 & \\ u(x,0)=\varphi(x) & \\ u_t(x,0)=\psi(x) & \end{cases}\quad \left.\begin{pmatrix}0<x<l;0<t<+\infty \\ 0\leqslant t<+\infty \\ 0\leqslant t<+\infty \\ 0\leqslant x\leqslant l \\ 0\leqslant x\leqslant l\end{pmatrix}\right\} \tag{6.2.8}$$

规定边界上函数值的条件叫第一类边条件. 规定边界上导数值的条件叫第二类边条件. 考虑长为 l 两端自由的均匀杆的纵振动. 设平衡时杆端点位于 $A(0,0)$ 与 $B(l,0)$. 端点自由，表示该处应力为零，因此没有应变. 边条件为

$$\left.\frac{\partial u}{\partial x}\right|_{x=0}=0 \tag{6.2.9}$$

$$\left.\frac{\partial u}{\partial x}\right|_{x=l}=0 \tag{6.2.10}$$

在一维热传导问题中，$\dfrac{\partial u}{\partial x}$表示温度梯度. 边条件(6.2.9)和(6.2.10)表示端点处没有热流，即端点处绝热.

对均匀弦的微小横振动，边条件(6.2.9)和(6.2.10)应如何理解？列出弦微小横振动方程时，对元段应用了 $f=ma$ 公式. 该公式也可理解为作用力与惯性力平衡. 元段质量为与 $\mathrm{d}x$ 同阶的无穷小量. 作用在元段上的惯性力为与 $\mathrm{d}x$ 同阶的无穷小量. 轻弦自由振动时，作用在元段上的外力仅为弦其余部分作用在端点处的张力. 在弦的内部，元段两端都受张力作用. 该两张力的竖直分量方向相反，它们的合力为与 $\mathrm{d}x$ 同阶的无穷小量. 该合力与作用在元段上的惯性力平衡，由此列出运动方程. 在自由端，元段只有一端受其他部分的张力作用. 弦中张力为常数，要跟作用在元段上的竖直方向的无穷小惯性力平衡，张力的倾角只能取为零，即在自由端，弦切线水平(图 6.4)，$\left.\dfrac{\partial u}{\partial x}\right|_{x=0,l}=0$.

弦的端点可能连在弹性支承上(图 6.5).

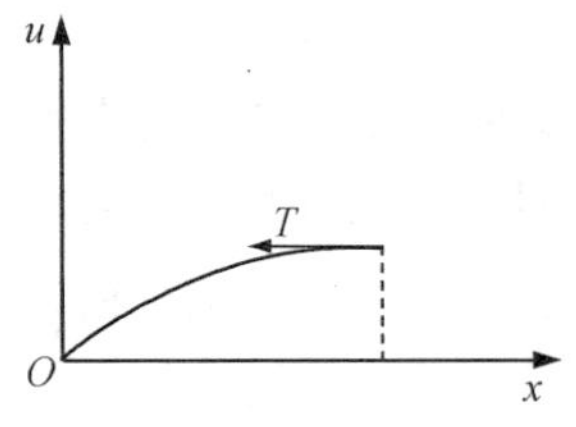

图 6.4　自由端弦切线水平

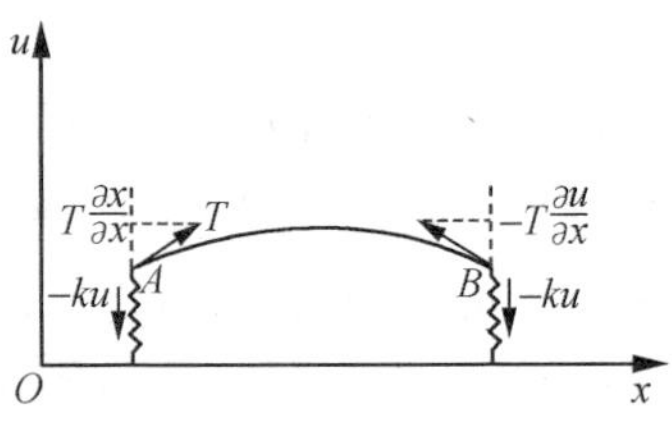

图 6.5　弹性支承

在 $x=0$ 端,端点位移为 $u(0,t)$时,弹簧的形变为 $u(0,t)$,弹簧作用在 $x=0$ 端元段上的恢复力为$-ku(0,t)$. 弦线其余部分作用在元段端点处张力的竖直分量为 $Tu_x(0,t)$,由两者平衡,得

$$Tu_x(0,t)-ku(0,t)=0$$

$$\left[T\frac{\partial u}{\partial x}-ku\right]_{x=0}=0 \tag{6.2.11}$$

在 $x=l$ 端,元段位移为 $u(l,t)$时,弹簧的形变为 $u(l,t)$,弹簧作用在 $x=l$ 端元段上的恢复力为$-ku(l,t)$. 弦线其余部分作用在元段端点处张力的竖直分量为$-Tu_x(l,t)$,由两者平衡,得

$$-Tu_x(l,t)-ku(l,t)=0$$

$$\left[T\frac{\partial u}{\partial x}+ku\right]_{x=l}=0 \tag{6.2.12}$$

式(6.2.11)与式(6.2.12) 中给出了函数及其导数的线性组合的值. 这类边条件称为第三类边条件. 具体问题中,边界不同部分可以加不同类型的边条件,一切由实际情况决定.

对于温度的稳定分布或静电势,泛定方程为拉普拉斯方程:

$$\nabla^2 u(x,y,z)=0,\ (x,y,z)\in\Omega$$

可以规定在边界 $\partial\Omega$ 上的温度或电势分布. 定解问题为

$$\begin{cases}\nabla^2 u(x,y,z)=0 \\ u(x,y,z)\big|_{\partial\Omega}=\varphi(x,y,z)\end{cases}\quad (x,y,z)\in\Omega \tag{6.2.13}$$

此类定解问题称为狄利克雷(Dirichlet)问题. 若 Ω 的边界绝热,没有热流从边界流入或流出,因此在边界上$\frac{\partial u}{\partial n}=0$. 这时的定解问题为

$$\begin{cases}\nabla^2 u(x,y,z)=0 \\ \left.\frac{\partial u}{\partial n}\right|_{\partial\Omega}=0\end{cases}\quad (x,y,z)\in\Omega \tag{6.2.14}$$

此类定解问题称为牛曼(Neuman)问题. 如果求解拉普拉斯方程时,边界上给出的是第三类边条件,则称为洛平(Robin)问题.

§ 6.3　适定性问题

如果定解条件要求太苛刻，或者不同条件之间彼此有矛盾，这样的定解问题就无解. 如果定解条件要求得太少，满足这些条件的解就可能不止一个. 如果理论给出的解不止一个，具体应用就有不确定性.

提出定解问题时，要推导方程或者定出定解条件，总要做些简化或近似. 参数测量时也会有误差. 如果定解条件稍做变化，两个解差别很大，我们称这样的解不稳定. 不稳定的解没有实用价值.

定解问题的解存在、唯一而且稳定，则称该定解问题适定. 定解问题的适定性是一个很重要的问题. 数学专业的人学习本课程时将花很大的精力关注这一问题. 这里我们只做简略的介绍. 下面举两个证明解唯一的例子.

例 6.1　证明下列拉普拉斯方程只有零解. 其中 Ω 是三维空间中的一个有限区域：

$$\begin{cases}\nabla^2 u(x,y,z)=0 \\ u\big|_{\partial\Omega}=0\end{cases}\quad (x,y,z)\in\Omega \tag{6.3.1}$$

解　$u=0$ 显然是定解问题(6.3.1)的解. 下面证明式(6.3.1)只有这一个解.

从物理上看，这个结论是很自然的. 定解问题(6.3.1)表示，$\partial\Omega$ 是一个接地的金属壳. 壳内空间中没有电荷. $u(x,y,z)$为壳内电势分布.

如果式(6.3.1)有非零解，则 Ω 内存在电势不为零的点. 如果该点的电势小于零，就有电场线从金属壳通向该点. 如果该点的电势大于零，就有电场线从该点通到金属壳. 电场线只能从电荷出发，终止于电荷. Ω 内没有电荷，通向该点的电场线只能再通到金属壳. 从该点发出的电场线，必然来自金属壳. 顺着电场线箭头所指的方向，电势逐渐降低. 金属壳上用同一根电场线相连的两点，电势并不相同，与 $\partial\Omega$ 为等势面的假设矛盾. 因此，式(6.3.1)不可能有非零解.

下面我们利用定解问题中的条件，来证明该问题只有零解.

由数学公式

$$\nabla\cdot(u\nabla u)=(\nabla u)^2+u\nabla^2 u$$

可得

$$u\nabla^2 u=\nabla\cdot(u\nabla u)-(\nabla u)^2$$

$$\begin{aligned}\iiint_\Omega u\nabla^2 u\mathrm{d}V &= \iiint_\Omega \nabla\cdot(u\nabla u)\mathrm{d}V-\iiint_\Omega(\nabla u)^2\mathrm{d}V \\ &= \iint_\Omega u\nabla u\cdot\mathrm{d}\boldsymbol{S}-\iiint_\Omega(\nabla u)^2\mathrm{d}V\end{aligned} \tag{6.3.2}$$

因为在 Ω 上 $\nabla^2 u=0$，在 $\partial\Omega$ 上 $u=0$，所以由式(6.3.2)，得

$$\iiint_\Omega(\nabla u)^2\mathrm{d}V=0 \tag{6.3.3}$$

式(6.3.3)中被积函数非负. 欲使积分为零,只能该被积函数为零,即

$$\nabla u(x,y,z)=0 \tag{6.3.4}$$

因此,u 为常数,即

$$u(x,y,z)=c$$

当 u 为定解问题(6.3.1)的解时,它的二阶偏导数在 Ω 上都必须存在. 因此,在闭区域 $\bar{\Omega}=\Omega\cup\partial\Omega$ 上 $u(x,y,z)$ 连续. 上述常数为 u 在边界上的值:

$$u(x,y,z)=u|_{\partial\Omega}=0 \tag{6.3.5}$$

例 6.2 试证泊松方程第一边值问题的解唯一.

证 定解问题为

$$\begin{cases}\nabla^2 u(x,y,z)=f(x,y,z) \\ u|_{\partial\Omega}=\varphi(x,y,z)\end{cases} \quad (x,y,z)\in\Omega \tag{6.3.6}$$

设 $u_1(x,y,z)$ 和 $u_2(x,y,z)$ 为定解问题(6.3.6)的两个解. 令

$$u=u_1(x,y,z)-u_2(x,y,z)$$

显然 u 满足:

$$\begin{cases}\nabla^2 u(x,y,z)=0 \\ u|_{\partial\Omega}=0\end{cases} \quad (x,y,z)\in\Omega \tag{6.3.7}$$

由例 6.1 可知,式(6.3.7)只有零解.

$$u=u_1(x,y,z)-u_2(x,y,z)=0$$

因此

$$u_1(x,y,z)=u_2(x,y,z)$$

习 题

1. 验证 $r\neq0$ 时,$u=\dfrac{1}{r}\left(r=\sqrt{x^2+y^2+z^2}\right)$满足拉普拉斯方程:

$$\frac{\partial^2 u}{\partial x^2}+\frac{\partial^2 u}{\partial y^2}+\frac{\partial^2 u}{\partial z^2}=0$$

2. 验证 $u(x,t)=\dfrac{1}{2a\sqrt{\pi t}}\exp\left[-\dfrac{(x-\xi)^2}{4a^2t}\right]$,当 $t>0,x\neq\xi$ 时满足方程

$$\frac{\partial u}{\partial t}-a^2\frac{\partial^2 u}{\partial x^2}=0$$

和初条件

$$\lim_{t\to0^+}u(x,t)=0$$

3. 不存在自由电荷时,库仑规范的条件为

$$\varphi=0, \quad \nabla\cdot\boldsymbol{A}=0$$

式中，φ 为电磁场的标势，$\mathbf{A}$ 为电磁场的矢势. 通过怎样的规范变换，可把库仑规范的电磁势改为洛伦兹规范的电磁势？

4. 一根长为 l、两端（$x=0$，$x=l$）固定的均匀细弦，中点拉开横向距离 h 后静止释放（图 6.6）. 写出弦振动时的泛定方程与定解条件.

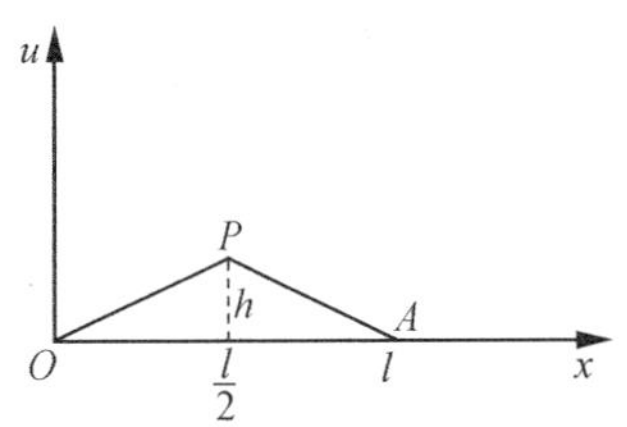

图 6.6　中点拉开弦的自由振动

5. 一根侧面绝热的均匀铜棒，$x=0$ 端绝热，$x=l$ 端保持恒温 u_0. 铜棒的初始温度分布为

$$u(x,0)=\varphi(x)\quad(0\leqslant x\leqslant l)$$

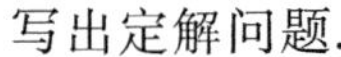

写出定解问题.

第7章 行波法与分离变量法

§7.1 行波法

求解常微分方程时,我们常先求出一般解(通解),用初始条件代入,确定通解中的任意常数,由此求得微分方程满足初始条件的特解. 解偏微分方程时,这种方法往往不好使用. 偏微分方程的通解很难求. 常微分方程的通解中包含任意常数,偏微分方程的通解中含任意函数. 用定解条件确定任意函数并不容易. 实际用的是特解. 我们可以直接求特解. 当然,对某些问题,也能求出通解. 我们可先求通解,再求特解. 本节介绍这种情况.

一根无限长的弦,经初始扰动后,它的运动情况怎样?

无限长的弦实际上并不存在. 只要弦足够长,在所考虑的时间段内,端点的影响尚未传到所讨论的弦段内时,该段弦就可用无限长的弦来处理.

初始扰动包括初始位移 $u(x,0)$ 与初始速度 $u_t(x,0)$. 无限长的弦运动的定解问题为

$$\begin{cases} u_{tt}(x,t)-a^2u_{xx}(x,t)=0 \\ u(x,0)=\varphi(x) \\ u_t(x,0)=\psi(x) \end{cases} \quad \left\{\begin{array}{l} -\infty<x<+\infty;0<t<+\infty \\ -\infty<x<+\infty \\ -\infty<x<+\infty \end{array}\right\} \tag{7.1.1}$$

$$u_{tt}-a^2u_{xx}=\left(\frac{\partial}{\partial t}-a\frac{\partial}{\partial x}\right)\left(\frac{\partial}{\partial t}+a\frac{\partial}{\partial x}\right)u(x,t)$$

令

$$\xi=x-at \tag{7.1.2}$$

$$\eta=x+at \tag{7.1.3}$$

$$\frac{\partial}{\partial t}=\frac{\partial\xi}{\partial t}\frac{\partial}{\partial\xi}+\frac{\partial\eta}{\partial t}\frac{\partial}{\partial\eta}=-a\frac{\partial}{\partial\xi}+a\frac{\partial}{\partial\eta}$$

$$\frac{\partial}{\partial x}=\frac{\partial\xi}{\partial x}\frac{\partial}{\partial\xi}+\frac{\partial\eta}{\partial x}\frac{\partial}{\partial\eta}=\frac{\partial}{\partial\xi}+\frac{\partial}{\partial\eta}$$

$$\frac{\partial}{\partial t}-a\frac{\partial}{\partial x}=-2a\frac{\partial}{\partial\xi}$$

$$\frac{\partial}{\partial t}+a\frac{\partial}{\partial x}=2a\frac{\partial}{\partial\eta}$$

方程(7.1.1)可变成

$$u_{\xi,\eta}=0 \tag{7.1.4}$$

它的一般解为

$$u=f(\xi)+g(\eta)=f(x-at)+g(x+at) \tag{7.1.5}$$

式中，f，g 为任意的二阶可微函数.

由初始位移，得

$$f(x)+g(x)=\varphi(x) \tag{7.1.6}$$

由初始速度，得

$$-af'(x)+ag'(x)=\psi(x)$$

$$-f(x)+g(x)=\frac{1}{a}\int_0^x\psi(\tau)\,\mathrm{d}\tau+c \tag{7.1.7}$$

由式(7.1.6)和式(7.1.7)，得

$$f(x)=\frac{\varphi(x)}{2}-\frac{1}{2a}\int_0^x\psi(\tau)\mathrm{d}\tau-\frac{c}{2}$$

$$g(x)=\frac{\varphi(x)}{2}+\frac{1}{2a}\int_0^x\psi(\tau)\,\mathrm{d}\tau+\frac{c}{2}$$

定解问题(7.1.1)的解为

$$\begin{aligned}u(x,t)=&\frac{\varphi(x-at)}{2}-\frac{1}{2a}\int_0^{x-at}\psi(\tau)\,\mathrm{d}\tau-\frac{c}{2}+\\&\frac{\varphi(x+at)}{2}+\frac{1}{2a}\int_0^{x+at}\psi(\tau)\,\mathrm{d}\tau+\frac{c}{2}\\=&\frac{\varphi(x-at)+\varphi(x+at)}{2}+\int_{x-at}^{x+at}\psi(\tau)\,\mathrm{d}\tau\end{aligned} \tag{7.1.8}$$

设 $u=f(x-at)$. 当 $t=0$ 时，x_0 点处的位移 $u(x_0,0)=f(x_0)$，在时刻 t 会传到 $x=x_0+at$ 处，$u(x_0+at,t)=f(x_0)$. 初始位移分布 $u(x,0)=f(x)$ 向右传播了 at 距离，$u=f(x-at)$描述以速度 a 向右传播的波. 同理，$u=g(x+at)$描述以速度 a 向左传播的波.

式(7.1.5)刻画了在弦上行走着两个行波. 所以弦振动方程也称为波动方程.

如果在无限长的弦的振动问题(7.1.1)中，只有初位移，定解问题为

$$\begin{cases}u_{tt}(x,t)-a^2u_{xx}(x,t)=0 & \left\{\begin{array}{l}-\infty<x<+\infty;0<t<+\infty\\ u(x,0)=\varphi(x) \quad\quad -\infty<x<+\infty\\ u_t(x,0)=0 \quad\quad -\infty<x<+\infty\end{array}\right.\end{cases} \tag{7.1.9}$$

由式(7.1.8)，得

$$u(x,t)=\frac{\varphi(x-at)+\varphi(x+at)}{2} \tag{7.1.10}$$

将初位移 $u(x,0)=\varphi(x)$ 一分为二，一半初位移$\frac{1}{2}\varphi(x)$以速度 a 向右传播，一半初位移$\frac{1}{2}\varphi(x)$以速度 a 向左传播. 这两个行波迭加就是定解问题(7.1.9)的解. 图 7.1 画出了

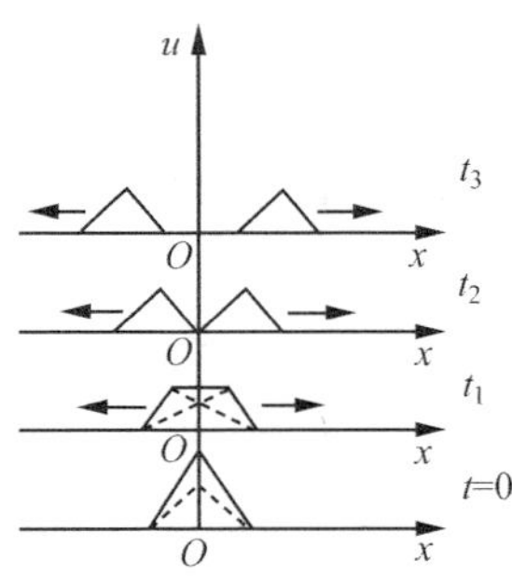

图 7.1　初始位移的传播

初始位移传播的示意图.

图 7.2 为初位移在 xOt 平面中传播的示意图. 在 x 轴上任取一点 $P_0(x_0,0)$，过 P_0 作直线

$$P_0P_1: x=x_0+at$$

$$P_0P_2: x=x_0-at$$

$\frac{\varphi(x_0)}{2}$沿 P_0P_1 向右传播，$\frac{\varphi(x_0)}{2}$沿 P_0P_2 向左传播.

在 xOt 平面上任取一点 $P'(x',t')$. 过 P' 点作直线，有

$$P'A: x-x'=a(t-t')$$

$$P'B: x-x'=-a(t-t')$$

上述两直线分别交 x 轴于点 $A(x_a,0)$ 与点 $B(x_b,0)$. 显然

$$x_a=x'-at'$$

$$x_b=x'+at'$$

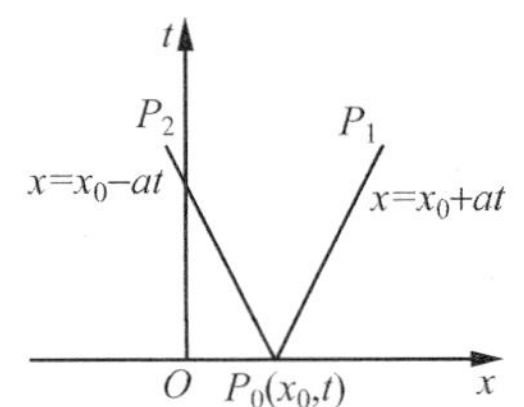

图 7.2　初位移在 xOt 平面中传播的示意图

在 t'时刻，点 A 处初位移的一半$\frac{\varphi(x_a)}{2}$ 向右传至点 x'处，点 B 处初位移的一半$\frac{\varphi(x_b)}{2}$ 向左传至点 x'处. 在 t'时刻，x' 处的位移

$$u(x',t')=\frac{\varphi(x_a)+\varphi(x_b)}{2}=\frac{\varphi(x'-at')+\varphi(x'+at')}{2}$$

在 t'时刻，点 $A(x_a,0)$ 与点 $B(x_b,0)$上的初扰动传到点 $P'(x',t')$. 显然 $x_a=x'-at'$，$x_b=x'+at'$. 当 $t<t'$ 时，点 A 与点 B 处的初扰动还未传到点 P'处；当 $t>t'$ 后，点 A 与点 B 处的初扰动传过了 P'点，而且在 P'点处不留下任何影响，这一点和后面将要分析的初速度的影响不同. AB 之外的初位移，在 t'时刻，还未传到点 x'. 图 7.3 为 P'点位移受初始位移影响的示意图.

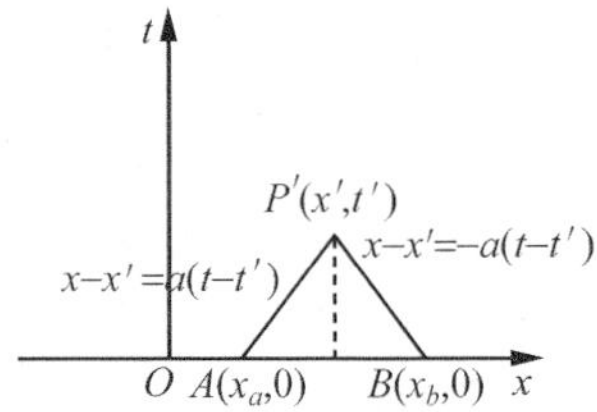

图 7.3　P'点位移受初始位移影响示意图

如果定解问题(7.1.1)中只有初速度，无限长的弦在平衡位置处受一瞬时冲击就是这种情况. 定解问题的解为

$$u(x,t)=\frac{1}{2a}\int_{x-at}^{x+at}\psi(\tau)\,\mathrm{d}\tau \tag{7.1.11}$$

x 轴上$(x-at,x+at)$ 间所有点的初速度对 $u(x,t)$ 都有贡献. 初速度对位移的影响传过后还会留下来.

§7.2　分离变量法：齐次方程情形

分离变量法是求解偏微分方程中常用的一种方法.对于规则的有界区域，常常可以把自变量分离开来，将偏微分方程分离为几个常微分方程.

一、齐次边条件

例 7.1　求解两端固定弦的自由振动.

解　定解问题为

$$\begin{cases} u_{tt}(x,t)-a^2u_{xx}(x,t)=0 & (0<x<l;0<t<+\infty) \\ u(0,t)=0 & 0\leqslant t<+\infty \\ u(l,t)=0 & 0\leqslant t<+\infty \\ u(x,0)=\varphi(x) & 0\leqslant x\leqslant l \\ u_t(x,0)=\psi(x) & 0\leqslant x\leqslant l) \end{cases} \tag{7.2.1}$$

分离变量法的解题步骤如下：

(1) 先找出满足齐次边条件的变量分离形式的非零特解.设

$$u(x,t)=X(x)T(t)$$

为泛定方程(7.2.1)满足边条件的非零特解.代入方程，得

$$XT''-a^2X''T=0$$

$$\frac{X''}{X}=\frac{T''}{a^2T}$$

上式左边仅依赖 x，右边仅依赖 t. 两者要相等，只能为同一个常数 $-\lambda$.

$$\frac{X''}{X}=\frac{T''}{a^2T}=-\lambda$$

由此得

$$X''+\lambda X=0 \tag{7.2.2}$$

$$T''+a^2\lambda T=0 \tag{7.2.3}$$

将边条件代入，得

$$X(0)T(t)=0$$

$$X(l)T(t)=0$$

如果 $T(t)=0$，只能得零解.要得到非零解，$T(t)\neq0$. 因此，$X(0)=0$，$X(l)=0$. 由此可知，函数 $X(x)$ 为下列定解问题的解：

$$\begin{cases} X''+\lambda X=0 \\ X(0)=0 \quad (0<X<l) \\ X(l)=0 \end{cases} \tag{7.2.4}$$

式(7.2.4)是斯图姆-刘维尔(Sturm-Liouville)问题(简称 S-L 问题).式(7.2.4)中的方程可改写成下列特征方程的形式：

$$\begin{cases}-\dfrac{d^2}{dx^2}X(x)=\lambda X(x)\\ X(0)=X(l)=0\end{cases} \tag{7.2.5}$$

它的非零解 $X(x)$ 称为对应于特征值 λ 的特征函数. 下面我们来求 S-L 问题(7.2.5)的特征函数与特征值.

① 若 $\lambda=-k^2<0$，方程(7.2.5)的一般解为

$$X_k(x)=a_k\exp(-kx)+b_k\exp(kx)$$

由边条件，得

$$\begin{cases}a_k+b_k=0\\ a_k\exp(-kl)+b_k\exp(kl)=0\end{cases}$$

上述方程组只有零解，即

$$a_k=b_k=0$$

② 若 $\lambda=0$，方程(7.2.5) 的一般解为

$$X_0(x)=a_0+b_0x$$

由边条件，得

$$\begin{cases}a_0=0\\ a_0+b_0l=0\end{cases}$$

上述方程组也只有零解，即

$$a_0=b_0=0$$

S-L 问题(7.2.5)没有 $\lambda\leqslant0$ 的本征值.

③ 若 $\lambda=k^2>0$，方程(7.2.5)的一般解为

$$X_k(x)=a_k\cos kx+b_k\sin kx$$

由边条件 $X(0)=0$，得

$$a_k=0$$

由边条件 $X(l)=0$，得

$$b_k\sin kl=0$$

如果常数 k 任意选择，要满足上述边条件，只能有 $b_k=0$，只能得零解. 要得非零解，k 不能任意取. 我们可以选择 k，使得

$$\sin kl=0 \tag{7.2.6}$$

亦即让

$$k=k_n=\frac{n\pi}{l}\quad(n=1,2,3,\cdots) \tag{7.2.7}$$

这时可得 S-L 问题(7.2.5)的非零解：

$$X_n(x)=b_n\sin\frac{n\pi}{l}x\qquad(n=1,2,3,\cdots)$$

特征函数可乘上一个任意常数，不妨取 $b_n=1$. 即特征函数为

$$X_n(x)=\sin\frac{n\pi}{l}x \tag{7.2.8}$$

相应的特征值为

$$\lambda_n=(k_n)^2=\left(\frac{n\pi}{l}\right)^2\quad(n=1,2,3,\cdots) \tag{7.2.9}$$

$T(t)$ 的方程 (7.2.3)成为

$$T''(t)+\left(\frac{n\pi a}{l}\right)^2T(t)=0 \tag{7.2.10}$$

解之，得

$$T_n(t)=c_n\cos\frac{n\pi a}{l}t+d_n\sin\frac{n\pi a}{l}t \tag{7.2.11}$$

式(7.2.1)中微分方程满足齐次边条件变量分离的非零特解为

$$u_n(x,t)=\left(c_n\cos\frac{n\pi a}{l}t+d_n\sin\frac{n\pi a}{l}t\right)\sin\frac{n\pi}{l}x \tag{7.2.12}$$

(2) 特解的叠加.

由于(7.2.1)中方程和边条件均线性齐次，它们的叠加仍满足方程和齐次边条件. 因此

$$u(x,t)=\sum_{n=1}^{+\infty}\left(c_n\cos\frac{n\pi a}{l}t+d_n\sin\frac{n\pi a}{l}t\right)\sin\frac{n\pi}{l}x \tag{7.2.13}$$

(3) 由初条件定出系数 c_n,d_n.

由初条件 $u(x,0)=\varphi(x)$，得

$$\sum_{n=1}^{+\infty}c_n\sin\frac{n\pi}{l}x=\varphi(x),\ 0\leqslant x\leqslant l \tag{7.2.14}$$

为了求出式(7.2.14)中的系数 c_n，介绍正交函数系的概念.

设 $\{f_1,f_2,f_3,\cdots\}$ 为 $(0,l)$ 上的连续函数系，它们之间的内积定义为

$$\langle f_n,f_m\rangle=\int_0^l f_n(x)f_m(x)\mathrm{d}x \tag{7.2.15}$$

如果

$$\langle f_n,f_m\rangle=0\ (n\neq m)$$

则称 $f_n(x),f_m(x)$ 在 $(0,l)$ 上互相正交. $f_n(x)$ 的模记为 $\|f_n\|$，

$$\|f_n\|^2=\langle f_n,f_n\rangle=\int_0^l f_n^2(x)\mathrm{d}x \tag{7.2.16}$$

如果 $(0,l)$ 上的任一个连续函数 $\varphi(x)$ 都能用函数系 $\{f_1,f_2,f_3,\cdots\}$ 展开，即

$$\varphi(x)=\sum_{n=1}^{+\infty}c_nf_n(x) \tag{7.2.17}$$

则称函数系 $\{f_n:n=1,2,3,\cdots\}$ 完备. 对于正交完备系，式(7.2.17)展开中的系数可用下式求出：

$$c_n = \frac{\langle \varphi, f_n \rangle}{\langle f_n, f_n \rangle} = \frac{1}{\| f_n \|^2}\int_0^l \varphi(x) f_n(x) \mathrm{d}x \tag{7.2.18}$$

式(7.2.14)中 $f_n(x)=\sin\frac{n\pi}{l}x$. 由傅里叶级数的知识,可知 $\left\{\sin\frac{n\pi}{l}x: n=1,2,3,\cdots\right\}$ 是 $(0,l)$ 上的正交完备系,模方

$$\left\| \sin\frac{n\pi}{l}x \right\|^2 = \int_0^l \left(\sin\frac{n\pi}{l}x\right)^2 \mathrm{d}x = \frac{l}{2} \tag{7.2.19}$$

因此

$$c_n = \frac{2}{l}\int_0^l \varphi(x)\sin\frac{n\pi}{l}x\,\mathrm{d}x \tag{7.2.20}$$

由初条件 $u_t(x,0)=\psi(x)$,得

$$\sum_{n=1}^{+\infty} \frac{n\pi a}{l} d_n \sin\frac{n\pi}{l}x = \psi(x) \quad (0 \leqslant x \leqslant l) \tag{7.2.21}$$

$$d_n = \frac{2}{n\pi a}\int_0^l \psi(x)\sin\frac{n\pi}{l}x\,\mathrm{d}x \tag{7.2.22}$$

把式(7.2.20)、式(7.2.22)代入式(7.2.13),得定解问题(7.2.1)的解. 但这只是形式解. 从数学上考虑,我们还得回答下列问题:级数(7.2.13) 是否收敛? 能否逐项求导以至满足微分方程和初始条件? 因此,完整地解定解问题(7.2.1),还得做验证.

(4) 验证.

证明级数收敛,并可逐项求导两次,满足方程和定解条件. 这里不对此作要求,只列出主要结果:如果初位移 $\varphi(x)$ 的四阶导数连续,初速度的三阶导数连续,并且满足

$$\varphi(0)=\varphi(l)=\psi(0)=\psi(l)=\varphi''(0)=\varphi''(l)=0$$

则级数(7.2.13)收敛,并可逐项求导两次,满足方程和定解条件.

在我们的课程中,步骤(4)可以不做.

级数(7.2.13)中的每一项是一个驻波:

$$\left(c_n\cos\frac{n\pi a}{l}t + d_n\sin\frac{n\pi a}{l}t\right)\sin\frac{n\pi}{l}x = A_n\sin\left(\frac{n\pi a}{l}t+\theta_n\right)\sin\frac{n\pi}{l}x \tag{7.2.23}$$

其中

$$A_n = \sqrt{c_n^{\ 2} + d_n^{\ 2}} \tag{7.2.24}$$

$$\theta_n = \arctan^{-1}\frac{c_n}{d_n} \tag{7.2.25}$$

这里

$$\omega_n = \frac{n\pi a}{l} \tag{7.2.26}$$

是驻波的角频率,A_n 为驻波的振幅,θ_n 为初位相. 式(7.2.13)为各种驻波的叠加. 所以上面介绍的分离变量法也称为驻波法.

例 7.2 求解两端自由弦的自由振动.

解 定解问题为

$$\begin{cases} u_{tt}(x,t)-a^2u_{xx}(x,t)=0 \\ u_x(0,t)=0 \\ u_x(l,t)=0 \\ u(x,0)=\varphi(x) \\ u_t(x,0)=\psi(x) \end{cases} \quad \begin{cases} 0<x<l;0<t<+\infty \\ 0\leqslant t<+\infty \\ 0\leqslant t<+\infty \\ 0\leqslant x\leqslant l \\ 0\leqslant x\leqslant l \end{cases} \tag{7.2.27}$$

设 $u(x,t)=X(x)T(t)$ 为微分方程满足边条件变量分离形式的非零特解. 代入方程，分离变量，得

$$\frac{X''}{X}=\frac{T''}{a^2T}=-\lambda$$

由边条件，得 $X'(0)=0$ 和 $X'(l)=0$. 因此，函数 $X(x)$ 须满足：

$$\begin{cases} X''+\lambda X=0 \\ X'(0)=X'(l)=0 \end{cases} \tag{7.2.28}$$

下面求 S-L 问题(7.2.28)的特征值和特征函数.

① 若 $\lambda=-k^2<0$. 式(7.2.28)中方程的通解为

$$X_k(x)=a_k\exp(-kx)+b_k\exp(kx)$$

$$X_k'(x)=-ka_k\exp(-kx)+kb_k\exp(kx)$$

由初条件，得

$$\begin{cases} -ka_k+kb_k=0 \\ -ka_k\exp(-kl)+kb_k\exp(kl)=0 \end{cases}$$

上述方程组只有零解 $a_k=b_k=0$，即 S-L 问题(7.2.28)的特征值不可能为负.

② 若 $\lambda=0$，微分方程的一般解为

$$X_0(x)=a_0+b_0x$$

$$X_0'(x)=b_0$$

由边条件，得 $b_0=0$. 此时 a_0 可任取. 因此，

$$\lambda_0=0 \tag{7.2.29}$$

是 S-L 问题(7.2.28)的一个本征值，本征函数为

$$X_0(x)=1 \tag{7.2.30}$$

③ 若 $\lambda=k^2>0$，微分方程的通解为

$$X_k(x)=a_k\cos kx+b_k\sin kx$$

$$X_k'(x)=-ka_k\sin kx+kb_k\cos kx$$

由 $X_k'(0)=0$，得

$$kb_k=0,b_k=0$$

由 $X_k'(l)=0$，得

$$ka_k\sin kl=0$$

当 $k=k_n=\dfrac{n\pi}{l}$ $(n=1,2,3,\cdots)$时，$\sin kl=0$. S-L 问题(7.2.28)有非零解. 即有本征值

$$\lambda_n=(k_n)^2=\left(\frac{n\pi}{l}\right)^2 (n=1,2,3,\cdots) \tag{7.2.31}$$

和本征函数

$$X_n(x)=\cos\frac{n\pi}{l}x\,(n=1,2,3,\cdots) \tag{7.2.32}$$

式(7.2.28)的本征值和本征函数可统一写成

$$\lambda_n=\left(\frac{n\pi}{l}\right)^2 (n=0,1,2,\cdots) \tag{7.2.33}$$

$$X_n(x)=\cos\frac{n\pi}{l}x\,(n=0,1,2,\cdots) \tag{7.2.34}$$

对应的 $T_n(t)$满足

$$T_n''(t)+\left(\frac{n\pi a}{l}\right)^2 T_n(t)=0 \tag{7.2.35}$$

$$T_0(t)=a_0+b_0t \quad (n=0) \tag{7.2.36}$$

$$T_n(t)=a_n\cos\frac{n\pi a}{l}t+b_n\sin\frac{n\pi a}{l}t \quad (n\neq 0) \tag{7.2.37}$$

微分方程满足边条件的解

$$u(x,t)=a_0+b_0t+\sum_{n=1}^{+\infty}\left(a_n\cos\frac{n\pi a}{l}t+b_n\sin\frac{n\pi a}{l}t\right)\cos\frac{n\pi}{l}x \tag{7.2.38}$$

由初条件 $u(x,0)=\varphi(x)$,得

$$a_0+\sum_{n=1}^{+\infty}a_n\cos\frac{n\pi}{l}x=\varphi(x) \tag{7.2.39}$$

由初条件 $u_t(x,0)=\psi(x)$,得

$$b_0+\sum_{n=1}^{+\infty}\frac{n\pi a}{l}b_n\cos\frac{n\pi}{l}x=\psi(x) \tag{7.2.40}$$

本征函数系

$$\left\{1,\cos\frac{\pi}{l}x,\cos\frac{2\pi}{l}x,\cdots\right\}$$

在$(0,l)$上正交完备.模方

$$\|1\|^2=\int_0^l 1\times \mathrm{d}x=l \tag{7.2.41}$$

$$\left\|\cos\frac{n\pi}{l}x\right\|^2=\int_0^l\cos^2\frac{n\pi}{l}x\,\mathrm{d}x=\frac{l}{2} \quad (n=1,2,3,\cdots) \tag{7.2.42}$$

因此

$$a_0=\frac{1}{l}\int_0^l\varphi(x)\,\mathrm{d}x \tag{7.2.43}$$

$$a_n=\frac{2}{l}\int_0^l\varphi(x)\cos\frac{n\pi}{l}x\,\mathrm{d}x,n\geqslant 1 \tag{7.2.44}$$

$$b_0=\frac{1}{l}\int_0^l\psi(x)\,\mathrm{d}x \tag{7.2.45}$$

$$b_n = \frac{2}{n\pi a}\int_0^l \psi(x)\cos\frac{n\pi}{l}x\,\mathrm{d}x, n \geqslant 1 \tag{7.2.46}$$

例 7.3　求解热传导的定解问题：

$$\begin{cases} u_t(x,t) - a^2 u_{xx}(x,t) = 0 \\ u(0,t) = 0 \\ u_x(l,t) = 0 \\ u(x,0) = \varphi(x) \end{cases} \left\{\begin{matrix} 0<x<l; 0<t<+\infty \\ 0\leqslant t<+\infty \\ 0\leqslant t<+\infty \\ 0\leqslant x\leqslant l \end{matrix}\right\} \tag{7.2.47}$$

边条件表示导热杆一端保持 0℃，一端绝热.

解　设 $u(x,t)=X(x)T(t)$ 为微分方程适合边条件变量分离形式的非零特解. 代入方程，分离变量，得

$$\frac{X''}{X} = \frac{T'}{a^2 T} = -\lambda$$

$X(x)$ 满足

$$\begin{cases} X''(x) + \lambda X(x) = 0 \\ X(0) = 0 \\ X'(l) = 0 \end{cases} \tag{7.2.48}$$

① 若 $\lambda = -k^2 < 0$，微分方程的通解为

$$X_k(x) = a_k \exp(-kx) + b_k \exp(kx)$$

由边条件，得

$$\begin{cases} a_k + b_k = 0 \\ a_k \exp(-kl) - b_k \exp(kl) = 0 \end{cases}$$

上述方程组只有零解：

$$a_k = b_k = 0$$

② 若 $\lambda = 0$，微分方程的通解为

$$X_0(x) = a_0 + b_0 x$$

由边条件，得 $a_0 = b_0 = 0$，即 S-L 问题不可能有非正的本征值.

③ 若 $\lambda = k^2 > 0$，微分方程的通解为

$$X(x) = a_k \cos kx + b_k \sin kx$$

$$X'(x) = -k a_k \sin kx + k b_k \cos kx$$

由边条件，得

$$a_k = 0$$

$$k b_k \cos kl = 0$$

$$k = k_n = \left(n + \frac{1}{2}\right)\frac{\pi}{l} \quad (n = 0, 1, 2, \cdots)$$

S-L 问题(7.2.48)的本征值

$$\lambda_n = \frac{\left(n + \frac{1}{2}\right)^2 \pi^2}{l^2} \quad (n = 0, 1, 2, \cdots) \tag{7.2.49}$$

本征函数

$$X_n(x)=\sin\frac{(2n+1)\pi}{2l}x \quad (n=0,1,2,\cdots) \tag{7.2.50}$$

相应的 $T_n(t)$满足方程：

$$T_n'(t)+\left[\frac{(2n+1)\pi a}{2l}\right]^2 T_n(t)=0$$

$$T_n(t)=c_n\exp\left\{-\left[\frac{(2n+1)\pi a}{2l}\right]^2 t\right\} \tag{7.2.51}$$

微分方程满足边条件的解：

$$u(x,t)=\sum_{n=0}^{+\infty}c_n\exp\left\{-\left[\frac{(2n+1)\pi a}{2l}\right]^2 t\right\}\sin\frac{(2n+1)\pi}{2l}x \tag{7.2.52}$$

代入初条件，得

$$\sum_{n=0}^{+\infty}c_n\sin\frac{(2n+1)\pi}{2l}x=\varphi(x)\ (0\leqslant x\leqslant l) \tag{7.2.53}$$

函数系$\left\{\sin\frac{(2n+1)\pi}{2l}x:n=0,1,2,\cdots\right\}$在$(0,l)$上正交完备. 正交性的证明很容易. 当 $n\neq m$ 时

$$\left\langle\sin\frac{(2n+1)\pi}{2l}x,\sin\frac{(2m+1)\pi}{2l}x\right\rangle=\int_0^l\sin\frac{(2n+1)\pi}{2l}x\sin\frac{(2m+1)\pi}{2l}x\,\mathrm{d}x$$

$$=\frac{1}{2}\int_0^l\left[\cos\frac{(n-m)\pi}{l}x-\cos\frac{(n+m+1)\pi}{l}x\right]\mathrm{d}x=0 \tag{7.2.54}$$

完备性的证明本书不做介绍. 模方

$$\left\|\sin\frac{(2n+1)\pi}{2l}x\right\|^2=\int_0^l\sin^2\frac{(2n+1)\pi}{2l}x\,\mathrm{d}x$$

$$=\frac{1}{2}\int_0^l\left[1-\cos\frac{(2n+1)\pi}{l}x\right]\mathrm{d}x=\frac{l}{2} \tag{7.2.55}$$

由此可得

$$c_n=\frac{2}{l}\int_0^l\varphi(x)\sin\frac{(2n+1)\pi}{2l}x\,\mathrm{d}x \tag{7.2.56}$$

二、非齐次边条件：边条件齐次化

能把特解叠加的条件是方程和边条件都必须线性齐次. 如果边条件非齐次，用分离变量法解时，首先须想办法让边条件齐次化.

例 7.4 试解定解问题：$x=0$ 端弦固定，$x=l$ 端弦以规律 $A\sin\Omega t$ 运动.

$$\begin{cases}\left(\frac{\partial^2}{\partial t^2}-a^2\frac{\partial^2}{\partial x^2}\right)u(x,t)=0 & \\ u(0,t)=0 & \\ u(l,t)=A\sin\Omega t & \\ u(x,0)=0 & \\ u_t(x,0)=0 & \end{cases}\quad\begin{cases}0<x<l;0<t<+\infty \\ 0\leqslant t<+\infty \\ 0\leqslant t<+\infty \\ 0\leqslant x\leqslant l \\ 0\leqslant x\leqslant l\end{cases} \tag{7.2.57}$$

解　方法一　令

$$u(x,t)=w(x,t)+v(x,t)$$

其中 $v(x,t)$满足边条件. 这是容易做到的. 例如,令

$$v(x,t)=A\frac{x}{l}\sin\Omega t$$

显然 v 满足定解问题中的边条件：

$$v(0,t)=0$$

$$v(l,t)=A\sin\Omega t$$

因此,w 满足齐次边条件：

$$w(0,t)=0,w(l,t)=0$$

但这时 w 满足非齐次方程：

$$w_{tt}-a^2w_{xx}=-(v_{tt}-a^2v_{xx})=\Omega^2A\frac{x}{l}\sin\Omega t$$

因为我们随意取了一个满足边条件的函数 v. 如能取一个既满足边条件,又满足齐次泛定方程的函数 v,这样 w 就既满足齐次边条件,又满足齐次泛定方程了. 当然,一般说来可能很困难. 在某些情况下,这个问题还是可以解决的.

方法二　令

$$u(x,t)=w(x,t)+v(x,t) \tag{7.2.58}$$

$$v(x,t)=f(x)\sin\Omega t \tag{7.2.59}$$

$$v_{tt}-a^2v_{xx}=-\Omega^2f(x)\sin\Omega t-a^2f''(x)\sin\Omega t$$

$$v(0,t)=f(0)\sin\Omega t$$

$$v(l,t)=f(l)\sin\Omega t$$

若 $f(x)$满足

$$\begin{cases}f''(x)+\dfrac{\Omega^2}{a^2}f(x)=0\\ f(0)=0\\ f(l)=A\end{cases} \tag{7.2.60}$$

解之,得

$$f(x)=A\frac{\sin\dfrac{\Omega}{a}x}{\sin\dfrac{\Omega}{a}l} \tag{7.2.61}$$

$$v(x,t)=A\frac{\sin\dfrac{\Omega}{a}x}{\sin\dfrac{\Omega}{a}l}\sin\Omega t \tag{7.2.62}$$

这时 $v(x,t)$满足

$$\begin{cases} v_{tt}-a^2v_{xx}=0 \\ v(0,t)=0 \\ v(l,t)=A\sin\Omega t \\ v(x,0)=0 \\ v_t(x,0)=\Omega A\dfrac{\sin\dfrac{\Omega}{a}x}{\sin\dfrac{\Omega}{a}l} \end{cases}$$

$w(x,t)=u(x,t)-v(x,t)$，满足

$$\begin{cases} w_{tt}-a^2w_{xx}=0 \\ w(0,t)=0 \\ w(l,t)=0 \\ w(x,0)=0 \\ w_t(x,0)=-\Omega A\dfrac{\sin\dfrac{\Omega}{a}x}{\sin\dfrac{\Omega}{a}l} \end{cases} \begin{Bmatrix} 0<x<l;0<t<+\infty \\ 0\leqslant t<+\infty \\ 0\leqslant t<+\infty \\ 0\leqslant x\leqslant l \\ 0\leqslant x\leqslant l \end{Bmatrix} \tag{7.2.63}$$

式(7.2.63)的解为

$$w(x,t)=\sum_{n=1}^{+\infty}\left(c_n\cos\frac{n\pi a}{l}t+d_n\sin\frac{n\pi a}{l}t\right)\sin\frac{n\pi}{l}x \tag{7.2.64}$$

由初条件 $w(x,0)=0$，得

$$c_n=0 \tag{7.2.65}$$

由初条件 $w_t(x,0)=-\Omega A\dfrac{\sin\dfrac{\Omega}{a}x}{\sin\dfrac{\Omega}{a}l}$，得

$$\begin{aligned} d_n &= \frac{2}{n\pi a}\left(-\frac{\Omega A}{\sin\dfrac{\Omega}{a}l}\right)\int_0^l\sin\frac{\Omega}{a}x\sin\frac{n\pi}{l}x\,\mathrm{d}x \\ &= 2\Omega alA\frac{(-1)^{n+1}}{(\Omega l)^2-(n\pi a)^2} \end{aligned}$$

$$w(x,t)=2\Omega alA\sum_{n=1}^{+\infty}\frac{(-1)^{n+1}}{(\Omega l)^2-(n\pi a)^2}\sin\frac{n\pi a}{l}t\sin\frac{n\pi}{l}x \tag{7.2.66}$$

§7.3 斯图姆-刘维尔问题

在用分离变量法解题的过程中，经常会遇到求解下列本征值问题：

$$\frac{\mathrm{d}}{\mathrm{d}x}\left[k(x)\frac{\mathrm{d}X}{\mathrm{d}x}\right]-q(x)X+\lambda\rho(x)X=0 \tag{7.3.1}$$

(加适当的边条件)

或

$$\left[-\frac{\mathrm{d}}{\mathrm{d}x}k(x)\frac{\mathrm{d}}{\mathrm{d}x}+q(x)\right]X(x)=\lambda\rho(x)X(x) \tag{7.3.2}$$

(加适当的边条件)

在式(7.3.1)或式(7.3.2)中,对系数有下列假定:

(1) 在 $[a,b]$ 上 $k(x),k'(x),\rho(x)$ 连续;当 $x\in(a,b)$ 时,$k(x)>0,\rho(x)>0,q(x)\geqslant 0$;$a,b$ 至多是 $k(x)$ 及 $\rho(x)$ 的一级零点.

(2) $q(x)$ 在 (a,b) 上连续,端点至多为它的一级极点. 例如,$q(x)$ 可为

$$q(x)=\frac{q_1(x)}{x-a}$$

式中,$q_1(x)$ 在 $x=a$ 的邻域内可展开为泰勒级数. 上述问题称为斯图姆-刘维尔问题. 斯特姆-刘维尔问题中的边条件有下列几种:

(1) $k(a)>0$ 或 $k(b)>0$,$q(x)$ 在 $x=a$ 或 $x=b$ 处连续,边条件为

$$(\alpha_1 u_x-\beta_1 u)_{x=0}=0 \tag{7.3.3}$$

$$(\alpha_2 u_x+\beta_2 u)_{x=b}=0 \tag{7.3.4}$$

式中,$\alpha_i,\beta_i\ (i=1,2)$ 为非负常数,且

$$\alpha_i^{\,2}+\beta_i^{\,2}\neq 0 \quad (i=1,2)$$

若 $\alpha_i=0$,式(7.3.3)或式(7.3.4)代表第一类边条件;若 $\beta_i=0$,式(7.3.3)或式(7.3.4)代表第二类边条件;若 α_i,β_i 都不是零,式(7.3.3)或式(7.3.4)代表第三类边条件.

分离变量,设 $u(x,t)=X(x)T(t)$,对 $X(x)$ 加的边条件为

$$\alpha_1 X'(a)-\beta_1 X(a)=0 \tag{7.3.5}$$

$$\alpha_2 X'(b)+\beta_2 X(b)=0 \tag{7.3.6}$$

(2) 当 $k(a)=k(b)$,$u(x,t)$ 是 x 的周期性函数时,可加周期性边条件:

$$\begin{cases}X(a)=X(b)\\X'(a)=X'(b)\end{cases} \tag{7.3.7}$$

(3) 当 $k(x)$ 在某端点为零,如 $k(a)=0$,此时要加条件

$$|X(a)|<+\infty \tag{7.3.8}$$

式(7.3.8)称为自然边条件.

若 $k(x),q(x),\rho(x)$ 满足前述条件,S-L 问题式(7.3.1)或式(7.3.2)的本征值与本征函数具有如下性质:

(1) 存在无穷多个可数的本征值,这些本征值可从小到大排列起来:

$$\lambda_1<\lambda_2<\cdots<\lambda_n<\cdots$$

$$\lim_{n\to+\infty}\lambda_n=+\infty$$

与每一个本征值相应的线性无关的本征函数只有一个(周期边条件时,本征空间可能为二维).

(2) 本征值非负：$\lambda_n \geqslant 0$. 本征值 $\lambda = 0$ 的充要条件为 $q(x)=0$ 且端点处不取第一、第三类边条件. 与 $\lambda_0 = 0$ 相应的本征函数为常数.

(3) 与不同本征值对应的本征函数在 $[a,b]$ 上带权 $\rho(x)$ 正交：若 $\lambda_n \neq \lambda_m$，

$$\int_0^l X_n(x) X_m(x) \rho(x) \mathrm{d}x = 0 \tag{7.3.9}$$

(4) 本征函数系 $\{X_n(x): n=1,2,3,\cdots\}$ 在 $[a,b]$ 上完备.

对任意一个一阶导数连续、二阶导数分段连续，满足同样边条件的函数 $f(x)$ 可用本征函数系展开：

$$f(x) = \sum_{n=1}^{+\infty} f_n X_n(x) \quad (a \leqslant x \leqslant b) \tag{7.3.10}$$

其中，展开系数 f_n 可用下式求出：

$$f_n = \frac{\langle f, X_n \rangle}{\langle X_n, X_n \rangle} = \frac{\int_0^l f(x) X_n(x) \rho(x) \mathrm{d}x}{\int_0^l X_n^2(x) \rho(x) \mathrm{d}x} \tag{7.3.11}$$

级数(7.3.10) 称为广义傅里叶级数.

S-L 定理的证明超出本教程的范围. 这里只证明下列几点：

(1) 本征值非负，$\lambda_n \geqslant 0$.

由式(7.3.2)，得

$$\left[-\frac{\mathrm{d}}{\mathrm{d}x} k(x) \frac{\mathrm{d}}{\mathrm{d}x} + q(x)\right] X_n(x) = \lambda_n \rho(x) X_n(x)$$

两端乘以 $X_n(x)$，从 a 到 b 积分，有

$$\begin{aligned}\lambda_n \int_a^b \rho(x) X_n^2(x) \mathrm{d}x &= -\int_a^b X_n \frac{\mathrm{d}}{\mathrm{d}x}\left[k(x) \frac{\mathrm{d}X_n}{\mathrm{d}x}\right] \mathrm{d}x + \int_a^b q(x) X_n^2(x) \mathrm{d}x \\ &= -\left[k(x) X_n X_n'\right]_{x=a}^{x=b} + \int_a^b k(x) \left(\frac{\mathrm{d}X_n}{\mathrm{d}x}\right)^2 \mathrm{d}x + \int_a^b q(x) X_n^2(x) \mathrm{d}x \end{aligned} \tag{7.3.12}$$

等式右端的第二项、第三项均非负. 今考虑第一项

$$-\left[k(x) X_n X_n'\right]_{x=a}^{x=b} = k(a) X_n(a) X_n'(a) - k(b) X_n(b) X_n'(b) \tag{7.3.13}$$

应用 S-L 问题中的边条件可以证明(7.3.13)非负.

① 设在点 $x=a$，边条件为

$$\alpha_1 X_n'(a) - \beta_1 X_n(a) = 0$$

如 $\alpha_1 = 0$，则 $X_n(a) = 0$(第一类边条件)，有

$$k(a) X_n(a) X_n'(a) = 0.$$

如 $\alpha_1 \neq 1$，$X_n'(a) = \frac{\beta_1}{\alpha_1} X_n(a)$，有

$$k(a) X_n'(a) X_n(a) = \frac{\beta_1}{\alpha_1} k(a) X_n^2(a) \geqslant 0$$

设在点 $x=b$，有

$$\alpha_2 X_n'(b)+\beta_2 X_n(b)=0$$

如 $\alpha_2=0$，则 $X_n(b)=0$（第一类边条件）.

如 $\alpha_2\neq 0$，

$$X_n'(b)=-\frac{\beta_2}{\alpha_2}X_n(b)$$

$$-k(b)X_n'(b)X_n(b)=\frac{\beta_2}{\alpha_2}k(b)X_n^2(b)\geqslant 0$$

总之，在端点处加一、二、三类边条件时，式(7.3.13)式均非负.

② 对周期性边条件(7.3.7)，有

$$X_n(a)=X_n(b)$$

$$X_n'(a)=X_n'(b)$$

这时还有 $k(a)=k(b)$. 因此式(7.3.13)为零.

③ 对自然边条件，因为在该点处 $k(x)=0$，因此式(7.3.13)非负.

以上证明说明式(7.3.12)等式右方三项均非负. 因此

$$\lambda_n\geqslant 0.$$

(2) $\lambda_0=0$. 当 $n=0$ 时，式(7.3.12)左边为零，右边每项均非负，它们的和等于零，各项都得等于零. 由等式右边第二项等于零，得

$$X_0'(x)=0,\ X_0(x)=c$$

若 $X_0(x)=c$ 为本征函数，$c\neq 0$，它不能满足第一与第三边条件，只能加第二边条件.

(3) 对应于不同本征值的本征函数在$[a,b]$上加权 $\rho(x)$ 正交.

设 $X_n(x)$，$X_m(x)$分别满足

$$\frac{\mathrm{d}}{\mathrm{d}x}\left[k(x)\frac{\mathrm{d}X_n}{\mathrm{d}x}\right]-q(x)X_n+\lambda_n\rho(x)X_n=0 \tag{7.3.14}$$

$$\frac{\mathrm{d}}{\mathrm{d}x}\left[k(x)\frac{\mathrm{d}X_m}{\mathrm{d}x}\right]-q(x)X_m+\lambda_m\rho(x)X_m=0 \tag{7.3.15}$$

X_m 乘式(7.3.14)$-X_n$ 乘式(7.3.15)，得

$$X_m\frac{\mathrm{d}}{\mathrm{d}x}\left[k(x)\frac{\mathrm{d}X_n}{\mathrm{d}x}\right]-X_n\frac{\mathrm{d}}{\mathrm{d}x}\left[k(x)\frac{\mathrm{d}X_m}{\mathrm{d}x}\right]+(\lambda_n-\lambda_m)\rho(x)X_mX_n=0 \tag{7.3.16}$$

对式(7.3.16)从 a 到 b 积分，有

$$\int_a^b\left\{X_m\frac{\mathrm{d}}{\mathrm{d}x}\left[k(x)\frac{\mathrm{d}X_n}{\mathrm{d}x}\right]-X_n\frac{\mathrm{d}}{\mathrm{d}x}\left[k(x)\frac{\mathrm{d}X_m}{\mathrm{d}x}\right]\right\}\mathrm{d}x+(\lambda_n-\lambda_m)\int_a^b\rho(x)X_mX_n\mathrm{d}x=0$$

$$[k(x)X_mX_n'-k(x)X_nX_m']_{x=a}^{x=b}-\int_a^b k(x)X_m'X_n'\mathrm{d}x+\int_a^b k(x)X_n'X_m'\mathrm{d}x$$

$$+(\lambda_n-\lambda_m)\int_a^b\rho(x)X_mX_n\mathrm{d}x=0$$

$$\begin{aligned}(\lambda_n-\lambda_m)\int_a^b\rho(x)X_mX_n\mathrm{d}x=&\ k(a)[X_m(a)X_n'(a)-X_n(a)X_m'(a)]\\&-k(b)[X_m(b)X_n'(b)-X_n(b)X_m'(b)]\end{aligned} \tag{7.3.17}$$

设端点处加第三类边条件：

$$\alpha_1 X'(a)-\beta_1 X(a)=0 \tag{7.3.18}$$

$$\alpha_2 X'(b)+\beta_2 X(b)=0 \tag{7.3.19}$$

其中 $\alpha_i,\beta_i(i=1,2)$ 均不为零. 因此得

$$X'(a)=\frac{\beta_1}{\alpha_1}X(a)$$

$$X'(b)=-\frac{\beta_2}{\alpha_2}X(b)$$

代入式(7.3.17),很容易证明式(7.3.17)右边等于零. 当 $\lambda_n\neq\lambda_m$ 时,

$$\int_a^b \rho(x)X_mX_n\mathrm{d}x=0$$

对于其他的边条件,读者可以自己证明这一结论.

例 7.5 求解下列本征值问题:

$$\begin{cases}X''(x)+\lambda X(x)=0,0<x<l\\ X'(0)=0\\ X'(l)+hX(l)=0\end{cases} \tag{7.3.20}$$

解 在 S-L 问题(7.3.20)中,$k(x)=\rho(x)=1,q(x)=0$. 因为 $x=l$ 端加了第三类边条件,本征值 $\lambda=\mu^2>0$. 式(7.3.20)的一般解为

$$X(x)=A\cos\mu x+B\sin\mu x \tag{7.3.21}$$

则

$$X'(x)=-\mu A\sin\mu x+\mu B\cos\mu x \tag{7.3.22}$$

由 $X'(0)=0$,得

$$B=0$$

由 $X'(l)+hX(l)=0$,得

$$-\mu\sin\mu l+h\cos\mu l=0$$

本征值

$$\lambda_n=\mu_n{}^2(n=1,2,3,\cdots)$$

μ_n 为下列超越方程的正根:

$$\tan\mu_n l=\frac{h}{\mu_n} \tag{7.3.23}$$

本征函数为

$$X_n(x)=\cos\mu_n x \tag{7.3.24}$$

由 S-L 定理知道,对应不同本征值的本征函数,在$[0,l]$上互相正交:

$$\int_0^l X_n(x)X_m(x)\mathrm{d}x=0\quad(n\neq m) \tag{7.3.25}$$

在本例中,上述结果可以直接验证:

$$\begin{aligned}\int_0^l X_n(x)X_m(x)\mathrm{d}x&=\int_0^l\cos\mu_n x\cos\mu_m x\mathrm{d}x\\&=\frac{1}{2}\int_0^2[\cos(\mu_n-\mu_m)x+\cos(\mu_n+\mu_m)x]\mathrm{d}x\end{aligned}$$

$$= \frac{1}{2}\left[\frac{\sin(\mu_n - \mu_m)l}{\mu_n - \mu_m} + \frac{\sin(\mu_n + \mu_m)l}{\mu_n + \mu_m}\right]$$

$$= \frac{1}{2}\left(\frac{\sin\mu_n l\cos\mu_m l - \cos\mu_n l\sin\mu_m l}{\mu_n - \mu_m} + \frac{\sin\mu_n l\cos\mu_m l + \cos\mu_n l\sin\mu_m l}{\mu_n + \mu_m}\right)$$

$$= \frac{1}{\mu_n^{\ 2} - \mu_m^2}(\mu_n\sin\mu_n l\cos\mu_m l - \mu_m\cos\mu_n l\sin\mu_m l)$$

由式(7.3.23)，可得

$$\mu_n\sin\mu_n l = h\cos\mu_n l$$

$$\mu_m\sin\mu_m l = h\cos\mu_m l$$

因此，当 $n\neq m$ 时，

$$\int_0^l X_n(x)X_m(x)\mathrm{d}x = 0 \tag{7.3.26}$$

本征函数的模方

$$\| X_n \|^2 = \int_0^l \cos^2\mu_n x\,\mathrm{d}x = \frac{1}{2}\int_0^l (1+\cos2\mu_n x)\mathrm{d}x = \frac{1}{2}\left(l + \frac{1}{2\mu_n}\sin2\mu_n l\right)$$

$$= \frac{1}{2}\left(l + \frac{\sin\mu_n l\cos\mu_n l}{\mu_n}\right) = \frac{1}{2}\left[l + \frac{\tan\mu_n l}{\mu_n(1+\tan^2\mu_n l)}\right] = \frac{1}{2}\left(l + \frac{h}{\mu_n^{\ 2}+h^2}\right) \tag{7.3.27}$$

如 $h=0$，式(7.3.20)化为第二类边条件 $X'(l)=0$. 式(7.3.23)化为

$$\mu_n\tan\mu_n l = 0 \tag{7.3.28}$$

$\mu_0=0$ 是它的一个根. 从式

$$\| X_n \|^2 = \frac{1}{2}\left(l + \frac{\sin2\mu_n l}{2\mu_n}\right)$$

可知，

$$\| X_0 \|^2 = \lim_{n\to0}\| X_n \|^2 = \frac{1}{2}(l+l) = l$$

当 $n\geqslant1$ 时 $\mu_n\neq0$，但这时 $\tan\mu_n l=0$，$\sin2\mu_n l=0$，因此

$$\| X_n \|^2 = \frac{1}{2}l$$

例 7.6　求解下列本征值问题：

$$\begin{cases} X''+\lambda X=0 \\ X'(0)-hX(0)=0 \\ X'(l)+hX(l)=0 \end{cases} \tag{7.3.29}$$

式中，$0<x<l$.

解　这是 $k(x)=1$，$q(x)=0$，$\rho(x)=1$ 的 S-L 问题. 式(7.3.29) 中加了第三类边条件，本征值 $\lambda_n>0$. 我们可设 $\lambda=\mu^2>0$. 泛定方程的通解为

$$X(x) = A\cos\mu x + B\sin\mu x$$

$$X'(x)=-\mu A\sin\mu x+\mu B\cos\mu x$$

由边条件，得

$$\begin{cases}hA-\mu B=0\\(h\cos\mu l-\mu\sin\mu l)A+(\mu\cos\mu l+h\sin\mu l)B=0\end{cases}$$

上述线性齐次方程具有非零解的充要条件为

$$\begin{vmatrix}h & -\mu\\ h\cos\mu l-\mu\sin\mu l & \mu\cos\mu l+h\sin\mu l\end{vmatrix}=0$$

设上述方程的正根为 μ_n，本征值 $\lambda_n=\mu_n{}^2$，化简后可得本征值 λ_n 满足的方程

$$\tan\sqrt{\lambda_n}l=\frac{2\sqrt{\lambda_n}h}{\lambda_n-h^2}\tag{7.3.30}$$

本征函数为

$$X_n(x)=\sqrt{\lambda_n}\cos\sqrt{\lambda_n}x+h\sin\sqrt{\lambda_n}x\quad(n=1,2,3,\cdots)$$

对应于不同本征值的本征函数在$[0,l]$上互相正交

$$\int_0^l X_n(x)X_m(x)\mathrm{d}x=0\qquad(n\neq m)$$

本征函数的模方：

$$\begin{aligned}\|X_n\|^2&=\int_0^l(\mu_n\cos\mu_n x+h\sin\mu_n x)^2\mathrm{d}x\\&=\frac{\mu_n{}^2}{2}\int_0^l(1+\cos2\mu_n x)\mathrm{d}x+2h\mu_n\int_0^l\sin\mu_n x\cos\mu_n x\,\mathrm{d}x+\\&\quad\frac{h^2}{2}\int_0^l(1-\cos2\mu_n x)\mathrm{d}x\\&=\frac{l}{2}(\mu_n{}^2+h^2)+\frac{\mu_n{}^2-h^2}{2\mu_n}\sin\mu_n l\cos\mu_n l+h(\sin\mu_n l)^2\end{aligned}$$

由式(7.3.30)，得

$$\sin\mu_n l=\frac{2\mu_n h}{\mu_n{}^2-h^2}\cos\mu_n l$$

由此可得

$$\|X_n\|^2=\frac{l}{2}(\mu_n{}^2+h^2)+h\left[1+\frac{4\mu_n{}^2h^2}{(\mu_n{}^2-h^2)^2}\right](\cos\mu_n l)^2$$

因为

$$(\cos\mu_n l)^2=\frac{1}{1+(\tan\mu_n l)^2}=\frac{1}{1+\frac{4\mu_n{}^2h^2}{(\mu_n{}^2-h^2)^2}}$$

所以

$$\|X_n\|^2=\frac{l}{2}(\mu_n{}^2+h^2)+h\tag{7.3.31}$$

* §7.4 δ函数

设在 x 轴上分布有电荷,线密度为

$$\rho_\varepsilon(x)=\begin{cases}\dfrac{1}{2\varepsilon}, & |x|<\varepsilon\\ 0, & |x|\geqslant\varepsilon\end{cases}$$

数轴上的总电量为

$$Q=\int_{-\infty}^{+\infty}\rho_\varepsilon(x)\,\mathrm{d}x=\int_{-\varepsilon}^{\varepsilon}\frac{1}{2\varepsilon}\mathrm{d}x=1$$

当 $\varepsilon\to0$ 时,显然电荷线密度 $\rho_\varepsilon(x)$ 趋于下列函数:

$$\rho(x)=\begin{cases}+\infty, & x=0\\ 0, & x\neq0\end{cases}$$

但

$$\int_{-\infty}^{+\infty}\rho(x)\,\mathrm{d}x=1$$

我们把这个函数叫作 $\delta(x)$ 函数,它代表放置在 $x=0$ 处的单位电荷产生的电荷线密度. $\delta(x)$具有如下性质:

$$\delta(x)=\begin{cases}+\infty, & x=0\\ 0, & x\neq0\end{cases}\tag{7.4.1}$$

$$\int_{-\infty}^{+\infty}\delta(x)\,\mathrm{d}x=1\tag{7.4.2}$$

类似地,可以定义 $\delta(x-x_0)$ 以及高维 δ 函数. 例如:

$$\delta(x-x_0)=\begin{cases}+\infty, & x=x_0\\ 0, & x\neq x_0\end{cases}\tag{7.4.3}$$

$$\int_{-\infty}^{+\infty}\delta(x-x_0)\,\mathrm{d}x=1\tag{7.4.4}$$

式(7.4.4)中的积分区间可换成包含 x_0 点的任一区间.

经典的函数要求在定义域内任取一点,在值域内能找到一个值和它对应. 现在对 $\delta(x)$, $x=0$ 时就找不到一个实数值和它对应. 但它的积分有意义:代表点电荷的总电量. 我们称这样的函数为广义函数. 它可以看成一系列正常函数的极限. 例如, $\delta(x)$可看成 $\varepsilon\to0$时 $\rho_\varepsilon(x)$的极限.

上面引进 δ 函数的方法很直观,但数学上不严谨. 用这样直观的方法引进的广义函数,很难对它进行运算. 下面我们从线性泛函或 1 形式的观点来讨论广义函数.

一、矢量空间

矢量空间 $\mathbf{V}$ 为一些元素的集合 $\mathbf{V}:\{\boldsymbol{x}\}$,在其中定义了元素间的加法和数域 K 中的数

和 $\mathbf{V}$ 中元素的乘法：

$$\forall \boldsymbol{x},\boldsymbol{y}\in\mathbf{V},\ \exists\, \boldsymbol{x}+\boldsymbol{y}\in\mathbf{V}$$

$$\forall \boldsymbol{x}\in\mathbf{V},\alpha\in K,\ \exists\, \alpha\boldsymbol{x}\in\mathbf{V}$$

上述两运算满足如下规律：

(1) 交换律：$\boldsymbol{x}+\boldsymbol{y}=\boldsymbol{y}+\boldsymbol{x},\boldsymbol{x},\boldsymbol{y}\in\mathbf{V}$.

(2) 结合律：$(\boldsymbol{x}+\boldsymbol{y})+\boldsymbol{z}=\boldsymbol{x}+(\boldsymbol{y}+\boldsymbol{z}),\boldsymbol{x},\boldsymbol{y},\boldsymbol{z}\in\mathbf{V}$.

(3) $\mathbf{V}$ 中存在零元素 $\mathbf{0}\in\mathbf{V}$，$\forall \boldsymbol{x}\in\mathbf{V}$，都有 $\boldsymbol{x}+\mathbf{0}=\boldsymbol{x}$.

(4) $\forall \boldsymbol{x}\in\mathbf{V},\exists(-\boldsymbol{x})\in\mathbf{V},\boldsymbol{x}+(-\boldsymbol{x})=\mathbf{0}$.

(5) $\alpha(\beta\boldsymbol{x})=(\alpha\beta)\boldsymbol{x},\alpha,\beta\in K,\boldsymbol{x}\in\mathbf{V}$.

(6) $1\cdot\boldsymbol{x}=\boldsymbol{x},\boldsymbol{x}\in\mathbf{V}$.

(7) $(\alpha+\beta)\boldsymbol{x}=\alpha\boldsymbol{x}+\beta\boldsymbol{x},\alpha,\beta\in K,\boldsymbol{x}\in\mathbf{V}$.

(8) $\alpha(\boldsymbol{x}+\boldsymbol{y})=\alpha\boldsymbol{x}+\alpha\boldsymbol{y},\alpha\in K,\boldsymbol{x},\boldsymbol{y}\in\mathbf{V}$.

此时我们称 $\mathbf{V}$ 为数域 K 上的矢量空间. $\mathbf{V}$ 中的元素称为矢量. (3)与(4)中的 $\mathbf{0}$ 为零矢量，通常数域 K 取实数域 $\mathbf{R}$ 或复数域 $\mathbf{C}$. 在下面我们取 K 为 $\mathbf{R}$.

如果 $\mathbf{V}$ 中 n 个矢量 $\{\boldsymbol{e}_1,\boldsymbol{e}_2,\cdots,\boldsymbol{e}_n\}$ 线性无关，任何 $n+1$ 个矢量线性相关，则称 $\mathbf{V}$ 为 n 维矢量空间，记为 $\mathbf{V}_n$. $\mathbf{V}_n$ 中任一 $\boldsymbol{x}\in\mathbf{V}_n$ 都可用上述 n 个矢量 $\{\boldsymbol{e}_j:j=1,2,\cdots,n\}$ 的线性组合表示：

$$\begin{aligned}\boldsymbol{x} &= x^1\boldsymbol{e}_1+x^2\boldsymbol{e}_2+\cdots+x^n\boldsymbol{e}_n \\ &= \sum_{j=1}^{n} x^j\boldsymbol{e}_j\ (x^j\in\mathbf{R},j=1,2,\cdots,n)\end{aligned} \tag{7.4.5}$$

称 $(x^1,x^2,\cdots,x^n)$ 为矢量 $\boldsymbol{x}$ 在基 $\{\boldsymbol{e}_1,\boldsymbol{e}_2,\cdots,\boldsymbol{e}_n\}$ 中的分量或坐标.

在一般的矢量空间中，只能对矢量进行相加和用数去乘的运算. 矢量空间中的元素可以是有大小与方向的量，也可以是矩阵、算子和函数.

下面讨论内积的概念. 引进了内积的矢量空间，称为内积空间. 在内积空间中，可以讨论矢量的长度、矢量间的夹角等与度量有关的问题.

对 $\mathbf{V}_n$ 中的任何两矢量 $\boldsymbol{x},\boldsymbol{y}\in\mathbf{V}_n$，有实数 $\langle\boldsymbol{y},\boldsymbol{x}\rangle\in\mathbf{R}$ 和它们相对应，这种对应满足下列规律：

(1) $\langle\boldsymbol{y},\boldsymbol{x}\rangle=\langle\boldsymbol{x},\boldsymbol{y}\rangle$.

(2) $\langle\alpha\boldsymbol{y},\boldsymbol{x}\rangle=\alpha\langle\boldsymbol{y},\boldsymbol{x}\rangle,\alpha\in\mathbf{R}$.

(3) $\langle\boldsymbol{y}+\boldsymbol{z},\boldsymbol{x}\rangle=\langle\boldsymbol{y},\boldsymbol{x}\rangle+\langle\boldsymbol{z},\boldsymbol{x}\rangle$.

(4) $\langle\boldsymbol{x},\boldsymbol{x}\rangle\geqslant 0$，当且仅当 $\boldsymbol{x}=\mathbf{0}$ 时，$\langle\boldsymbol{x},\boldsymbol{x}\rangle=0$.

此时称 $\langle\boldsymbol{x},\boldsymbol{y}\rangle$ 为矢量 $\boldsymbol{x},\boldsymbol{y}$ 间的内积，$\mathbf{V}_n$ 为内积空间.

如果 $\langle\boldsymbol{x},\boldsymbol{y}\rangle=0$，称矢量 $\boldsymbol{x}$ 与 $\boldsymbol{y}$ 互相正交. 矢量 $\boldsymbol{x}$ 的长度定义为：

$$\|\boldsymbol{x}\|=\sqrt{\langle\boldsymbol{x},\boldsymbol{x}\rangle} \tag{7.4.6}$$

如果基 $\{\boldsymbol{e}_1,\boldsymbol{e}_2,\cdots,\boldsymbol{e}_n\}$ 满足

$$\langle \boldsymbol{e}_i, \boldsymbol{e}_j \rangle = \delta_{i,j} \tag{7.4.7}$$

称上述基正交归一(不同的基互相正交,每个基的长度为 1). 如果矢量空间中的每个矢量都能表示成这套基的线性组合,则称这套基完备. n 维矢量空间中任何 n 个线性无关的矢量,都可组成一套完备基. 满足条件(7.4.7)的基 $\{\boldsymbol{e}_1, \boldsymbol{e}_2, \cdots, \boldsymbol{e}_n\}$ 称为归一化的正交完备基. 采用归一化的正交完备基后,矢量用这组基展开时(7.4.5)中的分量 $x^i = \langle \boldsymbol{e}_i, \boldsymbol{x} \rangle$.

矢量

$$\boldsymbol{x} = x^1 \boldsymbol{e}_1 + x^2 \boldsymbol{e}_2 + \cdots + x^n \boldsymbol{e}_n$$

$$\boldsymbol{y} = y^1 \boldsymbol{e}_1 + y^2 \boldsymbol{e}_2 + \cdots + y^n \boldsymbol{e}_n$$

的内积

$$\langle \boldsymbol{y}, \boldsymbol{x} \rangle = x^1 y^1 + x^2 y^2 + \cdots + x^n y^n = \sum_{j=1}^{n} x^j y^j \tag{7.4.8}$$

当矢量空间 $\mathbf{V}$ 为实数域上的函数空间时,函数之间的内积常定义为

$$\langle \boldsymbol{f}, \boldsymbol{g} \rangle = \int_{-\infty}^{+\infty} \boldsymbol{f}(\boldsymbol{x}) \boldsymbol{g}(\boldsymbol{x}) \mathrm{d}\boldsymbol{x} \tag{7.4.9}$$

这里,基 $\{\boldsymbol{e}_i\}$ 用下标标志,矢量 $\boldsymbol{x}$ 的分量 $\{x^i\}$ 用上标标志. 用 $\boldsymbol{X} = \begin{pmatrix} x^1 \\ x^2 \\ \vdots \\ x^n \end{pmatrix}$ 表示列矢量. 矢量 $\boldsymbol{x}$ 可表示成

$$\boldsymbol{x} = (\boldsymbol{e}_1, \boldsymbol{e}_2, \cdots, \boldsymbol{e}_n) \boldsymbol{X}$$

另取一组基 $\{\eta_i\}$,在这组基中 $\boldsymbol{x}$ 的分量为 $\boldsymbol{Y} = \begin{pmatrix} y^1 \\ y^2 \\ \vdots \\ y^n \end{pmatrix}$,则

$$\boldsymbol{x} = (\boldsymbol{\eta}_1, \boldsymbol{\eta}_2, \cdots, \boldsymbol{\eta}_n) \boldsymbol{Y}$$

如果两组基之间的变换矩阵为 $\boldsymbol{T}$,

$$(\boldsymbol{\eta}_1, \boldsymbol{\eta}_2, \cdots, \boldsymbol{\eta}_n) = (\boldsymbol{e}_1, \boldsymbol{e}_2, \cdots, \boldsymbol{e}_n) \boldsymbol{T} \tag{7.4.10}$$

即

$$\boldsymbol{\eta}_j = \sum_{i=1}^{n} T_{i,j} \boldsymbol{e}_i \tag{7.4.11}$$

矢量分量间的变换规律为

$$\boldsymbol{X} = \boldsymbol{T}\boldsymbol{Y} \tag{7.4.12}$$

或

$$\boldsymbol{Y} = \boldsymbol{T}^{-1} \cdot \boldsymbol{X} \tag{7.4.13}$$

即

$$x^i = \sum_{j=1}^{n} T_{i,j} y^j \tag{7.4.14}$$

或

$$y^i = \sum_{j=1}^{n} (\boldsymbol{T}^{-1})_{i,j} x^j \tag{7.4.15}$$

矢量分量的变换规律和基变换规律(7.4.11)不同，所以我们用上下指标加以区别. 如果基变换时一组量的变换规律和基相同，我们说这组量和基协变，此时指标可和基一样用下标. 矢量分量或坐标的变换规律和基不同，我们说它们和基逆变，分量指标用上指标. 如果$\{\boldsymbol{e}_i\}$，$\{\boldsymbol{\eta}_i\}$都为正交归一基，则 $\boldsymbol{T}$ 为正交矩阵：

$$\boldsymbol{T}^{-1} = \tilde{\boldsymbol{T}}$$

$$y^j = \sum_{i=1}^{n} (\tilde{\boldsymbol{T}})_{j,i} x^i = \sum_{i=1}^{n} T_{i,j} x^i \tag{7.4.16}$$

矢量分量的变换规律(7.4.16)和基变换规律(7.4.11)相同. 在这种情况下，上下指标可不加区别. 以后主要讨论正交变换，上下指标不再严加区别.

二、线性泛函

从 $\boldsymbol{V}_n$ 到数域 $\boldsymbol{R}$ 上的映射 $\boldsymbol{\omega}$ 叫作定义在矢量空间 $\boldsymbol{V}_n$ 上的泛函. 若泛函 $\boldsymbol{\omega}$ 满足

$$\boldsymbol{\omega}(\alpha\boldsymbol{x}+\beta\boldsymbol{y})=\alpha\boldsymbol{\omega}(\boldsymbol{x})+\beta\boldsymbol{\omega}(\boldsymbol{y}),\alpha,\beta\in\mathbf{R},\boldsymbol{x},\boldsymbol{y}\in\boldsymbol{V}_n$$

则称 $\boldsymbol{\omega}$ 为线性泛函.

用 $\boldsymbol{V}_n^*$ 代表定义在 $\boldsymbol{V}_n$ 上的所有线性泛函的全体：

$$\boldsymbol{V}_n^* = \{\boldsymbol{\omega}\}$$

我们在 $\boldsymbol{V}_n^*$ 上定义加法与数乘泛函的运算：

$$(\boldsymbol{\omega}+\boldsymbol{\mu})(\boldsymbol{x})=\boldsymbol{\omega}(\boldsymbol{x})+\boldsymbol{\mu}(\boldsymbol{x})$$

$$(\alpha\boldsymbol{\omega})(\boldsymbol{x})=\alpha\boldsymbol{\omega}(\boldsymbol{x})$$

这里 $\alpha\in\mathbf{R},\boldsymbol{\omega},\boldsymbol{\mu}\in\boldsymbol{V}_n^*,\boldsymbol{x}\in\boldsymbol{V}_n$. 因此 $\boldsymbol{V}_n^*$ 也为一实数域上的矢量空间，称为 $\boldsymbol{V}_n$ 的共轭空间.

对于线性算子，给出对矢量空间中基矢量的作用，就确定了它对任一矢量的作用. 对于线性泛函，我们也只要确定它对基矢量的作用. 容易证明下面 n 个线性泛函$\{\boldsymbol{f}^1,\boldsymbol{f}^2,\cdots,\boldsymbol{f}^n\}$线性无关：

$$\boldsymbol{f}^1(\boldsymbol{e}_1)=1,\boldsymbol{f}^1(\boldsymbol{e}_j)=0\ (j\neq 1)$$

$$\boldsymbol{f}^2(\boldsymbol{e}_2)=1,\boldsymbol{f}^2(\boldsymbol{e}_j)=0\ (j\neq 2)$$

$$\cdots$$

$$\boldsymbol{f}^n(\boldsymbol{e}_n)=1,\boldsymbol{f}^n(\boldsymbol{e}_j)=0\ (j\neq n)$$

对于任一线性泛函 ω，

$$\boldsymbol{\omega}(\boldsymbol{x})=x^1\boldsymbol{\omega}(\boldsymbol{e}_1)+x^2\boldsymbol{\omega}(\boldsymbol{e}_2)+\cdots+x^n\boldsymbol{\omega}(\boldsymbol{e}_n)$$

令

$$\omega_j=\boldsymbol{\omega}(\boldsymbol{e}_j)$$

则

$$\boldsymbol{\omega}(\boldsymbol{x}) = x^1\omega_1 + x^2\omega_2 + \cdots + x^n\omega_n = \sum_{j=1}^{n} x^j\omega_j \tag{7.4.17}$$

式(7.4.17)等价于 $\omega_1\boldsymbol{f}^1+\omega_2\boldsymbol{f}^2+\cdots+\omega_n\boldsymbol{f}^n$ 作用于 $\boldsymbol{x}$. 因此

$$\boldsymbol{\omega} = \omega_1\boldsymbol{f}^1 + \omega_2\boldsymbol{f}^2 + \cdots + \omega_n\boldsymbol{f}^n = \sum_{j=1}^{n} \omega_j\boldsymbol{f}^j \tag{7.4.18}$$

$\{\boldsymbol{f}^1,\boldsymbol{f}^2,\cdots,\boldsymbol{f}^n\}$ 为 $\boldsymbol{V}_n^*$ 上的一组基，称为与 $\boldsymbol{V}_n$ 中的基 $\{\boldsymbol{e}_1,\boldsymbol{e}_2,\cdots,\boldsymbol{e}_n\}$ 共轭的基. 两套基之间的关系为

$$\boldsymbol{f}^i(\boldsymbol{e}_j) = \delta_j^i \tag{7.4.19}$$

$\boldsymbol{V}_n^*$ 中与 $\boldsymbol{V}_n$ 中的基 $\{\boldsymbol{e}_1,\boldsymbol{e}_2,\cdots,\boldsymbol{e}_n\}$ 共轭的基常表示为 $\{\boldsymbol{e}^1,\boldsymbol{e}^2,\cdots,\boldsymbol{e}^n\}$. 式(7.4.19)可写为

$$\boldsymbol{e}^i(\boldsymbol{e}_j) = \delta_j^i \tag{7.4.20}$$

如果 $\boldsymbol{y}\in\boldsymbol{V}_n$ 取定，内积 $\langle\boldsymbol{y},\boldsymbol{x}\rangle$ 是一个定义在 $\boldsymbol{V}_n$ 上的线性泛函. 因为该泛函完全由矢量 $\boldsymbol{y}\in\boldsymbol{V}_n$ 确定，我们仍可用 $\boldsymbol{y}$ 来代表这个泛函，泛函 $\boldsymbol{y}$ 在矢量 $\boldsymbol{x}\in\boldsymbol{V}_n$ 的值

$$\boldsymbol{y}(\boldsymbol{x}) = \langle\boldsymbol{y},\boldsymbol{x}\rangle \tag{7.4.21}$$

基 $\{\boldsymbol{e}_1,\boldsymbol{e}_2,\cdots,\boldsymbol{e}_n\}$ 取成正交归一时，有

$$\langle\boldsymbol{e}_i,\boldsymbol{e}_j\rangle = \delta_{i,j}$$

上式确定的 $\boldsymbol{V}_n^*$ 中的线性泛函 $\boldsymbol{e}_i$ 就是式(7.4.20)中的线性泛函 $\boldsymbol{f}^i=\boldsymbol{e}^i$（在正交归一基中，上下指标可不加区分）. $\langle\boldsymbol{e}_i,\boldsymbol{e}_j\rangle$ 中的 $\boldsymbol{e}_i$ 既可看成 $\boldsymbol{V}_n$ 中的矢量，也可以看成 $\boldsymbol{V}_n^*$ 中的矢量. 在后者的情况下，$\langle\boldsymbol{e}_i,\boldsymbol{e}_j\rangle$ 要理解为泛函 $\boldsymbol{e}_i$ 作用在矢量 $\boldsymbol{e}_j$ 上的值.

$$\langle\boldsymbol{e}_i,\boldsymbol{e}_j\rangle = \boldsymbol{e}_i(\boldsymbol{e}_j)$$

设 $\boldsymbol{\omega}\in\boldsymbol{V}_n^*$ 为 $\boldsymbol{V}_n^*$ 中的任一线性泛函. 由式(7.4.18)知

$$\boldsymbol{\omega}(\boldsymbol{x}) = \sum_{j=1}^{n}\omega_j\boldsymbol{f}^j(\boldsymbol{x}) = \langle\sum_{j=1}^{n}\omega_j\boldsymbol{e}_j\boldsymbol{x}\rangle,\ \boldsymbol{x}\in\boldsymbol{V}_n \tag{7.4.22}$$

即任一线性泛函可表示成 $\boldsymbol{V}_n$ 中的内积. 数学上已经证明，希尔伯特(Hilbert)空间中任一有界线性泛函均可表示成内积.

希尔伯特空间为无穷维的函数空间. 设 $\theta(x)$，$\varphi(x)$ 为 (a,b) 上的两个函数，它们的内积定义为

$$\langle\theta|\varphi\rangle = \int_a^b \theta(x)\varphi(x)\,\mathrm{d}x \tag{7.4.23}$$

当 $\theta(x)$，$\varphi(x)$ 为两个正常函数时，上式当然定义了一个线性泛函. 但并不是每一个线性泛函都可以表示成两个正常函数的内积，它们可以表示成正常函数内积的极限. 我们仍将线性泛函写成式(7.4.23)的形式. 此时内积与积分中的 $\theta(x)$ 称为广义函数. 它不是 $\boldsymbol{V}$ 中正常的函数，可以认为它仅是线性泛函 $\theta(\varphi)$ 的标志. 有实际应用价值的不是孤立的一个广义函数，而是包含线性泛函的积分.

物理学家往往把内积 $\langle\boldsymbol{e}_i,\boldsymbol{e}_j\rangle$ 中的 $|\boldsymbol{e}_j\rangle$ 看作 $\boldsymbol{V}_n$ 中的矢量，称为 ket 矢量. 把 $\langle\boldsymbol{e}_i|$ 看作 $\boldsymbol{V}_n^*$ 中的矢量，称为 bra 矢量. 两者结合起来成为内积 $\langle\boldsymbol{e}_i,\boldsymbol{e}_j\rangle$. ket-bra 矢量间的内积也常表示为 $\langle\boldsymbol{e}_i|\boldsymbol{e}_j\rangle$.

引用 ket,bra 记号,矢量 $\boldsymbol{x}$ 的展开式可写成

$$|\boldsymbol{x}\rangle = \sum_{l=1}^{n} x^l \ |\boldsymbol{e}_l\rangle \tag{7.4.24}$$

分量

$$\begin{aligned} x^l &= \langle e_l \,|\, \boldsymbol{x}\rangle = \langle e_l \mid \sum_{k=1}^{n} x^k e_k\rangle \\ &= \sum_{k=1}^{n} x^k \langle e_l \,|\, e_k\rangle = \sum_{k=1}^{n} x^k \delta_{l,k} \end{aligned} \tag{7.4.25}$$

$$|\boldsymbol{x}\rangle = \sum_{l=1}^{n} \mid \boldsymbol{e}_l\rangle x^l = \sum_{l=1}^{n} \mid \boldsymbol{e}_l\rangle\langle \boldsymbol{e}_l \mid \boldsymbol{x}\rangle$$

因此

$$\sum_{l=1}^{n} \mid \boldsymbol{e}_l\rangle\langle \boldsymbol{e}_l| = 1 \tag{7.4.26}$$

它可看成 $\boldsymbol{V}_n$ 中基 $\{\boldsymbol{e}_1, \boldsymbol{e}_2, \cdots, \boldsymbol{e}_n\}$ 完备性的表示. 对 $\boldsymbol{V}_n$ 中的任一矢量 $|\boldsymbol{y}\rangle$,它的展开式可表示成

$$|\boldsymbol{y}\rangle = 1 \ |\boldsymbol{y}\rangle = \sum_{l=1}^{n} |\boldsymbol{e}_l\rangle\langle \boldsymbol{e}_l|\,|\boldsymbol{y}\rangle = \sum_{l=1}^{n} y^l \ |\boldsymbol{e}_l\rangle$$

基的正交性则表示为

$$\langle \boldsymbol{e}_l, \boldsymbol{e}_m\rangle = \delta_{l,m} \tag{7.4.27}$$

* ket,bra 记号 $|\rangle$,$\langle|$ 已经表明它们是矢量空间或共轭空间中的矢量,以后在其中标志矢量的符号可以不再用黑体标出.

三、δ 函数

设 $\boldsymbol{T}$:$\{\varphi(x)\}$ 为这样的函数空间,$\varphi(x)$ 无限次可微,在有限区间外恒等于零,$\boldsymbol{T}$ 称为检验函数空间. 其中的函数 $\varphi(x)$ 称为检验函数. 显然 $\boldsymbol{T}$ 是 $\boldsymbol{R}$ 上或 $\boldsymbol{C}$ 上的线性空间. $\delta(x)$ 是 $\boldsymbol{T}$ 上的一个线性泛函,它对 $\varphi(x)\in\boldsymbol{T}$ 的作用是取出 $\varphi(x)$ 在 $x=0$ 点处的值:

$$\langle \delta(x), \varphi(x)\rangle = \int_{-\infty}^{+\infty} \delta(x)\varphi(x)\mathrm{d}x = \varphi(0) \tag{7.4.28}$$

$\delta(x-x_0)$ 是这样的线性泛函,它对 $\varphi(x)$ 的作用是取出 $\varphi(x)$ 在 $x=x_0$ 点处的值:

$$\langle \delta(x-x_0), \varphi(x)\rangle = \int_{-\infty}^{+\infty} \delta(x-x_0)\varphi(x)\mathrm{d}x = \varphi(x_0) \tag{7.4.29}$$

证明广义函数间的一个等式,只要在该式两端乘以 $\boldsymbol{T}$ 中任意一个函数,对等式两边从 $-\infty$ 到 $+\infty$ 积分,看该等式是否成立. 下面我们用这个方法,导出 δ 函数的性质:

(1) δ 函数为偶函数:

$$\delta(-x) = \delta(x) \tag{7.4.30}$$

(2)
$$f(x)\delta(x) = f(0)\delta(x) \tag{7.4.31}$$

(3)
$$\delta(ax) = \frac{\delta(x)}{|a|} \quad (a\neq 0) \tag{7.4.32}$$

(4) 设 $f(x)$，$f'(x)$ 在 $(-\infty,+\infty)$ 上连续，$f(x)=0$ 有单根 $x_1,x_2,\cdots,x_k$，则

$$\delta[f(x)]=\sum_{j=1}^{k}\frac{\delta(x-x_j)}{|f'(x_j)|} \tag{7.4.33}$$

证　(1)

$$\int_{-\infty}^{+\infty}\delta(-x)\varphi(x)\mathrm{d}x=\int_{-\infty}^{+\infty}\delta(x)\varphi(-x)\mathrm{d}x=\varphi(0)$$

故 $\delta(-x)=\delta(x)$.

(2)

$$\int_{-\infty}^{+\infty}f(x)\delta(x)\varphi(x)\mathrm{d}x=f(0)\varphi(0)$$

$$\int_{-\infty}^{+\infty}f(0)\delta(x)\varphi(x)\mathrm{d}x=f(0)\varphi(0)$$

故 $f(x)\delta(x)=f(0)\delta(x)$.

(3) 当 $a>0$ 时，令 $y=ax$，有

$$\int_{-\infty}^{+\infty}\delta(ax)\varphi(x)\mathrm{d}x=\int_{-\infty}^{+\infty}\delta(y)\varphi\left(\frac{y}{a}\right)\frac{1}{a}\mathrm{d}y=\frac{1}{a}\varphi(0)$$

当 $a<0$ 时，令 $y=ax$，有

$$\int_{-\infty}^{+\infty}\delta(ax)\varphi(x)\mathrm{d}x=\int_{+\infty}^{-\infty}\delta(y)\varphi\left(\frac{y}{a}\right)\frac{1}{a}\mathrm{d}y=-\frac{1}{a}\varphi(0)$$

故

$$\int_{-\infty}^{+\infty}\delta(ax)\varphi(x)\mathrm{d}x=\frac{1}{|a|}\varphi(0),\delta(ax)=\frac{1}{|a|}\delta(x)$$

(4) 以 $f(x)$ 的零点 $x_j(j=1,2,\cdots,k)$ 为中心，作邻域 $(x_j-\varepsilon_j,x_j+\varepsilon_j)$. 这些邻域足够小，彼此不相交；$f'(x)$ 在每个小邻域内不变号. 这 k 个邻域的 $2k$ 个端点把 x 轴分成 $2k+1$ 个区间. 除上述 k 个邻域外，在其他区间内都没有 $f(x)$ 的零点. 在这些区间内积分 $\int\delta[f(x)]\varphi(x)\mathrm{d}x=0$. 所以

$$\int_{-\infty}^{+\infty}\delta[f(x)]\varphi(x)\mathrm{d}x=\sum_{j=1}^{k}\int_{x_j-\varepsilon_j}^{x_j+\varepsilon_j}\delta[f(x)]\varphi(x)\mathrm{d}x$$

在 $(x_j-\varepsilon_j,x_j+\varepsilon_j)$ 内，$f'(x)$ 不变号，$f(x)$ 单调. $y=f(x)$ 存在反函数 $x=g(y)$. 作积分 $\int_{x_j-\varepsilon_j}^{x_j+\varepsilon_j}\delta[f(x)]\varphi(x)\mathrm{d}x$ 时可作变量替换. 令

$$y=f(x),y_1=f(x_j-\varepsilon_j),y_2=f(x_j+\varepsilon_j)$$

在 $(x_j-\varepsilon_j,x_j+\varepsilon_j)$ 内，当 $x=x_j$ 时，$y=f(x_j)=0$，所以 $x_j=g(0)$.

如果 $f'(x)>0$，有

$$\int_{x_j-\varepsilon_j}^{x_j+\varepsilon_j}\delta[f(x)]\varphi(x)\mathrm{d}x=\int_{y_1}^{y_2}\delta(y)\varphi[g(y)]\frac{\mathrm{d}y}{[f'(x)]_{x=g(y)}}=\frac{\varphi(x_j)}{f'(x_j)}$$

如果 $f'(x)<0$，作变量替换时 $y_1>y_2$. 在 δ 函数的定义中积分下限<积分上限，因此

$$\int_{x_j-\varepsilon_j}^{x_j+\varepsilon_j}\delta[f(x)]\varphi(x)\mathrm{d}x=-\int_{y_2}^{y_1}\delta(y)\varphi[g(y)]\frac{\mathrm{d}y}{[f'(x)]_{x=g(y)}}=-\frac{\varphi(x_j)}{f'(x_j)}$$

一般地，我们有

$$\int_{x_j-\varepsilon_j}^{x_j+\varepsilon_j}\delta[f(x)]\varphi(x)\mathrm{d}x=\frac{\varphi(x_j)}{|f'(x_j)|}$$

$$\int_{-\infty}^{+\infty}\frac{\delta(x-x_j)}{|f'(x_j)|}\varphi(x)\mathrm{d}x=\frac{\varphi(x_j)}{|f'(x_j)|}$$

对其他邻域作类似计算，有

$$\int_{-\infty}^{+\infty}\delta[f(x)]\varphi(x)\mathrm{d}x=\sum_{j=1}^{k}\int_{x_j-\varepsilon_j}^{x_j+\varepsilon_j}\delta[f(x)]\varphi(x)\mathrm{d}x=\sum_{j=1}^{k}\int_{-\infty}^{+\infty}\frac{\delta(x-x_j)}{|f'(x_j)|}\varphi(x)\mathrm{d}x.$$

所以得(7.4.33).

例 7.7 试证：

$$\delta(ax-b)=\frac{\delta\left(x-\dfrac{b}{a}\right)}{|a|}\tag{7.4.34}$$

证 这里 $f(x)=ax-b$，$f'(x)=a$，$f(x)$的零点只有一个 $x_1=\dfrac{b}{a}$. 代入式(7.4.33)就得上述结果.

例 7.8 试证：

$$\delta(x^2-a^2)=\frac{\delta(x+1)+\delta(x-a)}{2|a|}\tag{7.4.35}$$

证 这里 $f(x)=x^2-a^2$，$f'(x)=2x$，$f(x)=0$ 有两个根 $x_1=-a$，$x_2=a$. 所以

$$\delta(x^2-a^2)=\frac{\delta(x+a)}{2|-a|}+\frac{\delta(x-a)}{2|a|}$$

(5) δ 函数的导数.

若 $f(x)$为可微函数，$\varphi(x)\in K$ 为检验函数，

$$\begin{aligned}\left\langle\frac{\mathrm{d}f(x)}{\mathrm{d}x}\middle|\varphi(x)\right\rangle&=\int_{-\infty}^{+\infty}\frac{\mathrm{d}f(x)}{\mathrm{d}x}\varphi(x)\mathrm{d}x\\&=[f(x)\varphi(x)]_{-\infty}^{+\infty}-\int_{-\infty}^{+\infty}f(x)\frac{\mathrm{d}\varphi(x)}{\mathrm{d}x}\mathrm{d}x\\&=-\left\langle f(x)\middle|\frac{\mathrm{d}\varphi(x)}{\mathrm{d}x}\right\rangle\end{aligned}$$

上式即为广义函数 $f(x)$导数的定义：

$$\left\langle\frac{\mathrm{d}f(x)}{\mathrm{d}x}\middle|\varphi(x)\right\rangle=-\left\langle f(x)\middle|\frac{\mathrm{d}\varphi(x)}{\mathrm{d}x}\right\rangle\tag{7.4.36}$$

$\delta(x)$为广义函数，因此它的导数$\dfrac{\mathrm{d}\delta(x)}{\mathrm{d}x}$被定义为下列广义函数：

$$\begin{aligned}\left\langle\frac{\mathrm{d}\delta(x)}{\mathrm{d}x}\middle|\varphi(x)\right\rangle&=-\left\langle\delta(x)\middle|\frac{\mathrm{d}\varphi(x)}{\mathrm{d}x}\right\rangle\\&=-\int_{-\infty}^{+\infty}\delta(x)\frac{\mathrm{d}\varphi(x)}{\mathrm{d}x}\mathrm{d}x=-\frac{\mathrm{d}\varphi(0)}{\mathrm{d}x}\end{aligned}\tag{7.4.37}$$

类似地，可定义 δ 函数的高阶导数. 例如：

$$\left\langle \frac{\mathrm{d}\delta^2(x)}{\mathrm{d}x^2} \middle| \varphi(x) \right\rangle = -\left\langle \frac{\mathrm{d}\delta(x)}{\mathrm{d}x} \middle| \frac{\mathrm{d}\varphi(x)}{\mathrm{d}x} \right\rangle$$

$$= \left\langle \delta(x) \middle| \frac{\mathrm{d}^2\varphi(x)}{\mathrm{d}x^2} \right\rangle = \frac{\mathrm{d}^2\varphi(0)}{\mathrm{d}x^2} \qquad (7.4.38)$$

四、高维 δ 函数

设 M 和 M_0 为 n 维空间中的两个点，$\boldsymbol{r}$ 和 $\boldsymbol{r}_0$ 为它们的矢径. n 维 δ 函数 $\delta(\boldsymbol{r}-\boldsymbol{r}_0)$ 通过下式定义：

$$\iiint_\Omega \delta(\boldsymbol{r}-\boldsymbol{r}_0)\varphi(\boldsymbol{r})\mathrm{d}\boldsymbol{r} = \varphi(\boldsymbol{r}_0) \qquad (7.4.39)$$

式中，Ω 为 n 维空间中包含 $M_0(\boldsymbol{r}_0)$ 点的任一区域.

(1) $n=2$，在直角坐标系中，式(7.4.39)成为

$$\iint_D \delta(\boldsymbol{r}-\boldsymbol{r}_0)\varphi(x,y)\mathrm{d}x\mathrm{d}y = \varphi(x_0,y_0)$$

$$\delta(\boldsymbol{r}-\boldsymbol{r}_0) = \delta(x-x_0,y-y_0) = \delta(x-x_0)\delta(y-y_0) \qquad (7.4.40)$$

式中，D 为包含 M_0 点的平面上的某一区域.

在极坐标系中，式(7.4.39)成为

$$\iint_D \delta(\boldsymbol{r}-\boldsymbol{r}_0)\varphi(r,\theta)r\mathrm{d}r\mathrm{d}\theta = \varphi(r_0,\theta_0)$$

$$r\delta(\boldsymbol{r}-\boldsymbol{r}_0) = \delta(r-r_0)\delta(\theta-\theta_0)$$

$$\delta(\boldsymbol{r}-\boldsymbol{r}_0) = \frac{1}{r}\delta(r-r_0)\delta(\theta-\theta_0) \qquad (7.4.41)$$

(2) $n=3$，在直角坐标系中，式(7.4.39)成为

$$\iiint_\Omega \delta(\boldsymbol{r}-\boldsymbol{r}_0)\varphi(x,y,z)\mathrm{d}x\mathrm{d}y\mathrm{d}z = \varphi(x_0,y_0,z_0)$$

$$\delta(\boldsymbol{r}-\boldsymbol{r}_0) = \delta(x-x_0)\delta(y-y_0)\delta(z-z_0) \qquad (7.4.42)$$

在柱坐标系中，式(7.4.39)成为

$$\iiint_\Omega \delta(\boldsymbol{r}-\boldsymbol{r}_0)\varphi(\rho,\theta,z)\rho\mathrm{d}\rho\mathrm{d}\theta\mathrm{d}z = \varphi(\rho_0,\theta_0,z_0)$$

$$\rho\delta(\boldsymbol{r}-\boldsymbol{r}_0) = \delta(\rho-\rho_0)\delta(\theta-\theta_0)\delta(z-z_0)$$

$$\delta(\boldsymbol{r}-\boldsymbol{r}_0) = \frac{1}{\rho}\delta(\rho-\rho_0)\delta(\theta-\theta_0)\delta(z-z_0) \qquad (7.4.43)$$

在球坐标系中，式(7.4.39)成为

$$\iiint_\Omega \delta(\boldsymbol{r}-\boldsymbol{r}_0)\varphi(\boldsymbol{r},\theta,\varphi)r^2\sin\theta\mathrm{d}r\mathrm{d}\theta\mathrm{d}\varphi = \varphi(r_0,\theta_0,\varphi_0)$$

$$r^2\sin\theta\delta(\boldsymbol{r}-\boldsymbol{r}_0) = \delta(r-r_0)\delta(\theta-\theta_0)\delta(\varphi-\varphi_0)$$

$$\delta(\boldsymbol{r}-\boldsymbol{r}_0) = \frac{1}{r^2\sin\theta}\delta(r-r_0)\delta(\theta-\theta_0)\delta(\varphi-\varphi_0) \qquad (7.4.44)$$

§7.5 分离变量法:非齐次方程情形

一、广义傅里叶级数法

例 7.9 求解定解问题.

$$\begin{cases} u_{tt}-a^2u_{xx}=f(x,t) & (0<x<l;0<t<+\infty) \\ u(0,t)=0 & (0\leqslant t<+\infty) \\ u(l,t)=0 & (0\leqslant t<+\infty) \\ u(x,0)=\varphi(x) & (0\leqslant x\leqslant l) \\ u_t(x,0)=\psi(x) & (0\leqslant x\leqslant l) \end{cases} \tag{7.5.1}$$

式中,$f(x,t)$ 为作用在单位质量上的力.

解 令

$$u(x,t)=v(x,t)+w(x,t) \tag{7.5.2}$$

式中,$v(x,t)$ 满足:

$$\begin{cases} v_{tt}-a^2v_{xx}=0 & (0<x<l;0<t<+\infty) \\ v(0,t)=0 & (0\leqslant t<+\infty) \\ v(l,t)=0 & (0\leqslant t<+\infty) \\ v(x,0)=\varphi(x) & (0\leqslant x\leqslant l) \\ v_t(x,0)=\psi(x) & (0\leqslant x\leqslant l) \end{cases} \tag{7.5.3}$$

$w(x,t)$满足:

$$\begin{cases} w_{tt}-a^2w_{xx}=f(x,t) & (0<x<l;0<t<+\infty) \\ w(0,t)=0 & (0\leqslant t<+\infty) \\ w(l,t)=0 & (0\leqslant t<+\infty) \\ w(x,0)=0 & (0\leqslant x\leqslant l) \\ w_t(x,0)=0 & (0\leqslant x\leqslant l) \end{cases} \tag{7.5.4}$$

式(7.5.3)的解已经解决.下面求解(7.5.4).求解步骤如下:

(1) 求解对应的齐次微分方程,分离变量后出现的 S-L 方程为

$$\begin{cases} X''(x)+\lambda X(x)=0 \\ X(0)=0 \\ X(l)=0 \end{cases} \quad (0<x<l) \tag{7.5.5}$$

本征值
$$\lambda_n=\left(\frac{n\pi}{l}\right)^2 \quad (n=1,2,3,\cdots) \tag{7.5.6}$$

本征函数
$$X_n(x)=\sin\frac{n\pi}{l}x \tag{7.5.7}$$

(2) 将 $w(x,t)$, $f(x,t)$ 按本征函数系展开:

$$w(x,t)=\sum_{n=1}^{+\infty}T_n(t)\sin\frac{n\pi}{l}x \tag{7.5.8}$$

$$f(x,t)=\sum_{n=1}^{+\infty}f_n(t)\sin\frac{n\pi}{l}x \tag{7.5.9}$$

其中

$$f_n(t)=\frac{2}{l}\int_0^l f(x,t)\sin\frac{n\pi}{l}x\,\mathrm{d}x \tag{7.5.10}$$

代入方程,得

$$\sum_{n=1}^{+\infty}\left[T_n''(t)+\left(\frac{n\pi a}{l}\right)^2T_n(t)\right]\sin\frac{n\pi}{l}x=\sum_{n=1}^{+\infty}f_n(t)\sin\frac{n\pi}{l}x$$

因此得

$$T_n''(t)+\left(\frac{n\pi a}{l}\right)^2T_n(t)=f_n(t) \tag{7.5.11}$$

为了满足式(7.5.4)中的齐次初条件,可假设

$$T_n(0)=T_n'(0)=0 \tag{7.5.12}$$

当 $f_n(t)$ 比较简单时,式(7.5.11)很容易求解.一般说来,可用参数变易法来解.

如果 $f_n(t)=0$,式(7.5.11) 的一般解为

$$T_n(t)=A\cos\frac{n\pi a}{l}t+B\sin\frac{n\pi a}{l}t \tag{7.5.13}$$

式中,A,B 为任意常数. 现在式(7.5.11)等号右端为 t 的函数,式(7.5.13) 中的 A,B 就不能都是常数.可设 A,B 为 t 的函数:

$$T_n(t)=A(t)\cos\frac{n\pi a}{l}t+B(t)\sin\frac{n\pi a}{l}t \tag{7.5.14}$$

将 $T_n(t)$写成式(7.5.14) 形式时,我们用两个变量 $A(t)$,$B(t)$代替了原来的一个变量 $T_n(t)$. $A(t)$,$B(t)$除受方程(7.5.11)提供的约束条件外,还可以再加一个条件.为此我们作计算

$$T_n'(t)=-\frac{n\pi a}{l}A(t)\sin\frac{n\pi a}{l}t+\frac{n\pi a}{l}B(t)\cos\frac{n\pi a}{l}t+A'(t)\cos\frac{n\pi a}{l}t+B'(t)\sin\frac{n\pi a}{l}t$$

令

$$A'(t)\cos\frac{n\pi a}{l}t+B'(t)\sin\frac{n\pi a}{l}t=0 \tag{7.5.15}$$

此时

$$T_n'(t)=-\frac{n\pi a}{l}A(t)\sin\frac{n\pi a}{l}t+\frac{n\pi a}{l}B(t)\cos\frac{n\pi a}{l}t$$

$$T_n''(t)=-\left(\frac{n\pi a}{l}\right)^2\left[A(t)\cos\frac{n\pi a}{l}t+B(t)\sin\frac{n\pi a}{l}t\right]$$

$$-\frac{n\pi a}{l}A'(t)\sin\frac{n\pi a}{l}t+\frac{n\pi a}{l}B'(t)\cos\frac{n\pi a}{l}t$$

由式(7.5.11),得

$$A'(t)\sin\frac{n\pi a}{l}t - B'(t)\cos\frac{n\pi a}{l}t = -\frac{l}{n\pi a}f_n(t) \tag{7.5.16}$$

由式(7.5.15)与式(7.5.16)可解出

$$A'(t) = -\frac{l}{n\pi a}f_n(t)\sin\frac{n\pi a}{l}t \tag{7.5.17}$$

$$B'(t) = \frac{l}{n\pi a}f_n(t)\cos\frac{n\pi a}{l}t \tag{7.5.18}$$

由式(7.5.12)中的初条件可知，对 $A(t)$，$B(t)$，可加下列初条件：

$$A(0) = B(0) = 0 \tag{7.5.19}$$

由此可求得

$$A(t) = -\frac{l}{n\pi a}\int_0^t f_n(\tau)\ \sin\frac{n\pi a}{l}\tau\,\mathrm{d}\tau \tag{7.5.20}$$

$$B(t) = \frac{l}{n\pi a}\int_0^t f_n(\tau)\ \cos\frac{n\pi a}{l}\tau\,\mathrm{d}\tau \tag{7.5.21}$$

$$T_n(t) = \frac{l}{n\pi a}\int_0^t f_n(\tau)\ \sin\frac{n\pi a}{l}(t-\tau)\,\mathrm{d}\tau \tag{7.5.22}$$

$$w(x,t) = \frac{l}{\pi a}\sum_{n=1}^{+\infty}\frac{1}{n}\left[\int_0^t f_n(\tau)\sin\frac{n\pi a}{l}(t-\tau)\ \mathrm{d}\tau\right]\sin\frac{n\pi}{l}x \tag{7.5.23}$$

例 7.10 求上端固定、下端自由的均匀杆在自重作用下的纵向振动.

解 定解问题为

$$\begin{cases} u_{tt} - a^2 u_{xx} = g \\ u(0,t) = 0 \\ u_x(l,t) = 0 \\ u(x,0) = 0 \\ u_t(x,0) = 0 \end{cases} \quad \begin{Bmatrix} 0<x<l;0<t<+\infty \\ 0\leqslant t<+\infty \\ 0\leqslant t<+\infty \\ 0\leqslant x\leqslant l \\ 0\leqslant x\leqslant l \end{Bmatrix} \tag{7.5.24}$$

对应齐次方程在分离变量过程中出现的 S-L 问题为

$$\begin{cases} X''(x) + \lambda X(x) = 0 \\ X(0) = 0 \\ X'(0) = 0 \end{cases} \qquad (0<x<l) \tag{7.5.25}$$

其本征值 $\lambda = \mu^2 > 0$.

式(7.5.25)方程的通解为

$$X(x) = A\cos\mu x + B\sin\mu x$$

由边条件 $X(0)=0$，得 $A=0$. 由边条件 $X'(0)=0$，得

$$\mu B\cos\mu l = 0$$

因此，本征值

$$\lambda_n = \left[\frac{(2n+1)\pi}{2l}\right]^2 \ (n=0,1,2\cdots) \tag{7.5.26}$$

本征函数

$$X_n(x)=\sin\frac{(2n+1)\pi}{2l}x \tag{7.5.27}$$

式(7.5.27)本征函数的模方为

$$\begin{aligned}\|X_n\|^2&=\int_0^l\left[\sin\frac{(2n+1)\pi}{2l}x\right]^2\mathrm{d}x\\&=\frac{1}{2}\int_0^l\left[1-\cos\frac{(2n+1)\pi}{l}x\right]\mathrm{d}x=\frac{l}{2}\end{aligned} \tag{7.5.28}$$

本例中 $f(x)=g$.

$$f(x)=\sum_{n=0}^{+\infty}f_n\sin\frac{(2n+1)\pi}{2l}x$$

$$f_n=\frac{2g}{l}\int_0^l\sin\frac{(2n+1)\pi}{2l}x\,\mathrm{d}x=\frac{4g}{\pi(2n+1)} \tag{7.5.29}$$

设

$$u(x,t)=\sum_{n=0}^{+\infty}T_n(t)\sin\frac{(2n+1)\pi}{2l}x \tag{7.5.30}$$

$T_n(t)$满足：

$$T_n''(t)+\left[\frac{(2n+1)\pi a}{2l}\right]^2T_n(t)=\frac{4g}{\pi(2n+1)} \tag{7.5.31}$$

上述方程的特解很容易求出.

$$T^*(t)=\frac{16l^2g}{\pi^3a^2(2n+1)^3} \tag{7.5.32}$$

(7.5.31)的一般解为

$$T_n(t)=a_n\cos\frac{(2n+1)\pi a}{2l}t+b_n\sin\frac{(2n+1)\pi a}{2l}t+\frac{16l^2g}{\pi^3a^2(2n+1)^3} \tag{7.5.33}$$

式中，a_n，b_n 为任意常数.

$$\begin{aligned}u(x,t)=\sum_{n=0}^{+\infty}&\left[a_n\cos\frac{(2n+1)\pi a}{2l}t+b_n\sin\frac{(2n+1)\pi a}{2l}t+\frac{16l^2g}{\pi^3a^2(2n+1)^3}\right]\cdot\\&\sin\frac{(2n+1)\pi}{2l}x\end{aligned} \tag{7.5.34}$$

由 $u(x,t)$的初条件，可得

$$a_n=-\frac{16l^2g}{\pi^3a^2(2n+1)^3} \tag{7.5.35}$$

$$b_n=0 \tag{7.5.36}$$

$$u(x,t)=\frac{16l^2g}{\pi^3a^2}\sum_{n=0}^{+\infty}\frac{1}{(2n+1)^3}\left[1-\cos\frac{(2n+1)\pi a}{2l}t\right]\sin\frac{(2n+1)\pi}{2l}x \tag{7.5.37}$$

本题方程非齐次项中不含时间 t. 我们也可以这样解：先找函数 $w(x)$，它满足式(7.5.24)中的方程和边条件：

$$\begin{cases}-a^2w''(x)=g\\w(0)=0\\w_x(l)=0\end{cases} \tag{7.5.38}$$

解之，得

$$w(x)=\frac{g}{2a^2}x(2l-x) \tag{7.5.39}$$

令

$$u(x,t)=v(x,t)+w(x) \tag{7.5.40}$$

易证 $v(x,t)$ 满足：

$$\left\{\begin{array}{ll} v_{tt}-a^2v_{xx}=0 & 0<x<l;0<t<+\infty \\ v(0,t)=0 & 0\leqslant t<+\infty \\ v_x(l,t)=0 & 0\leqslant t<+\infty \\ v(x,0)=-w(x) & 0\leqslant x\leqslant l \\ v_t(x,0)=0 & 0\leqslant x\leqslant l \end{array}\right\} \tag{7.5.41}$$

解之，得

$$v(x,t)=-\frac{16l^2g}{\pi^3a^2}\sum_{n=0}^{+\infty}\frac{1}{(2n+1)^3}\cos\frac{(2n+1)\pi a}{2l}t\sin\frac{(2n+1)\pi}{2l}x \tag{7.5.42}$$

$$u(x,t)=\frac{g}{2a^2}x(2l-x)+v(x,t) \tag{7.5.43}$$

将 $w(x)$ 用函数系 $\left\{\sin\frac{(2n+1)\pi}{2l}x:n=0,1,2,\cdots\right\}$ 展开，式(7.5.43)就化为式(7.5.37).

二、冲量定理法

我们以实例来说明这种方法.

1. 非齐次波动方程

例 7.11 试解定解问题：

$$\left\{\begin{array}{ll} u_{tt}-a^2u_{xx}=f(x,t) & 0<x<l;0<t<+\infty \\ u(0,t)=0 & 0\leqslant t<+\infty \\ u(l,t)=0 & 0\leqslant t<+\infty \\ u(x,0)=0 & 0\leqslant x\leqslant l \\ u_t(x,0)=0 & 0\leqslant x\leqslant l \end{array}\right\} \tag{7.5.44}$$

这里 $f(x,t)$ 为作用在单位质量上的横向外力.

解 (7.5.44) 方程中的非齐次项可写成

$$f(x,t)=\int_{-\infty}^{+\infty}f(x,\tau)\delta(\tau-t)\mathrm{d}\tau$$

因为(7.5.44)中的方程线性，定解条件齐次，(7.5.44)的解 $u(x,t)$ 可看成下列定解问题解 $v(x,t;\tau)$ 的叠加：

$$\begin{cases} v_{tt}-a^2v_{xx}=f(x,\tau)\delta(\tau-t) \\ v(0,t;\tau)=0 \\ v(l,t;\tau)=0 \\ v(x,0;\tau)=0 \\ v_t(x,0;\tau)=0 \end{cases} \quad \begin{cases} 0<x<l;0<t<+\infty \\ 0\leqslant t<+\infty \\ 0\leqslant t<+\infty \\ 0\leqslant x\leqslant l \\ 0\leqslant x\leqslant l \end{cases} \tag{7.5.45}$$

$$u(x,t)=\int_{-\infty}^{+\infty}v(x,t;\tau)\mathrm{d}\tau \tag{7.5.46}$$

由 δ 函数的性质可知，$\delta(\tau-t)$ 仅当 $t=\tau$ 时才不等于零，当 $t\neq\tau$ 时，$\delta(\tau-t)=0$. 式(7.5.45)中外力的作用可看为瞬时作用，仅当 $t=\tau$ 时刻外力才作用在弦上. 因为力的作用时间 $t\geqslant 0$，瞬时冲击的时刻 τ 不能为负，$\tau\geqslant 0$.

在式(7.5.45)中，把力的作用时段分成 $0\leqslant t<\tau$ 与 $t\geqslant\tau$ 两段. 在 $0\leqslant t<\tau$ 时段，瞬时冲击还没有加上去，式(7.5.45)中方程与定解条件都齐次，只能有零解.

$$v(x,t;\tau)=0 \quad (0\leqslant t<\tau) \tag{7.5.47}$$

当 $t>\tau$ 后，显然 $f(x,\tau)\delta(\tau-t)=0$，式(7.5.45)中方程齐次. 受 $t=\tau$ 时刻瞬时冲击的影响，初速度会从齐次变成非齐次. 为此我们对(7.5.45)中的方程，对 t 从 $\tau-\varepsilon$ 到 $\tau+\varepsilon$ 积分：

$$\int_{\tau-\varepsilon}^{\tau+\varepsilon}\frac{\partial^2 v}{\partial t^2}\mathrm{d}t-a^2\int_{\tau-\varepsilon}^{\tau+\varepsilon}\frac{\partial^2 v}{\partial x^2}\mathrm{d}t=\int_{\tau-\varepsilon}^{\tau+\varepsilon}f(x,\tau)\delta(\tau-t)\mathrm{d}t$$

$$\int_{\tau-\varepsilon}^{\tau+\varepsilon}\frac{\partial^2 v}{\partial t^2}\mathrm{d}t=v_t(x,\tau+\varepsilon;\tau)-v_t(x,\tau-\varepsilon;\tau)$$

由式(7.5.47)知 $t=\tau$ 时刻的冲击对 $t<\tau$ 的状态没有影响，因此

$$v_t(x,\tau-\varepsilon;\tau)=0$$

$$\int_{\tau-\alpha}^{\tau+\varepsilon}\frac{\partial^2 v}{\partial t^2}\mathrm{d}t=v_t(x,\tau+\varepsilon;\tau)$$

由积分中值定理，知

$$\begin{aligned}\int_{\tau-\varepsilon}^{\tau+\varepsilon}\frac{\partial^2 v}{\partial x^2}\mathrm{d}t &= \left(\frac{\partial^2 v}{\partial x^2}\right)_{t=\beta}\int_{\tau-\varepsilon}^{\tau+\varepsilon}\mathrm{d}t \\ &= (v_{xx})_{t=\beta}\cdot 2\varepsilon \quad (\tau-\varepsilon<\beta<\tau+\varepsilon)\end{aligned}$$

$$\int_{\tau-\varepsilon}^{\tau+\varepsilon}f(x,\tau)\delta(\tau-t)\mathrm{d}t=f(x,\tau)\int_{\tau-\varepsilon}^{\tau+\varepsilon}\delta(\tau-t)\mathrm{d}t=f(x,\tau)$$

当 $\varepsilon\to 0$ 后，可得

$$v_t(x,\tau+0;\tau)=f(x,\tau)$$

$\int_{\tau-\varepsilon}^{\tau+\varepsilon}f(x,\tau)\delta(t-\tau)\,\mathrm{d}\tau$ 为作用在单位质量上总冲量为 $f(x,\tau)$ 的瞬时冲量.

真实的冲击总有一段时间. 瞬时冲击应看成一系列很短冲击时间的极限. 每次很短时间冲击中的总冲量都为 $f(x,\tau)$. 有限时段的冲量会引起弦动量的改变. 单位质量动量的改变就是速度的改变. 因为当 $t<\tau$ 时，弦没有速度. 在瞬时冲量的作用下，弦获得速度 $v_t(x,\tau+0;\tau)=f(x,\tau)$.

在一定力的作用下，位移应与力作用时间的平方成正比. 力的作用时间为一阶无穷小

时，它的冲量为一阶无穷小，它引起的动量改变为一阶无穷小，位置的改变当为二阶无穷小时．弦可以获得瞬时速度，但来不及发生位移，所以

$$v(x,\tau+0;\tau)=0$$

因此，在 $t>\tau$ 区域内，$v(x,t;\tau)$ 应满足

$$\begin{cases} v_{tt}-a^2v_{xx}=0 \\ v(0,t;\tau)=0 \\ v(l,t;\tau)=0 \\ v(x,\tau+0;\tau)=0 \\ v_t(x,\tau+0;\tau)=f(x,\tau) \end{cases} \quad \begin{Bmatrix} 0<x<l;\tau<t<+\infty \\ \tau\leqslant t<+\infty \\ \tau\leqslant t<+\infty \\ 0\leqslant x\leqslant l \\ 0\leqslant x\leqslant l \end{Bmatrix} \tag{7.5.48}$$

欲求式(7.5.44)的非零解，只要求解定解问题(7.5.48)．求出 $v(x,t;\tau)$ 后，由式(7.5.46)求出 $u(x,t)$．前已所述 $\tau\geqslant 0$，又当 $t<\tau$ 时 $v(x,t;\tau)=0$．因此，式(7.5.46)可写成

$$u(x,t)=\int_0^t v(x,t;\tau)\mathrm{d}\tau \tag{7.5.49}$$

我们可以直接验证(7.5.49)为定解问题(7.5.44)的解．

$$\frac{\partial u}{\partial t}=v(x,t;t)+\int_0^t v_t(x,t;\tau)\mathrm{d}\tau$$

由 v 的初条件知 $v(x,t;t)=0$，所以

$$\frac{\partial u}{\partial t}=\int_0^t v_t(x,t;\tau)\mathrm{d}\tau$$

$$\frac{\partial^2 u}{\partial t^2}=v_t(x,t;t)+\int_0^t v_{tt}(x,t;\tau)\mathrm{d}\tau=f(x,t)+\int_0^t v_{tt}(x,t;\tau)\mathrm{d}\tau$$

$$\frac{\partial u}{\partial x}=\int_0^t v_x(x,t;\tau)\mathrm{d}\tau$$

$$\frac{\partial^2 u}{\partial x^2}=\int_0^t v_{xx}(x,t;\tau)\mathrm{d}\tau$$

$$u_{tt}-a^2u_{xx}=f(x,t)+\int_0^t[v_{tt}(x,t;\tau)-a^2v_{xx}(x,t;\tau)]\mathrm{d}\tau=f(x,t)$$

从式(7.5.44)导出式(7.5.48)的过程中，主要用了冲量定理．所以这种方法叫冲量定理法．具体解(7.5.48)时可作时间平移．

令 $\zeta=t-\tau$，$w(x,\zeta;\tau)=v(x,t;\tau)$．式(7.5.48)化成

$$\begin{cases} w_{\zeta\zeta}-a^2w_{xx}=0 \\ w(0,\zeta;\tau)=0 \\ w(l,\zeta;\tau)=0 \\ w(x,0+0;\tau)=0 \\ w_\zeta(x,0+0;\tau)=f(x,\tau) \end{cases} \quad \begin{Bmatrix} 0<x<l;0<\zeta<+\infty \\ 0\leqslant\zeta<+\infty \\ 0\leqslant\zeta<+\infty \\ 0\leqslant x\leqslant l \\ 0\leqslant x\leqslant l \end{Bmatrix} \tag{7.5.50}$$

这是仅有初速度的弦自由振动方程．从式(7.5.50)解出 $w(x,\zeta;\tau)$ 后，定解问题(7.5.48)的解为

$$v(x,t;\tau)=w(x,t-\tau;\tau)$$

由此得定解问题(7.5.44)的解(7.5.49).

例 7.12　试解定解问题：

$$\begin{cases} u_{tt}-a^2u_{xx}=A\cos\frac{\pi}{l}x\sin\Omega t \\ u_x(0,t)=0 \\ u_x(l,t)=0 \\ u(x,0)=0 \\ u_t(x,0)=0 \end{cases} \quad \left\{\begin{aligned} &0<x<l;0<t<+\infty \\ &0\leqslant t<+\infty \\ &0\leqslant t<+\infty \\ &0\leqslant x\leqslant l \\ &0\leqslant x\leqslant l \end{aligned}\right\} \tag{7.5.51}$$

解

$$u(x,t)=\int_0^t v(x,t;\tau)\mathrm{d}\tau$$

$v(x,t;\tau)$满足：

$$\begin{cases} v_{tt}-a^2v_{xx}=0 \\ v_x(0,t;\tau)=0 \\ v_x(l,t;\tau)=0 \\ v(x,\tau+0;\tau)=0 \\ v_t(x,\tau+0;\tau)=A\cos\frac{\pi}{l}x\sin\Omega\tau \end{cases} \quad \left\{\begin{aligned} &0<x<l;\tau<t<+\infty \\ &\tau\leqslant t<+\infty \\ &\tau\leqslant t<+\infty \\ &0\leqslant x\leqslant l \\ &0\leqslant x\leqslant l \end{aligned}\right\} \tag{7.5.52}$$

令 $\zeta=t-\tau,w(x,\zeta;\tau)=v(x,t;\tau)$. $w(x,\zeta;\tau)$满足：

$$\begin{cases} w_{\zeta\zeta}-a^2w_{xx}=0 \\ w_x(0,\zeta;\tau)=0 \\ w_x(l,\zeta;\tau)=0 \\ w(x,0+0;\tau)=0 \\ w_\zeta(x,0+0;\tau)=A\cos\frac{\pi}{l}x\sin\Omega\tau \end{cases} \quad \left\{\begin{aligned} &0<x<l;0<\zeta<+\infty \\ &0\leqslant \zeta<+\infty \\ &0\leqslant \zeta<+\infty \\ &0\leqslant x\leqslant l \\ &0\leqslant x\leqslant l \end{aligned}\right\} \tag{7.5.53}$$

设 $w(x,\zeta;\tau)=X(x)T(\zeta;\tau)$. $X(x)$满足：

$$\begin{cases} X''+\lambda X=0 \\ X'(0)=0 \\ X'(l)=0 \end{cases}$$

本征值

$$\lambda_n=\left(\frac{n\pi}{l}\right)^2 \quad (n=0,1,2,\cdots)$$

本征函数

$$X_n(x)=\cos\frac{n\pi}{l}x \quad (n=0,1,2,\cdots)$$

本征函数的模方

$$\|1\|^2=l$$

$$\left\|\cos\frac{n\pi}{l}x\right\|^2=\frac{l}{2} \quad (n=1,2,3,\cdots)$$

相应的 $T_n(\zeta;\tau)$ 满足如下方程：

$$T_n''+\left(\frac{n\pi a}{l}\right)^2T=0$$

$$T_0(\zeta;\tau)=a_0(\tau)+b_0(\tau)\zeta$$

$$T_n(\zeta;\tau)=a_n(\tau)\cos\frac{n\pi a}{l}\zeta+b_n(\tau)\sin\frac{n\pi a}{l}\zeta\quad(n=1,2,3,\cdots)$$

定解问题(7.4.53)中满足齐次边条件的解

$$w(x,\zeta;\tau)=a_0(\tau)+b_0(\tau)\zeta+\sum_{n=1}^{+\infty}\left[a_n(\tau)\cos\frac{n\pi a}{l}\zeta+b_n(\tau)\sin\frac{n\pi a}{l}\zeta\right]\cos\frac{n\pi}{l}x$$

由 $w(x,0+0;\tau)=0$，得

$$a_n(\tau)=0\quad(n=0,1,2,\cdots)$$

由 $w_\zeta(x,0+0;\tau)=A\cos\frac{\pi}{l}x\sin\Omega\tau$，得

$$b_0(\tau)+\sum_{n=1}^{+\infty}\frac{n\pi a}{l}b_n(\tau)\cos\frac{n\pi}{l}x=A\sin\Omega\tau\cos\frac{\pi}{l}x$$

因此 $b_1(\tau)=\frac{Al}{\pi a}\sin\Omega\tau$，其他 $b_n(\tau)=0$.

$$w(x,\zeta;\tau)=\frac{Al}{\pi a}\sin\Omega\tau\sin\frac{\pi a}{l}\zeta\cos\frac{\pi}{l}x$$

$$v(x,t;\tau)=\frac{Al}{\pi a}\sin\Omega\tau\sin\frac{\pi a}{l}(t-\tau)\cos\frac{\pi}{l}x$$

$$u(x,t)=\int_0^t v(x,t;\tau)\mathrm{d}\tau=\frac{Al}{\pi a}\cos\frac{\pi}{l}x\int_0^t\sin\Omega\tau\sin\frac{\pi a}{l}(t-\tau)\mathrm{d}\tau$$

$$=\frac{Al}{2\pi a}\cos\frac{\pi}{l}x\left(\frac{\sin\Omega t+\sin\frac{\pi a}{l}t}{\Omega+\frac{\pi a}{l}}-\frac{\sin\Omega t-\sin\frac{\pi a}{l}t}{\Omega-\frac{\pi a}{l}}\right)\tag{7.5.54}$$

因为

$$\sin\Omega t-\sin\frac{\pi a}{l}t=2\cos\frac{\Omega+\frac{\pi a}{l}}{2}t\sin\frac{\Omega-\frac{\pi a}{l}}{2}t$$

当 $\Omega\to\frac{\pi a}{l}$ 时，有

$$\frac{\sin\Omega t-\sin\frac{\pi a}{l}t}{\Omega-\frac{\pi a}{l}}\to\left(\cos\frac{\pi a}{l}t\right)t$$

这就是共振现象.

2. 非齐次热传导方程

冲量定理法也可用来解非齐次热传导方程. 设有定解问题

$$\begin{cases} u_t - a^2 u_{xx} = f(x,t) \\ u_x(0,t) = 0 \\ u_x(l,t) = 0 \\ u(x,0) = 0 \end{cases} \quad \begin{pmatrix} 0<x<l;0<t<+\infty \\ 0\leqslant t<+\infty \\ 0\leqslant t<+\infty \\ 0\leqslant x\leqslant l \end{pmatrix} \tag{7.5.55}$$

这里 $f(x,t)=\dfrac{F(x,t)}{c\rho}$，$c$ 为比热容，ρ 为线密度，$F(x,t)$ 为单位长度内热源在单位时间内放出的热量.边条件说明两端绝热.

$f(x,t)$ 也可表示为

$$f(x,t)=\int_0^{+\infty} f(x,\tau)\delta(t-\tau)\mathrm{d}\tau$$

因此，我们也可以先求 $v(x,t;\tau)$. $v(x,t;\tau)$ 满足：

$$\begin{cases} v_t - a^2 v_{xx} = f(x,\tau)\delta(t-\tau) \\ v_x(0,t;\tau) = 0 \\ v_x(l,t;\tau) = 0 \\ v(x,0;\tau) = 0 \end{cases} \quad \begin{pmatrix} 0<x<l,0<t<+\infty \\ 0\leqslant t<+\infty \\ 0\leqslant t<+\infty \\ 0\leqslant x\leqslant l \end{pmatrix} \tag{7.5.56}$$

对(7.5.55)中的方程从 $\tau-\varepsilon$ 到 $\tau+\varepsilon$ 对 t 积分，有

$$\int_{\tau-\varepsilon}^{\tau+\varepsilon} \frac{\partial v}{\partial t}\mathrm{d}t - a^2\int_{\tau-\varepsilon}^{\tau+\varepsilon} \frac{\partial^2 v}{\partial x^2}\mathrm{d}t = \int_{\tau-\varepsilon}^{\tau+\varepsilon} f(x,\tau)\delta(t-\tau)\mathrm{d}t$$

$$\int_{\tau-\varepsilon}^{\tau+\varepsilon} \frac{\partial v}{\partial t}\mathrm{d}t = v(x,\tau+\varepsilon;\tau) - v(x,\tau-\varepsilon;\tau) = v(x,\tau+\varepsilon;\tau)$$

因为计算 $v(x,\tau-\varepsilon;\tau)$ 时，瞬间冲击还没有加上，$v(x,\tau-\varepsilon;\tau)=0$.

应用积分中值定理，可得

$$\int_{\tau-\varepsilon}^{\tau+\varepsilon} \frac{\partial^2 v}{\partial x^2}\mathrm{d}t = \left(\frac{\partial^2 v}{\partial x^2}\right)_{t=\beta} 2\varepsilon \qquad (\tau-\varepsilon<\beta<\tau+\varepsilon)$$

$$\int_{\tau-\varepsilon}^{\tau+\varepsilon} f(x,\tau)\delta(t-\tau)\mathrm{d}t = f(x,\tau)$$

定解问题(7.5.56)可化为

$$\begin{cases} v_t - a^2 v_{xx} = 0 \\ v_x(0,t;\tau) = 0 \\ v_x(l,t;\tau) = 0 \\ v(x,\tau+0;\tau) = f(x,\tau) \end{cases} \quad \begin{pmatrix} 0<x<l;\tau<t<+\infty \\ \tau\leqslant t<+\infty \\ \tau\leqslant t<+\infty \\ 0\leqslant x\leqslant l \end{pmatrix} \tag{7.5.57}$$

令 $\zeta=t-\tau$，$w(x,\zeta;\tau)=v(x,t;\tau)$，$w(x,\zeta;\tau)$ 满足：

$$\begin{cases} w_\zeta - a^2 w_{xx} = 0 \\ w_x(0,\zeta;\tau) = 0 \\ w_x(l,\zeta;\tau) = 0 \\ w(x,0+0;\tau) = f(x,\tau) \end{cases} \quad \begin{pmatrix} 0<x<l;0<\zeta<+\infty \\ 0\leqslant \zeta<+\infty \\ 0\leqslant \zeta<+\infty \\ 0\leqslant x\leqslant l \end{pmatrix} \tag{7.5.58}$$

从式(7.5.58)解出 $w(x,\zeta;\tau)$，$v(x,t;\tau)=w(x,t-\tau;\tau)$，

$$u(x,t)=\int_0^t v(x,t;\tau)\mathrm{d}\tau=\int_0^t w(x,t-\tau;\tau)\mathrm{d}\tau$$

§7.6 拉普拉斯方程的分离变量

波动方程与热传导方程中既有空间变量，又有时间变量. 分离变量时往往先把空间变量与时间变量分开. 拉普拉斯(Laplace)方程中只有空间变量. 当定义域比较规则时，不同的空间变量也能分离.

例 7.13 设 $u(x,y)$为静场的势. 求解定解问题：

$$\begin{cases} u_{xx}+u_{yy}=0 \\ u(0,y)=0 \\ u(a,y)=0 \\ u(x,0)=0 \\ u(x,b)=f(x) \end{cases} \begin{Bmatrix} 0<x<a;0<y<b \\ 0\leqslant y\leqslant b \\ 0\leqslant y\leqslant b \\ 0\leqslant x\leqslant a \\ 0\leqslant x\leqslant a \end{Bmatrix} \tag{7.6.1}$$

这里显然要求 $f(0)=f(a)=0$.

解 先求变量分离形式的特解. 设 $u(x,y)=X(x)Y(y)$，代入方程，分离变量，得

$$\frac{X''(x)}{X(x)}=-\frac{Y''(y)}{Y(y)}=-\lambda$$

$X(x)$满足：

$$\begin{cases} X''(x)+\lambda X(x)=0\,(0<x<a) \\ X(0)=0 \\ X(a)=0 \end{cases} \tag{7.6.2}$$

解之，得本征值

$$\lambda_n=\left(\frac{n\pi}{a}\right)^2 \quad (n=1,2,3,\cdots) \tag{7.6.3}$$

本征函数

$$X_n(x)=\sin\frac{n\pi}{a}x \quad (n=1,2,3,\cdots) \tag{7.6.4}$$

相应的 $Y_n(y)$满足方程：

$$Y_n''(y)-\left(\frac{n\pi}{a}\right)^2 Y_n(y)=0 \tag{7.6.5}$$

解之，得

$$Y_n(y)=A_n\exp\left(\frac{n\pi}{a}y\right)+B_n\exp\left(-\frac{n\pi}{a}y\right)$$

为满足边条件 $u(x,0)=0$，可令 $Y_n(0)=0$，由此得

$$B_n=-A_n$$

$$Y_n(y)=A_n\left[\exp\left(\frac{n\pi}{a}y\right)-\exp\left(-\frac{n\pi}{a}y\right)\right]=2A_n\sinh\left(\frac{n\pi}{a}y\right) \tag{7.6.6}$$

定解问题(7.6.1)满足三个齐次边条件的解：

$$u(x,y)=2\sum_{n=1}^{+\infty}A_n\sin\left(\frac{n\pi}{a}x\right)\sinh\left(\frac{n\pi}{a}y\right) \tag{7.6.7}$$

由边条件 $u(x,b)=f(x)$，得

$$2\sum_{n=1}^{+\infty}A_n\sinh\left(\frac{n\pi}{a}b\right)\sin\left(\frac{n\pi}{a}x\right)=f(x)$$

$$A_n=\frac{1}{a\sinh\left(\frac{n\pi}{a}b\right)}\int_0^a f(x)\sin\left(\frac{n\pi}{a}x\right)\mathrm{d}x$$

例 7.14　设有无限长的圆柱体：

$$\Omega:\begin{cases}0\leqslant x^2+y^2<R^2\\-\infty<z<+\infty\end{cases}$$

在传热过程中，内部无热源. 边界温度为 $F(x,y)$ $(x^2+y^2=R^2)$. 求圆柱体内稳定的温度分布.

解　由对称性可知，稳定时圆柱体内的温度不依赖 z：$u=u(x,y)$. 定解问题可表示为：

$$\begin{cases}u_{xx}+u_{yy}=0, & (x,y,z)\in\Omega\\ u|_{\rho=R}=F(x,y), & \rho=\sqrt{x^2+y^2}\end{cases} \tag{7.6.8}$$

在极坐标系(ρ,φ)中，二维拉普拉斯算子

$$\frac{\partial^2}{\partial x^2}+\frac{\partial^2}{\partial y^2}=\frac{\partial^2}{\partial\rho^2}+\frac{1}{\rho}\frac{\partial}{\partial\rho}+\frac{1}{\rho^2}\frac{\partial^2}{\partial\varphi^2}$$

定解问题(7.6.8) 可写成

$$\begin{cases}\rho^2\dfrac{\partial^2u}{\partial\rho^2}+\rho\dfrac{\partial u}{\partial\rho}+\dfrac{\partial^2u}{\partial\varphi^2}=0\\ u|_{\rho=R}=F(R\cos\varphi,R\sin\varphi)=f(\varphi)\end{cases} \tag{7.6.9}$$

设式(7.6.9)中的方程具有变量分离形式的特解：

$$u(\rho,\varphi)=R(\rho)\Phi(\varphi)$$

代入方程，得

$$\rho^2R''(\rho)\Phi(\varphi)+\rho R'(\rho)\Phi(\varphi)+R(\rho)\Phi''(\varphi)=0$$

$$\frac{\Phi''(\varphi)}{\Phi(\varphi)}=-\frac{\rho^2R''(\rho)+\rho R'(\rho)}{R(\rho)}=-\lambda$$

对于 $\Phi(\varphi)$，应加周期性边条件：

$$\begin{cases}\Phi''(\varphi)+\lambda\Phi(\varphi)=0\\ \Phi(0)=\Phi(2\pi) & (0<\varphi<2\pi)\\ \Phi'(0)=\Phi'(2\pi)\end{cases} \tag{7.6.10}$$

当 $\lambda<0$ 时，微分方程没有周期解. 欲使式(7.6.10)有周期性的非零解，本征值

$$\lambda_k=k^2 \quad (k=0,1,2,\cdots)$$

当 $\lambda_0=0$ 时，本征空间一维，本征函数 $\Phi_0(\varphi)=1$.

当 $\lambda_k=k^2>0$ 时，本征空间二维. $\cos k\varphi,\sin k\varphi$ 都是本征函数. 一般地，我们将本征函数写成

$$\Phi_k(\varphi)=A_k\cos k\varphi+B_k\sin k\varphi \quad (k=1,2,3,\cdots)$$

相应的 $R(\rho)$ 满足方程：

$$\rho^2R''(\rho)+\rho R'(\rho)-k^2R(\rho)=0 \tag{7.6.11}$$

这是欧拉方程. 令 $t=\ln\rho$，有

$$\rho\frac{\mathrm{d}}{\mathrm{d}\rho}=\rho\frac{\mathrm{d}t}{\mathrm{d}\rho}\frac{\mathrm{d}}{\mathrm{d}t}=\rho\frac{1}{\rho}\frac{\mathrm{d}}{\mathrm{d}t}=\frac{\mathrm{d}}{\mathrm{d}t}$$

$$\rho\frac{\mathrm{d}}{\mathrm{d}\rho}\left(\rho\frac{\mathrm{d}}{\mathrm{d}\rho}\right)=\rho^2\frac{\mathrm{d}^2}{\mathrm{d}\rho^2}+\rho\frac{\mathrm{d}}{\mathrm{d}\rho}=\frac{\mathrm{d}^2}{\mathrm{d}t^2}$$

方程(7.6.11)变成

$$\frac{\mathrm{d}^2R(\rho)}{\mathrm{d}t^2}-k^2R(\rho)=0 \tag{7.6.12}$$

当 $k=0$ 时，

$$R_0(\rho)=a_0+b_0t=a_0+b_0\ln\rho$$

当 $k\neq0$ 时，

$$R_k(\rho)=a_k\exp(kt)+b_k\exp(-kt)=a_k\rho^k+b_k\frac{1}{\rho^k}$$

$\rho=0$ 时温度应该有界. 求解方程(7.6.12)时，应加边条件 $|R(0)|<+\infty$. 因此，应取 $b_k=0(k=0,1,2,\cdots)$. 定解问题(7.6.8)在圆柱体 $\Omega:\begin{cases}0\leqslant\rho\leqslant R\\0\leqslant\varphi<2\pi\end{cases}$ 内有界的解为

$$u(\rho,\varphi)=A_0+\sum_{k=1}^{+\infty}\rho^k(A_k\cos k\varphi+B_k\sin k\varphi) \tag{7.6.13}$$

这里 $A_0=a_0$，其他 a_k 吸收入常数 A_k 与 B_k.

由边条件 $u(R,\varphi)=f(\varphi)$，得

$$f(\varphi)=A_0+\sum_{k=1}^{+\infty}R^k(A_k\cos k\varphi+B_k\sin k\varphi) \tag{7.6.14}$$

函数系$\begin{Bmatrix}\cos k\varphi\\\sin k\varphi\end{Bmatrix}(k=0,1,2,\cdots)$在$(0,2\pi)$上正交完备. 基的模方

$$\|1\|^2=\int_0^{2\pi}\mathrm{d}\varphi=2\pi$$

$$\|\cos k\varphi\|^2=\int_0^{2\pi}(\cos k\varphi)^2\mathrm{d}\varphi=\pi \quad (k=1,2,3,\cdots)$$

$$\|\sin k\varphi\|^2=\int_0^{2\pi}(\sin k\varphi)^2\mathrm{d}\varphi=\pi$$

式(7.6.14)中的系数

$$A_0 = \frac{1}{2\pi}\int_0^{2\pi} f(\varphi)\mathrm{d}\varphi$$

$$A_k = \frac{1}{\pi R^k}\int_0^{2\pi} f(\varphi)\cos k\varphi \mathrm{d}\varphi \ (k = 1,2,3,\cdots)$$

$$B_k = \frac{1}{\pi R^k}\int_0^{2\pi} f(\varphi)\sin k\varphi \mathrm{d}\varphi \ (k = 1,2,3\cdots)$$

物理应用中经常要用到三维拉普拉斯算子 $\Delta = \nabla^2$. 在直角坐标系中,

$$\nabla^2 = \frac{\partial^2}{\partial x^2} + \frac{\partial^2}{\partial y^2} + \frac{\partial^2}{\partial z^2} \tag{7.6.15}$$

在柱坐标系中,有

$$\begin{aligned}\nabla^2 &= \frac{1}{\rho}\frac{\partial}{\partial \rho}\left(\rho\frac{\partial}{\partial \rho}\right) + \frac{1}{\rho^2}\frac{\partial^2}{\partial \varphi^2} + \frac{\partial^2}{\partial z^2} \\ &= \frac{\partial^2}{\partial \rho^2} + \frac{1}{\rho}\frac{\partial}{\partial \rho} + \frac{1}{\rho^2}\frac{\partial^2}{\partial \varphi^2} + \frac{\partial^2}{\partial z^2}\end{aligned} \tag{7.6.16}$$

在球坐标系中,有

$$\begin{aligned}\nabla^2 &= \frac{1}{r^2}\frac{\partial}{\partial r}\left(r^2\frac{\partial}{\partial r}\right) + \frac{1}{r^2\sin\theta}\frac{\partial}{\partial \theta}\left(\sin\theta\frac{\partial}{\partial \theta}\right) + \frac{1}{r^2\sin^2\theta}\frac{\partial^2}{\partial \varphi^2} \\ &= \frac{\partial^2}{\partial r^2} + \frac{2}{r}\frac{\partial}{\partial r} + \frac{1}{r^2}\frac{\partial^2}{\partial \theta^2} + \frac{\cot\theta}{r^2}\frac{\partial}{\partial \theta} + \frac{1}{r^2\sin^2\theta}\frac{\partial^2}{\partial \varphi^2}\end{aligned} \tag{7.6.17}$$

式(7.6.16)和式(7.6.17)的推导见附录“微分形式”.

习　题

1. 求解无限长弦的自由振动. 弦的初位移为 $\varphi(x)$,初速度为 $-a\varphi'(x)$.

2. 理想的双线传输线,电流 $j(x,t)$ 与电势 $v(x,t)$ 满足如下关系:

$$\begin{cases}\dfrac{\partial j}{\partial x} + c\dfrac{\partial v}{\partial t} = 0 \\ L\dfrac{\partial j}{\partial t} + \dfrac{\partial v}{\partial x} = 0\end{cases}$$

式中,c 为单位长度导线间的电容,L 为单位长度导线间的电感.

(1) 试证 $j(x,t)$ 与 $v(x,t)$ 分别满足波动方程.

(2) 设初始电势分布为

$$v(x,0) = A\cos kx$$

初始电流分布为

$$j(x,0) = \sqrt{\frac{c}{L}}A\cos kx$$

求无限长导线上电势的传播情况.

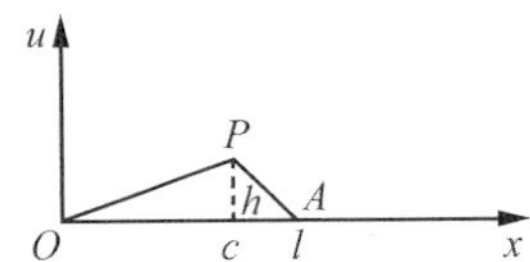

图 7.4　弦的初始位移

3. 设弦的两端($x=0$ 与 $x=l$)固定,初始位移如图 7.4 所示.

初速度为零.求弦横振动时的位移 $u=u(x,t)$.

4. 求解下列定解问题:

$$\begin{cases} u_{tt}(x,t)-a^2u_{xx}(x,t)=0 \\ u(0,t)=0 \\ u(l,t)=0 \\ u(x,0)=0 \\ u_t(x,0)=x(l-x) \end{cases} \quad \left\{\begin{matrix} 0<x<l;0<t<+\infty \\ 0\leqslant t<+\infty \\ 0\leqslant t<+\infty \\ 0\leqslant x\leqslant l \\ 0\leqslant x\leqslant l \end{matrix}\right\}$$

5. 长为 l 的杆一端固定,一端受沿纵向的拉力 F_0 作用而伸长,松手后杆做自由纵振动.求其运动规律.

提示:杆在任一截面处的相对应变$\frac{\partial u}{\partial x}=\frac{F_0}{SY}$,式中,$S$ 为杆的横截面积,Y 为杨氏模量.由此可知初始时刻各截面的位移 $u(x,0)=\int_0^x\frac{\partial u}{\partial x}\mathrm{d}x=\frac{F_0}{SY}x$.

6. 求解下列定解问题:

$$\begin{cases} u_t(x,t)-a^2u_{xx}(x,t)=0 \\ u_x(0,t)=0 \\ u_x(l,t)=0 \\ u(x,0)=x \end{cases} \quad \left\{\begin{matrix} 0<x<l;0<t<+\infty \\ 0\leqslant t<+\infty \\ 0\leqslant t<+\infty \\ 0\leqslant x\leqslant l \end{matrix}\right\}$$

7. 求解细杆导热问题.已知杆长为 l,初始温度分布为常数 u_0.两端分别保持温度为 u_1 与 u_2.

8. 求解下列定解问题:

$$\begin{cases} u_{xx}(x,y)+u_{yy}(x,y)=0 \\ u(0,y)=Ay(b-y) \\ u(a,y)=0 \\ u(x,0)=B\sin\frac{\pi x}{a} \\ u(x,b)=0 \end{cases} \quad \left\{\begin{matrix} 0<x<a;0<y<b \\ 0\leqslant y\leqslant b \\ 0\leqslant y\leqslant b \\ 0\leqslant x\leqslant a \\ 0\leqslant x\leqslant a \end{matrix}\right\}$$

9. 在圆形区域内求解下列定解问题:

$$\begin{cases} u_{xx}(x,y)+u_{yy}(x,y)=0 \\ u(x,y)\big|_{\sqrt{x^2+y^2}=a}=A+B\sin\varphi \end{cases} \quad \left\{\begin{matrix} x^2+y^2<a^2;0<\varphi<2\pi \\ 0\leqslant\varphi\leqslant 2\pi \end{matrix}\right\}$$

10. 半圆形薄板,板面绝热.边界直径上保持零度,圆周上保持温度 u_0.求稳定状态下板上的温度分布.

11. 求解下列定解问题:

$$\begin{cases} u_t(x,t)-a^2u_{xx}(x,t)=0 \\ u(0,t)=At \\ u(l,t)=0 \\ u(x,0)=0 \end{cases} \quad \left\{\begin{matrix} 0<x<l;0<t<+\infty \\ 0\leqslant t<+\infty \\ 0\leqslant t<+\infty \\ 0\leqslant x\leqslant l \end{matrix}\right\}$$

第 8 章

傅里叶变换

积分变换是求解偏微分方程的一种方法. 它的要点是通过对函数进行积分变换，减少自变量的个数，将偏微分方程变成常微分方程，将常微分方程变成代数方程. 这里主要介绍傅里叶变换.

§ 8.1　傅里叶级数

一、实数形式的傅里叶级数

设函数 $f(x)$ 在 $(-\pi,\pi)$ 上满足可以展开成傅里叶(Fourier)级数的条件：连续或只有有限个第一类间断点，至多只有有限个极值点，则它可以在 $(-\pi,\pi)$ 上表示成下列傅里叶级数：

$$f(x)=a_0+\sum_{n=1}^{+\infty}(a_n\cos nx+b_n\sin nx)\quad(-\pi<x<\pi)\tag{8.1.1}$$

其中

$$a_0=\frac{1}{2\pi}\int_{-\pi}^{\pi}f(x)\mathrm{d}x$$

$$a_n=\frac{1}{\pi}\int_{-\pi}^{\pi}f(x)\cos nx\,\mathrm{d}x\ (n=1,2,3,\cdots)\tag{8.1.2}$$

$$b_n=\frac{1}{\pi}\int_{-\pi}^{\pi}f(x)\sin nx\,\mathrm{d}x\ (n=1,2,3,\cdots)$$

设 V 为 $(-\pi,\pi)$ 上可展开成傅里叶级数函数的全体. 定义函数的相加与数乘以函数的运算后 V 成矢量空间. 函数系

$$1,\cos nx(n=1,2,3,\cdots),\sin nx(n=1,2,3,\cdots)\tag{8.1.3}$$

为该矢量空间的一组基. 基的模方

$$\|1\|^2=\int_{-\pi}^{\pi}\mathrm{d}x=2\pi$$

$$\|\cos nx\|^2=\int_{-\pi}^{\pi}(\cos nx)^2\mathrm{d}x=\pi\quad(n=1,2,3,\cdots)$$

$$\| \sin nx \|^2 = \int_{-\pi}^{\pi} (\sin nx)^2 \mathrm{d}x = \pi \quad (n = 1,2,3,\cdots) \tag{8.1.4}$$

在$(-\infty,+\infty)$上，傅里叶级数(8.1.1) 收敛于一个 2π 周期函数. 如果级数(8.1.1)收敛，可以把它的和函数看成为$(-\infty,+\infty)$上的 2π 周期函数，也可以看成为仅定义在$(-\pi,\pi)$上的函数.

我们也可以讨论其他区间上的傅里叶级数. 当我们写出函数的傅里叶级数展开式时，总假定它符合傅里叶级数展开条件.

令 $x=\frac{\pi}{l}y, f(x)=f\left(\frac{\pi}{l}y\right)=F(y)$. 当 x 从$-\pi\to\pi$ 时，y 从$-l\to l$.

基(8.1.3)变成

$$1,\cos\frac{n\pi}{l}y \quad (n=1,2,3,\cdots)$$

$$\sin\frac{n\pi}{l}y \quad (n=1,2,3,\cdots)$$

在下面的讨论中，自变量仍写为 x，即在区间$(-l,l)$ 上，基可取为

$$1,\cos\frac{n\pi}{l}x \quad (n=1,2,3,\cdots)$$

$$\sin\frac{n\pi}{l}x \quad (n=1,2,3,\cdots) \tag{8.1.5}$$

基的模方

$$\| 1 \|^2 = \int_{-l}^{l} \mathrm{d}x = 2l$$

$$\left\| \cos\frac{n\pi}{l} \right\|^2 = \int_{-l}^{l} \left(\cos\frac{n\pi}{l}x\right)^2 \mathrm{d}x = l \quad (n = 1,2,3,\cdots)$$

$$\left\| \sin\frac{n\pi}{l}x \right\|^2 = \int_{-l}^{l} \left(\sin\frac{n\pi}{l}x\right)^2 \mathrm{d}x = l \quad (n = 1,2,3,\cdots) \tag{8.1.6}$$

这样我们可写出函数 $f(x)$在$(-l,l)$上的傅里叶级数表示式：

$$f(x)= a_0 + \sum_{n=1}^{+\infty}\left(a_n\cos\frac{n\pi}{l}x + b_n\sin\frac{n\pi}{l}x\right)(-l < x < l) \tag{8.1.7}$$

其中，

$$a_0 = \frac{1}{2l}\int_{-l}^{l} f(x)\mathrm{d}x$$

$$a_n = \frac{1}{l}\int_{-l}^{l} f(x)\cos\frac{n\pi}{l}x\,\mathrm{d}x \quad (n = 1,2,3,\cdots)$$

$$b_n = \frac{1}{l}\int_{-l}^{l} f(x)\sin\frac{n\pi}{l}x\,\mathrm{d}x \quad (n = 1,2,3,\cdots) \tag{8.1.8}$$

对于定义在$(0,l)$ 区间上的函数 $f(x)$ ，可以有多种方法将它展开. 这里介绍常见的三种.

(1) 将 $f(x)$ 奇延拓至区间$(-l,0)$，即在区间$(-l,l)$ 上定义奇函数 $F(x)$：

$$F(x)=\begin{cases} f(x), & 0<x<l \\ -f(-x), & -l<x<0 \end{cases}$$

$F(x)$可展开成式(8.1.7)形式的傅里叶级数.其中

$$a_n=0 \quad (n=0,1,2,\cdots)$$

$$b_n=\frac{2}{l}\int_0^l f(x)\sin\frac{n\pi}{l}x\,\mathrm{d}x \quad (n=1,2,3,\cdots)$$

在$(0,l)$上,

$$F(x)=f(x)=\sum_{n=1}^{+\infty}b_n\sin\frac{n\pi}{l}x \quad (0<x<l) \tag{8.1.9}$$

(2) 将 $f(x)$ 偶延拓至区间$(-l,0)$,即在区间$(-l,l)$上定义偶函数$F(x)$:

$$F(x)=\begin{cases} f(x), & 0<x<l \\ f(-x), & -l<x<0 \end{cases}$$

$F(x)$可展开成(8.1.7)形式的傅里叶级数.此时

$$a_0=\frac{1}{l}\int_0^l f(x)\,\mathrm{d}x$$

$$a_n=\frac{2}{l}\int_0^l f(x)\cos\frac{n\pi}{l}x\,\mathrm{d}x \quad (n=1,2,3,\cdots)$$

$$b_n=0 \quad (n=1,2,3,\cdots)$$

在$(0,l)$上,

$$F(x)=f(x)=a_0+\sum_{n=1}^{+\infty}a_n\cos\frac{n\pi}{l}x \ (0<x<l) \tag{8.1.10}$$

(3) 作坐标平移,令$x=\frac{l}{2}+y$,x从$0\to l$,y从$-\frac{l}{2}\to\frac{l}{2}$. 令$F(y)=f(x)=f\left(\frac{l}{2}+y\right)$.在$\left(-\frac{l}{2},\frac{l}{2}\right)$上$F(y)$可展开成

$$F(y)=a_0+\sum_{n=1}^{+\infty}\left(a_n\cos\frac{2n\pi}{l}y+b_n\sin\frac{2n\pi}{l}y\right)$$

即

$$\begin{aligned} f(x)&=a_0+\sum_{n=1}^{+\infty}\left[a_n\cos\frac{2n\pi}{l}\left(x-\frac{l}{2}\right)+b_n\sin\left(x-\frac{l}{2}\right)\right] \\ &=a_0+\sum_{n=1}^{+\infty}\left[(-1)^n a_n\cos\frac{2n\pi}{l}x+(-1)^n b_n\sin\frac{2n\pi}{l}x\right] \end{aligned} \tag{8.1.11}$$

其中

$$a_0=\frac{1}{l}\int_0^l f(x)\,\mathrm{d}x$$

$$(-1)^n a_n=\frac{2}{l}\int_0^l f(x)\cos\frac{2n\pi}{l}x\,\mathrm{d}x \quad (n=1,2,3,\cdots)$$

$$(-1)^n b_n=\frac{2}{l}\int_0^l f(x)\sin\frac{2n\pi}{l}x\,\mathrm{d}x \quad (n=1,2,3,\cdots)$$

式(8.1.9)的展开式中,可认为定义在$(0,l)$上的函数空间中采用了基:$\left\{\sin\frac{n\pi}{l}x: n=1,2,3,\cdots\right\}$,适用于讨论两端固定的弦振动等问题中. 式(8.1.10)的展开式中,我们用了基:$\left\{1,\cos\frac{n\pi}{l}x: n=1,2,3,\cdots\right\}$,适用于讨论两端自由弦的振动、两端绝热的热传导等问题中.

式(8.1.11)的展开式中,用了基:$\left\{\begin{matrix}1,\cos\frac{2n\pi}{l}x: n=1,2,3,\cdots\\ 0,\sin\frac{2n\pi}{l}x: n=1,2,3,\cdots\end{matrix}\right\}$. 这套基适用于周期性边条件的情况.

二、复数形式的傅里叶级数

在$(-l,l)$区间上,

$$\left\{\begin{matrix}1,\cos\frac{n\pi}{l}x: n=1,2,3,\cdots\\ 0,\sin\frac{n\pi}{l}x: n=1,2,3,\cdots\end{matrix}\right\} \tag{8.1.12}$$

为正交完备系. 因为

$$\cos\frac{n\pi}{l}x=\frac{1}{2}\left[\exp\left(\mathrm{i}\frac{n\pi}{l}x\right)+\exp\left(-\mathrm{i}\frac{n\pi}{l}x\right)\right]$$

$$\sin\frac{n\pi}{l}x=\frac{1}{2\mathrm{i}}\left[\exp\left(\mathrm{i}\frac{n\pi}{l}x\right)-\exp\left(-\mathrm{i}\frac{n\pi}{l}x\right)\right]$$

式(8.1.12)中的基可用下列正交完备基代替:

$$\left\{\cdots,\exp\left(-\mathrm{i}\frac{2\pi}{l}x\right),\exp\left(-\mathrm{i}\frac{\pi}{l}x\right),1,\exp\left(\mathrm{i}\frac{\pi}{l}x\right),\exp\left(\mathrm{i}\frac{2\pi}{l}x\right),\cdots\right\} \tag{8.1.13}$$

这里用了复基,展开系数一般也要取复数. 这时矢量的内积定义为

$$\langle f,g\rangle=\int_{-l}^{l}f^{*}(x)g(x)\mathrm{d}x \tag{8.1.14}$$

基的模方

$$\left\|\exp\left(\mathrm{i}\frac{n\pi}{l}x\right)\right\|^{2}=\int_{-l}^{l}\exp\left(\mathrm{i}\frac{n\pi}{l}x\right)^{*}\exp\left(\mathrm{i}\frac{n\pi}{l}x\right)$$

$$=\int_{-l}^{l}\exp\left(-\mathrm{i}\frac{n\pi}{l}x\right)\exp\left(\mathrm{i}\frac{n\pi}{l}x\right)=2l$$

$$(n=\cdots,-2,-1,0,1,2,\cdots)$$

$$f(x)=\sum_{-\infty}^{+\infty}c_n\exp\left(\mathrm{i}\frac{n\pi}{l}x\right) \tag{8.1.15}$$

$$c_n=\frac{\left\langle\exp\left(\mathrm{i}\frac{n\pi}{l}x\right),f(x)\right\rangle}{\left\langle\exp\left(\mathrm{i}\frac{n\pi}{l}x\right),\exp\left(\mathrm{i}\frac{n\pi}{l}x\right)\right\rangle}=\frac{1}{2l}\int_{-l}^{l}f(x)\exp\left(-\mathrm{i}\frac{n\pi}{l}x\right)\mathrm{d}x \tag{8.1.16}$$

当然，我们也可以将 $f(x)$ 的展开式写为

$$f(x)=\sum_{-\infty}^{+\infty}c_n\exp\left(-\mathrm{i}\,\frac{n\pi}{l}x\right) \tag{8.1.17}$$

这时

$$c_n=\frac{\left\langle\exp\left(-\mathrm{i}\,\frac{n\pi}{l}x,f(x)\right)\right\rangle}{\left\langle\exp\left(-\mathrm{i}\,\frac{n\pi}{l}x,\exp\left(-\mathrm{i}\,\frac{n\pi}{l}x\right)\right)\right\rangle}=\frac{1}{2l}\int_{-l}^{l}f(x)\exp\left(\mathrm{i}\,\frac{n\pi}{l}x\right)\mathrm{d}x \tag{8.1.18}$$

§8.2　傅里叶积分

定义在 $(-\infty,+\infty)$ 上的函数 $f(x)$ 可看成定义在 $\left(-\frac{l}{2},\frac{l}{2}\right)$ 上的函数 $f_l(x)$ 当 $l\to+\infty$ 时的极限：

$$f(x)=\lim_{l\to+\infty}f_l(x)$$

$f_l(x)$ 可展开成傅里叶级数：

$$f_l(x)=\sum_{n=-\infty}^{+\infty}c_n\exp\left(-\mathrm{i}n\,\frac{2\pi}{l}x\right)=\sum_{n=-\infty}^{+\infty}c_n\exp(-\mathrm{i}nkx)\quad\left(k=\frac{2\pi}{l}\right)$$

$$c_n=\frac{1}{l}\int_{-\frac{l}{2}}^{\frac{l}{2}}f_l(x)\exp(\mathrm{i}nkx)\mathrm{d}x$$

将 c_n 的表示式代入级数表示式：

$$f_l(x)=\frac{1}{l}\sum_{n=-\infty}^{+\infty}\left[\int_{-\frac{l}{2}}^{\frac{l}{2}}f_l(y)\exp(\mathrm{i}nky)\mathrm{d}y\right]\exp(-\mathrm{i}nkx)$$

令 $k_n=nk$，$f(x)$ 可写为

$$f(x)=\lim_{l\to+\infty}\frac{1}{l}\sum_{n=-\infty}^{+\infty}\left[\int_{-\frac{l}{2}}^{\frac{l}{2}}f_l(y)\exp(\mathrm{i}k_ny)\mathrm{d}y\right]\exp(-\mathrm{i}k_nx)$$

记

$$\Delta k=k_n-k_{n-1}=\frac{2\pi}{l}$$

$$\begin{aligned}f(x)&=\lim_{\Delta k\to0}\frac{1}{2\pi}\sum_{n=-\infty}^{+\infty}\left[\int_{-\frac{l}{2}}^{\frac{l}{2}}f_l(y)\exp(\mathrm{i}k_ny)\mathrm{d}y\right]\exp(-\mathrm{i}k_nx)\Delta k\\&=\lim_{\Delta k\to0}\sum_{n=-\infty}^{+\infty}\Phi_l(k_n)\Delta k\end{aligned}$$

其中

$$\Phi_l(k)=\frac{1}{2\pi}\left[\int_{-\frac{l}{2}}^{\frac{l}{2}}f_l(y)\exp(\mathrm{i}ky)\mathrm{d}y\right]\exp(-\mathrm{i}kx)$$

当 $l\to+\infty$ 时，$\Phi_l(k)\to\Phi(k)$.

其中

$$\Phi(k)=\frac{1}{2\pi}\left[\int_{-\infty}^{+\infty}f(y)\exp(\mathrm{i}ky)\mathrm{d}y\right]\exp(-\mathrm{i}kx)$$

$$f(x)=\int_{-\infty}^{+\infty}\Phi(k)\mathrm{d}k=\frac{1}{2\pi}\int_{-\infty}^{+\infty}\left[\int_{-\infty}^{+\infty}f(y)\exp(\mathrm{i}ky)\mathrm{d}y\right]\exp(-\mathrm{i}kx)\mathrm{d}k \tag{8.2.1}$$

上式即为定义在$(-\infty,+\infty)$上的函数$f(x)$的傅里叶积分表示式. 在导出(8.2.1)的过程中,我们取了多次极限,极限运算和取和、积分等运算经常进行交换. 它们的合理性数学上都有证明,这里只列出结论:

若$f(x)$满足下列条件,则式(8.2.1)成立.

(1) $f(x)$在任一有限区间上连续或至多有有限个第一类间断点,至多有有限个极值点.

(2) $\int_{-\infty}^{+\infty}|f(x)|\mathrm{d}x$收敛.

式(8.2.1)说明对$(-\infty,+\infty)$上的非周期函数要用傅里叶积分表示.

§8.3 傅里叶变换

一、傅里叶变换的定义

式(8.2.1)中的傅里叶积分可以分两步来完成.

1. 先作积分

$$\int_{-\infty}^{+\infty}f(x)\exp(\mathrm{i}kx)\mathrm{d}x=\tilde{f}(k) \tag{8.3.1}$$

2. 再作积分

$$\frac{1}{2\pi}\int_{-\infty}^{+\infty}\tilde{f}(k)\exp(-\mathrm{i}kx)\mathrm{d}k=f(x) \tag{8.3.2}$$

式(8.3.1)中的积分称为函数$f(x)$的傅里叶变换. 用F表示傅里叶变换算子:

$$F[f(x)]=\int_{-\infty}^{+\infty}f(x)\exp(\mathrm{i}kx)\mathrm{d}x=\tilde{f}(k) \tag{8.3.3}$$

$f(x)$称为傅里叶变换的原函数,$\tilde{f}(k)$叫作象函数. 式(8.3.1)给出了从原函数求象函数的公式. 式(8.3.2)可以使我们从象函数求出原函数. 从象函数求原函数叫傅里叶逆变换,记为F^{-1}:

$$F^{-1}[\tilde{f}(k)]=\frac{1}{2\pi}\int_{-\infty}^{+\infty}\tilde{f}(k)\exp(-\mathrm{i}kx)\mathrm{d}k=f(x) \tag{8.3.4}$$

显然

$$F^{-1}\{F[f(x)]\}=f(x)$$

$$F\{F^{-1}[\tilde{f}(k)]\}=\tilde{f}(k)$$

即

$$F^{-1}\cdot F=I_x \quad (x\text{ 空间中的单位算子})$$

$$F\cdot F^{-1}=I_k \quad (k\text{ 空间中的单位算子})$$

例 8.1　下列函数称为矩形单脉冲函数：

$$f(x)=\begin{cases}E, & |x|\leqslant\dfrac{\tau}{2}\\ 0, & |x|>\dfrac{\tau}{2}\end{cases}$$

求它的傅里叶变换.

解　$F[f(x)]=\int_{-\infty}^{+\infty}f(x)\exp(\mathrm{i}kx)\mathrm{d}x = E\int_{-\frac{\tau}{2}}^{\frac{\tau}{2}}\exp(\mathrm{i}kx)\mathrm{d}x = 2E\int_0^{\frac{\tau}{2}}\cos kx\,\mathrm{d}x$

$$= 2E\frac{\sin\dfrac{k\tau}{2}}{k} = \tilde{f}(k)$$

例 8.2　已知 $f(x)=A\exp(-\beta x^2)$，$\beta>0$（钟形脉冲），求 $\tilde{f}(k)$.

解

$$\tilde{f}(k)= A\int_{-\infty}^{+\infty}\exp(-\beta x^2)\exp(\mathrm{i}kx)\mathrm{d}x$$

$$= A\exp\left(-\frac{k^2}{4\beta}\right)\int_{-\infty}^{+\infty}\exp\left[-\beta\left(x-\frac{\mathrm{i}k}{2\beta}\right)^2\right]\mathrm{d}x$$

用回路积分，不难证明

$$\int_{-\infty}^{+\infty}\exp\left[-\beta\left(x-\frac{\mathrm{i}k}{2\beta}\right)^2\right]\mathrm{d}x = \int_{-\infty}^{+\infty}\exp(-\beta x^2)\mathrm{d}x =\sqrt{\frac{\pi}{\beta}}$$

所以

$$\tilde{f}(k)=A\sqrt{\frac{\pi}{\beta}}\exp\left(-\frac{k^2}{4\beta}\right)$$

二、傅里叶变换的性质

1. 线性性

若 $F[f(x)]$，$F[g(x)]$存在，则对任意复数 $\alpha,\beta\in\mathbf{C}$，有

$$F[\alpha f(x)+\beta g(x)]=\alpha F[f(x)]+\beta F[g(x)] \tag{8.3.5}$$

对逆变换，我们有

$$F^{-1}[\alpha\tilde{f}(k)+\beta\tilde{g}(k)]=\alpha F^{-1}[\tilde{f}(k)]+\beta F^{-1}[\tilde{g}(k)] \tag{8.3.6}$$

（证略）

2. 位移性质

(1)
$$F[f(x+x_0)]=\exp(-\mathrm{i}kx_0)F[f(x)] \tag{8.3.7}$$

证 $$F[f(x+x_0)]=\int_{-\infty}^{+\infty}f(x+x_0)\exp(\mathrm{i}kx)\mathrm{d}x$$
$$=\int_{-\infty}^{+\infty}f(x')\exp[\mathrm{i}k(x'-x_0)]\mathrm{d}x'$$
$$=\exp(-\mathrm{i}kx_0)\int_{-\infty}^{+\infty}f(x')\exp(\mathrm{i}kx')\mathrm{d}x'$$
$$=\exp(-\mathrm{i}kx_0)F[f(x)]$$

(2) $$F[\exp(\mathrm{i}k_0x)f(x)]=\tilde{f}(k+k_0) \tag{8.3.8}$$

证 $$F[\exp(\mathrm{i}k_0x)f(x)]=\int_{-\infty}^{+\infty}\exp(\mathrm{i}k_0x)f(x)\exp(\mathrm{i}kx)\mathrm{d}x$$
$$=\int_{-\infty}^{+\infty}f(x)\exp[\mathrm{i}(k+k_0)x]\,\mathrm{d}x$$
$$=\tilde{f}(k+k_0)$$

对于逆变换,有

$$F^{-1}[\exp(-\mathrm{i}kx_0)\tilde{f}(k)]=f(x+x_0) \tag{8.3.9}$$
$$F^{-1}[\tilde{f}(k+k_0)]=\exp(\mathrm{i}k_0x)f(x) \tag{8.3.10}$$

例 8.3 已知

$$g(x)=\begin{cases}E, & 0\leqslant x\leqslant\tau\\ 0, & x\notin[0,\tau]\end{cases}$$

求$\tilde{g}(k)$.

解 方法一 由定义知

$$\tilde{g}(k)=\int_{-\infty}^{+\infty}g(x)\exp(\mathrm{i}kx)\mathrm{d}x=E\int_0^{\tau}\exp(\mathrm{i}kx)\mathrm{d}x$$
$$=\frac{E}{\mathrm{i}k}[\exp(\mathrm{i}kx)]_0^{\tau}=2E\exp\left(\mathrm{i}\frac{k\tau}{2}\right)\frac{\sin\frac{k\tau}{2}}{k}$$

方法二 由例 8.1,知

$$f(x)=\begin{cases}E, & x\in\left(-\frac{\tau}{2},\frac{\tau}{2}\right)\\ 0, & x\notin\left(-\frac{\tau}{2},\frac{\tau}{2}\right)\end{cases}$$

$$\tilde{f}(k)=2E\frac{\sin\frac{k\tau}{2}}{k}$$

在本例中,

$$g(x)=f\left(x-\frac{\tau}{2}\right)$$

$$\tilde{g}(k)=F\left[f\left(x-\frac{\tau}{2}\right)\right]=\exp\left(\mathrm{i}\frac{k\tau}{2}\right)F[f(x)]=2E\exp\left(\mathrm{i}\frac{k\tau}{2}\right)\frac{\sin\frac{k\tau}{2}}{k}$$

3. 微分性质

假定 $|x|\to+\infty, f(x)\to 0, F\left[\frac{\mathrm{d}}{\mathrm{d}x}f(x)\right]$存在，则

$$F\left[\frac{\mathrm{d}}{\mathrm{d}x}f(x)\right]=-\mathrm{i}kF[f(x)] \tag{8.3.11}$$

证　$F\left[\frac{\mathrm{d}}{\mathrm{d}x}f(x)\right]=\int_{-\infty}^{+\infty}\frac{\mathrm{d}f}{\mathrm{d}x}\exp(\mathrm{i}kx)\mathrm{d}x$

$$=[f(x)\exp(\mathrm{i}kx)]_{-\infty}^{+\infty}-\mathrm{i}k\int_{-\infty}^{+\infty}f(x)\exp(\mathrm{i}kx)\mathrm{d}x=-\mathrm{i}kF[f(x)]$$

一般可得

$$F\left[\left(\frac{\mathrm{d}}{\mathrm{d}x}\right)^n f(x)\right]=(-\mathrm{i}k)^n F[f(x)] \tag{8.3.12}$$

4. 卷积性质

若函数 $f(x), g(x)$ 在$(-\infty,+\infty)$ 上绝对可积，定义下列积分为它们的卷积：

$$f(x)*g(x)=\int_{-\infty}^{+\infty}f(x-y)g(y)\mathrm{d}y$$

可以证明卷积也可以表示为

$$f(x)*g(x)=\int_{-\infty}^{+\infty}f(y)g(x-y)\mathrm{d}y$$

$$F[f(x)*g(x)]=\int_{-\infty}^{+\infty}\left[\int_{-\infty}^{+\infty}f(y)g(x-y)\mathrm{d}y\right]\exp(\mathrm{i}kx)\mathrm{d}x$$

$$=\int_{-\infty}^{+\infty}f(y)\exp(\mathrm{i}ky)\mathrm{d}y\int_{-\infty}^{+\infty}g(x-y)\exp[\mathrm{i}k(x-y)]\,\mathrm{d}(x-y)$$

$$=\tilde{f}(k)\tilde{g}(k) \tag{8.3.13}$$

$$F^{-1}[\tilde{f}(k)\tilde{g}(k)]=f(x)*g(x) \tag{8.3.14}$$

很多人把傅里叶变换定义为

$$F[f(x)]=\int_{-\infty}^{+\infty}f(x)\exp(-\mathrm{i}kx)\mathrm{d}x=\tilde{f}(x) \tag{8.3.15}$$

则其反演为

$$F^{-1}[\tilde{f}(k)]=\frac{1}{2\pi}\int_{-\nabla}^{+\infty}\tilde{f}(k)\exp(\mathrm{i}kx)\mathrm{d}k \tag{8.3.16}$$

两种定义的计算结果中，k 差一符号.

三、δ 函数的几种表示

1. 傅里叶表示

由傅里叶积分定理，知

$$f(x)=\frac{1}{2\pi}\int_{-\infty}^{+\infty}\tilde{f}(k)\exp(-\mathrm{i}kx)\mathrm{d}k$$

$$=\frac{1}{2\pi}\int_{-\infty}^{+\infty}\left[\int_{-\infty}^{+\infty}f(y)\exp(\mathrm{i}ky)\mathrm{d}y\right]\exp(-\mathrm{i}kx)\mathrm{d}k$$

$$=\int_{-\infty}^{+\infty}f(y)\left\{\frac{1}{2\pi}\int_{-\infty}^{+\infty}\exp[\mathrm{i}k(y-x)]\mathrm{d}k\right\}\mathrm{d}y$$

所以

$$\delta(y-x)=\frac{1}{2\pi}\int_{-\infty}^{+\infty}\exp[\mathrm{i}k(y-x)]\,\mathrm{d}k \tag{8.3.17}$$

因为

$$\exp[\mathrm{i}k(y-x)]=\cos[k(y-x)]+\mathrm{i}\sin[k(y-x)]$$

所以

$$\delta(y-x)=\frac{1}{2\pi}\int_{-\infty}^{+\infty}\cos[k(y-x)]\mathrm{d}k=\frac{1}{\pi}\int_{0}^{+\infty}\cos[k(y-x)]\mathrm{d}k \tag{8.3.18}$$

当然，δ 函数也可表示为

$$\delta(y-x)=\frac{1}{2\pi}\int_{-\infty}^{+\infty}\exp[-\mathrm{i}k(y-x)]\,\mathrm{d}k \tag{8.3.19}$$

2. 狄利克雷表示

$$\delta(x)=\lim_{\varepsilon\to 0}\frac{\sin\frac{x}{\varepsilon}}{\pi x} \tag{8.3.20}$$

证 $\quad \frac{1}{2\pi}\int_{-\frac{1}{\varepsilon}}^{\frac{1}{\varepsilon}}\exp(\mathrm{i}kx)\mathrm{d}k=\frac{1}{\pi}\int_{0}^{\frac{1}{\varepsilon}}\cos kx\,\mathrm{d}k=\frac{1}{\pi}\left[\frac{\sin kx}{x}\right]_{0}^{\frac{1}{\varepsilon}}=\frac{\sin\frac{x}{\varepsilon}}{\pi x}$

$$\lim_{\varepsilon\to 0}\frac{\sin\frac{x}{\varepsilon}}{\pi x}=\frac{1}{\pi}\int_{0}^{+\infty}\cos kx\,\mathrm{d}k=\delta(x)$$

3. 洛伦兹表示

$$\delta(x)=\lim_{\varepsilon\to 0}\frac{\varepsilon}{\pi(x^2+\varepsilon^2)} \tag{8.3.21}$$

证

$$\frac{1}{\pi}\int_{0}^{+\infty}\exp(-\varepsilon k)\cos kx\,\mathrm{d}k=\frac{1}{\pi x}\int_{0}^{+\infty}\exp(-\varepsilon k)\,\mathrm{d}\sin kx$$

$$=\frac{1}{\pi x}\left\{[\exp(-\varepsilon k)\sin kx]_{0}^{+\infty}+\varepsilon\int_{0}^{+\infty}\exp(-\varepsilon k)\sin kx\,\mathrm{d}k\right\}$$

$$=\frac{\varepsilon}{\pi x}\int_{0}^{+\infty}\exp(-\varepsilon k)\sin kx\,\mathrm{d}k$$

$$=-\frac{\varepsilon}{\pi x^2}\int_{0}^{+\infty}\exp(-\varepsilon k)\mathrm{d}\cos kx$$

$$=-\frac{\varepsilon}{\pi x^2}\left\{[\exp(-\varepsilon k)\cos kx]_{0}^{+\infty}+\varepsilon\int_{0}^{+\infty}\exp(-\varepsilon k)\cos kx\,\mathrm{d}k\right\}$$

$$=\frac{\varepsilon}{\pi x^2}-\frac{\varepsilon^2}{\pi x^2}\int_{0}^{+\infty}\exp(-\varepsilon k)\cos kx\,\mathrm{d}k$$

$$\frac{1}{\pi}\int_{0}^{+\infty}\exp(-\varepsilon k)\cos kx\,\mathrm{d}k=\frac{\varepsilon}{\pi(x^2+\varepsilon^2)}$$

$$\lim_{\varepsilon\to 0}\frac{\varepsilon}{\pi(x^2+\varepsilon^2)}=\frac{1}{\pi}\int_{0}^{+\infty}\cos kx\,\mathrm{d}k=\delta(x)$$

4. 高斯表示

$$\lim_{t\to 0^+}\frac{1}{2a\sqrt{\pi t}}\exp\left(-\frac{x^2}{4a^2t}\right)=\delta(x) \tag{8.3.22}$$

证　高斯表示不能像前面几种表示那样用傅里叶变换证明. 我们直接从 δ 函数的定义出发来进行证明.

令
$$f(x,t)=\frac{1}{2a\sqrt{\pi t}}\exp\left(-\frac{x^2}{4a^2t}\right)$$

易证

$$\int_{-\infty}^{+\infty}f(x,t)\,\mathrm{d}x=1$$

$$\left|\int_{-\infty}^{+\infty}f(x,t)\varphi(x)\,\mathrm{d}x-\varphi(0)\right|=\left|\int_{-\infty}^{+\infty}f(x,t)[\varphi(x)-\varphi(0)]\mathrm{d}x\right|$$

其中 $\varphi(x)$ 在 $(-\infty,+\infty)$ 上无限次可微,在某一有限区间外恒等于零. 因此,$\varphi'(x)$ 在 $(-\infty,+\infty)$ 上有界.

由中值定理,可知

$$\varphi(x)-\varphi(0)=\varphi'(\xi)x,\ \xi\in(0,x)$$
$$|\varphi'(x)|\leqslant M,\ x\in(-\infty,+\infty)$$

$$\begin{aligned}\left|\int_{-\infty}^{+\infty}f(x,t)[\varphi(x)-\varphi(0)]\mathrm{d}x\right|&\leqslant M\int_{-\infty}^{+\infty}f(x,t)\,|x|\,\mathrm{d}x\\&=M\frac{1}{a\sqrt{\pi t}}\int_{0}^{+\infty}\exp\left(-\frac{x^2}{4a^2t}\right)x\,\mathrm{d}x\\&=2aM\sqrt{\frac{t}{\pi}}\end{aligned}$$

$$\lim_{t\to 0^+}\left|\int_{-\infty}^{+\infty}f(x,t)\varphi(x)\,\mathrm{d}x-\varphi(0)\right|=0$$

$$\lim_{t\to 0^+}f(x,t)=\delta(x)$$

四、傅里叶变换用于解定解问题

例 8.4　求解无界杆的热传导问题:

$$\begin{cases}u_t(x,t)-a^2u(x,t)=f(x,t)\\u(x,0)=\varphi(x)\end{cases}\quad\begin{Bmatrix}-\infty<x<+\infty;0<t<+\infty\\-\infty<x<+\infty\end{Bmatrix} \tag{8.3.23}$$

解　对方程和初条件都作傅里叶变换:

$$F[u(x,t)]=\int_{-\infty}^{+\infty}u(x,t)\exp(\mathrm{i}kx)\,\mathrm{d}x=\tilde{u}(k,t)$$

$$F\left[\frac{\partial}{\partial t}u(x,t)\right]=\frac{\mathrm{d}}{\mathrm{d}t}\int_{-\infty}^{+\infty}u(x,t)\exp(\mathrm{i}kx)\mathrm{d}x=\frac{\mathrm{d}}{\mathrm{d}t}\tilde{u}(k,t)$$

$$F\left[\frac{\partial^2}{\partial x^2}u(x,t)\right]=(-\mathrm{i}k)^2\int_{-\infty}^{+\infty}u(x,t)\exp(\mathrm{i}kx)\mathrm{d}x=-k^2\tilde{u}(k,t)$$

$$F[f(x,t)]=\tilde{f}(k,t)$$

$$F[u(x,0)]=\tilde{u}(k,0)$$

$$F[\varphi(x)]=\tilde{\varphi}(k)$$

定解问题(8.3.22)变为

$$\begin{cases}\dfrac{\mathrm{d}}{\mathrm{d}t}\tilde{u}(k,t)+a^2k^2\tilde{u}(k,t)=\tilde{f}(k,t) \\ \tilde{u}(k,0)=\tilde{\varphi}(k)\end{cases}\quad(0<t<+\infty)\tag{8.3.24}$$

式(8.3.24)中对应的齐次微分方程的通解为

$$\tilde{u}(k,t)=c\exp(-a^2k^2t)$$

式(8.3.24)中非齐次方程的解可设为

$$\tilde{u}(k,t)=c(t)\exp(-a^2k^2t)$$

代入方程,可解得

$$\frac{\mathrm{d}c(t)}{\mathrm{d}t}=\tilde{f}(k,t)\exp(a^2k^2t)$$

$$c(t)=c(0)+\int_0^t\tilde{f}(k,\tau)\exp(a^2k^2\tau)\mathrm{d}\tau$$

因此

$$\tilde{u}(k,t)=c(0)\exp(-a^2k^2t)+\int_0^t\tilde{f}(k,\tau)\exp[-a^2k^2(t-\tau)]\mathrm{d}\tau$$

由初条件,得

$$\tilde{u}(k,t)=\tilde{\varphi}(k)\exp(-a^2k^2t)+\int_0^t\tilde{f}(k,\tau)\exp[-a^2k^2(t-\tau)]\mathrm{d}\tau$$

从例 8.2 中傅里叶变换的计算,得

$$F[\exp(-\beta x^2)]=\sqrt{\frac{\pi}{\beta}}\exp\left(-\frac{k^2}{4\beta}\right)$$

所以

$$F^{-1}\left[\exp\left(-\frac{k^2}{4\beta}\right)\right]=\sqrt{\frac{\beta}{\pi}}\exp(-\beta x^2)$$

$$F^{-1}[\exp(-a^2k^2t)]=\frac{1}{\sqrt{4a^2\pi t}}\exp\left(-\frac{x^2}{4a^2t}\right)$$

$$u(x,t)=F^{-1}[\tilde{\varphi}(k)\exp(-a^2k^2t)]+F^{-1}\left\{\int_0^t\tilde{f}(k,\tau)\exp[-a^2k^2(t-\tau)]\mathrm{d}\tau\right\}$$

其中

$$F^{-1}[\tilde{\varphi}(k)\exp(-a^2k^2t)]=\int_{-\infty}^{-\infty}\varphi(y)\cdot\frac{1}{2a\sqrt{\pi t}}\exp\left[-\frac{(x-y)^2}{4a^2t}\right]\mathrm{d}y$$

$$F^{-1}\left\{\int_0^t \tilde{f}(k,\tau)\exp[-a^2k^2(t-\tau)]\,\mathrm{d}\tau\right\}$$

$$=\int_0^t F^{-1}\{\tilde{f}(k,\tau)\exp[-a^2k^2(t-\tau)]\}\mathrm{d}\tau$$

$$=\int_0^t\int_{-\infty}^{+\infty} f(y,\tau)\frac{1}{2a\sqrt{\pi(t-\tau)}}\exp\left[-\frac{(x-y)^2}{4a^2(t-\tau)}\right]\mathrm{d}y\mathrm{d}\tau$$

例 8.5 求解无界弦的自由振动:

$$\begin{cases} u_{tt}-a^2u_{xx}=0 \\ u(x,0)=\varphi(x) \\ u_t(x,0)=\psi(x) \end{cases} \quad \begin{Bmatrix} -\infty<x<+\infty;0<t<+\infty \\ -\infty<x<+\infty \\ -\infty<x<+\infty \end{Bmatrix} \tag{8.3.25}$$

解 对方程和初条件作傅里叶变换,$\tilde{u}(k,t)=F[u(x,t)]$满足:

$$\begin{cases} \dfrac{\mathrm{d}^2}{\mathrm{d}t^2}\tilde{u}(k,t)+a^2k^2\,\tilde{u}(k,t)=0 \\ \tilde{u}(k,0)=\tilde{\varphi}(k) \\ \tilde{u}_t(k,0)=\tilde{\psi}(k) \end{cases} \quad (0<t<+\infty) \tag{8.3.26}$$

解之,得

$$\tilde{u}(k,t)=\tilde{\varphi}(k)\cos akt+\frac{\tilde{\psi}(k)}{ak}\sin akt$$

$$F^{-1}(\cos akt)=\frac{1}{2}F^{-1}[\exp(\mathrm{i}akt)+\exp(-\mathrm{i}akt)]$$

$$=\frac{1}{4\pi}\int_{-\infty}^{+\infty}\left\{\exp[-\mathrm{i}k(x-at)]+\exp[-\mathrm{i}k(x+at)]\right\}\mathrm{d}k$$

$$=\frac{1}{2}[\delta(x+at)+\delta(x-at)]$$

由例 8.1 的计算,知

$$f(x)=\begin{cases}1, & |x|\leqslant\dfrac{\tau}{2} \\ 0, & |x|>\dfrac{\tau}{2}\end{cases}$$

的傅里叶变换

$$\tilde{f}(k)=2\,\frac{\sin\dfrac{k\tau}{2}}{k}$$

所以

$$F^{-1}\left(\frac{\sin\dfrac{k\tau}{2}}{k}\right)=\begin{cases}\dfrac{1}{2}, & |x|\leqslant\dfrac{\tau}{2} \\ 0, & |x|>\dfrac{\tau}{2}\end{cases}$$

$$F^{-1}\left(\frac{\sin akt}{k}\right)=\begin{cases}\frac{1}{2}, & |x|\leqslant at\\ 0, & |x|>at\end{cases}$$
$$=g(x)$$

$$\begin{aligned}u(x,t)&=F^{-1}[\tilde{u}(k,t)]\\&=\varphi(x)*\frac{1}{2}[\delta(x+at)+\delta(x-at)]+\frac{1}{a}\psi(x)*g(x)\\&=\frac{1}{2}\int_{-\infty}^{+\infty}\varphi(x-\xi)[\delta(\xi+at)+\delta(\xi-at)]\mathrm{d}\xi+\frac{1}{a}\int_{-\infty}^{+\infty}\psi(\xi)g(x-\xi)\mathrm{d}\xi\\&=\frac{1}{2}[\varphi(x+at)+\varphi(x-at)]+\frac{1}{2a}\int_{x-at}^{x+at}\psi(\xi)\mathrm{d}\xi\end{aligned}$$

这就是达朗贝尔(D'Alembert)公式.

*§8.4 傅里叶余弦变换与正弦变换

设 $f(x)$为$(-\infty,+\infty)$上的偶函数,它的傅里叶变换

$$F[f(x)]=\int_{-\infty}^{+\infty}f(x)\exp(\mathrm{i}kx)\mathrm{d}x=2\int_{0}^{+\infty}f(x)\cos kx\mathrm{d}x=\tilde{f}(k)\tag{8.4.1}$$

当 $f(x)$为偶函数时,傅里叶变换的象函数$\tilde{f}(k)$亦为偶函数.傅里叶逆变换

$$F^{-1}[\tilde{f}(k)]=\frac{1}{2\pi}\int_{-\infty}^{+\infty}\tilde{f}(k)\exp(-\mathrm{i}kx)\mathrm{d}k=\frac{1}{\pi}\int_{0}^{+\infty}\tilde{f}(k)\cos kx\mathrm{d}k=f(x)\tag{8.4.2}$$

将式(8.4.1)代入式(8.4.2),可得

$$\frac{2}{\pi}\int_{0}^{+\infty}\left[\int_{0}^{+\infty}f(y)\cos ky\mathrm{d}y\right]\cos kx\mathrm{d}k=f(x)\tag{8.4.3}$$

我们也可以不对 $f(x)$作偶延拓,直接证明式(8.4.3):

$$\begin{aligned}&\frac{2}{\pi}\int_{0}^{+\infty}\left[\int_{0}^{+\infty}f(y)\cos ky\mathrm{d}y\right]\cos kx\mathrm{d}k\\&=\frac{1}{\pi}\int_{0}^{+\infty}f(y)\mathrm{d}y\int_{0}^{+\infty}[\cos k(x-y)+\cos k(x+y)]\mathrm{d}k\\&=\int_{0}^{+\infty}f(y)[\delta(x-y)+\delta(x+y)]\mathrm{d}y=f(x)\end{aligned}$$

因此,式(8.4.3)可认为对定义在$(0,+\infty)$上的函数恒成立.习惯上我们把下列积分称为定义在$(0,+\infty)$上的函数 $f(x)$的傅里叶余弦变换,记为

$$F_c[f(x)]=\int_{0}^{+\infty}f(x)\cos kx\mathrm{d}x=\tilde{f}_c(k)\tag{8.4.4}$$

从式(8.4.3)可知它的逆变换(反演)

$$F_c^{-1}[\tilde{f}_c(k)]=f(x)=\frac{2}{\pi}\int_{0}^{+\infty}\tilde{f}_c(k)\cos kx\mathrm{d}k\tag{8.4.5}$$

如果 $f(x)$ 为 $(-\infty,+\infty)$ 上的奇函数，则它的傅里叶变换

$$F[f(x)]=\int_{-\infty}^{+\infty}f(x)\exp(\mathrm{i}kx)\mathrm{d}x=-2\mathrm{i}\int_{0}^{+\infty}f(x)\sin kx\mathrm{d}x=\tilde{f}(k) \tag{8.4.6}$$

当 $f(x)$ 为奇函数时 $\tilde{f}(k)$ 亦为奇函数. 傅里叶逆变换

$$F^{-1}[\tilde{f}(k)]=\frac{1}{2\pi}\int_{-\infty}^{+\infty}\tilde{f}(k)\exp(-\mathrm{i}kx)\mathrm{d}k=\frac{\mathrm{i}}{\pi}\int_{0}^{+\infty}\tilde{f}(k)\sin kx\mathrm{d}k=f(x) \tag{8.4.7}$$

将式(8.4.6)代入上式，可得

$$\frac{2}{\pi}\int_{0}^{+\infty}\left[\int_{0}^{+\infty}f(y)\sin ky\mathrm{d}y\right]\sin kx\mathrm{d}k=f(x) \tag{8.4.8}$$

我们也可以不对 $f(x)$ 作奇延拓，直接证明式(8.4.8)：

$$\begin{aligned}&\frac{2}{\pi}\int_{0}^{+\infty}\left[\int_{0}^{+\infty}f(y)\sin ky\mathrm{d}y\right]\sin kx\mathrm{d}k\\&=\frac{1}{\pi}\int_{0}^{+\infty}f(y)\mathrm{d}y\int_{0}^{+\infty}[\cos k(x-y)-\cos k(x+y)]\mathrm{d}k\\&=\int_{0}^{+\infty}f(y)[\delta(x-y)-\delta(x+y)]\mathrm{d}y=f(x)\end{aligned}$$

称

$$F_{\mathrm{s}}[f(x)]=\int_{0}^{+\infty}f(x)\sin kx\mathrm{d}x=\tilde{f}_{\mathrm{s}}(k) \tag{8.4.9}$$

为定义在 $(0,+\infty)$ 上函数 $f(x)$ 的傅里叶正弦变换. 反演公式

$$F_{\mathrm{s}}^{-1}[\tilde{f}_{\mathrm{s}}(k)]=\frac{2}{\pi}\int_{0}^{+\infty}\tilde{f}_{\mathrm{s}}(k)\sin kx\mathrm{d}k=f(x) \tag{8.4.10}$$

那么什么时候用傅里叶余弦变换，什么时候用傅里叶正弦变换呢？一般我们遇见的定解问题，仅包含未知函数及其二阶偏导数，设我们用傅里叶余弦变换：

$$F_{\mathrm{c}}[u(x,t)]=\int_{0}^{+\infty}u(x,t)\cos kx\mathrm{d}x=\tilde{u}_{\mathrm{c}}(k,t)$$

$$\begin{aligned}F_{\mathrm{c}}\left(\frac{\partial u}{\partial x}\right)&=\int_{0}^{+\infty}\frac{\partial u(x,t)}{\partial x}\cos kx\mathrm{d}x\\&=[u(x,t)\cos kx]_{0}^{+\infty}+k\int_{0}^{+\infty}u(x,t)\sin kx\mathrm{d}x\\&=-u(0,t)+k\int_{0}^{+\infty}u(x,t)\sin kx\mathrm{d}x\end{aligned} \tag{8.4.11}$$

$$\begin{aligned}F_{\mathrm{c}}\left(\frac{\partial^2 u}{\partial x^2}\right)&=\int_{0}^{+\infty}\frac{\partial^2 u(x,t)}{\partial x^2}\cos kx\mathrm{d}x\\&=\left[\frac{\partial u(x,t)}{\partial x}\cos kx\right]_{0}^{+\infty}+k\int_{0}^{+\infty}\frac{\partial u(x,t)}{\partial x}\sin kx\mathrm{d}x\\&=-\frac{\partial u(0,t)}{\partial x}+k[u(x,t)\sin kx]_{0}^{+\infty}-k^2\int_{0}^{+\infty}u(x,t)\cos kx\mathrm{d}x\\&=-\frac{\partial u(0,t)}{\partial x}-k^2\tilde{u}_{\mathrm{c}}(k,t)\end{aligned} \tag{8.4.12}$$

因此,若在 $x=0$ 端给出第二类边条件,用傅里叶余弦变换,可使问题简化.

若用傅里叶正弦变换:

$$F_s[u(x,t)]=\int_0^{+\infty} u(x,t)\sin kx\,\mathrm{d}x=\tilde{u}_s(k,t)$$

$$\begin{aligned}F_s\left(\frac{\partial u}{\partial x}\right)&=\int_0^{+\infty}\frac{\partial u(x,t)}{\partial x}\sin kx\,\mathrm{d}x\\&=[u(x,t)\sin kx]_0^{+\infty}-k\int_0^{+\infty}u(x,t)\cos kx\,\mathrm{d}x\\&=-k\int_0^{+\infty}u(x,t)\cos kx\,\mathrm{d}x\end{aligned}\tag{8.4.13}$$

$$\begin{aligned}F_s\left(\frac{\partial^2 u}{\partial x^2}\right)&=\int_0^{+\infty}\frac{\partial^2 u(x,t)}{\partial x^2}\sin kx\,\mathrm{d}x\\&=\left[\frac{\partial u(x,t)}{\partial x}\sin kx\right]_0^{+\infty}-k\int_0^{+\infty}\frac{\partial u(x,t)}{\partial x}\cos kx\,\mathrm{d}x\\&=-k[u(x,t)\cos kx]_0^{+\infty}-k^2\int_0^{+\infty}u(x,t)\sin kx\,\mathrm{d}x\\&=ku(0,t)-k^2\tilde{u}_s(k,t)\end{aligned}\tag{8.4.14}$$

因此,若在 $x=0$ 端给出第一类边条件,用傅里叶正弦变换,可使问题简化.

例 8.6 求解下列定解问题:

$$\begin{cases}\left(\dfrac{\partial}{\partial t}-a^2\dfrac{\partial^2}{\partial x^2}\right)u(x,t)=0 \\ u_x(0,t)=0 \\ u(x,0)=\varphi(x)\end{cases}\quad\begin{pmatrix}0<x<+\infty;0<t<+\infty\\ 0\leqslant t<+\infty\\ 0\leqslant x<+\infty\end{pmatrix}\tag{8.4.15}$$

解 本题在 $x=0$ 端给出了第二类边条件,用傅里叶余弦变换.令

$$F_c[u(x,t)]=\int_0^{+\infty}u(x,t)\cos kx\,\mathrm{d}x=\tilde{u}_c(k,t)$$

$$F_c[\varphi(x)]=\int_0^{+\infty}\varphi(x)\cos kx\,\mathrm{d}x=\tilde{\varphi}_c(k)$$

$$F_c\left[\frac{\partial}{\partial t}u(x,t)\right]=\frac{\mathrm{d}}{\mathrm{d}t}\tilde{u}_c(k,t)$$

$$\begin{aligned}F_c\left[\frac{\partial^2}{\partial x^2}u(x,t)\right]&=\int_0^{+\infty}\frac{\partial^2}{\partial x^2}u(x,t)\cos kx\,\mathrm{d}x\\&=\left[\frac{\partial}{\partial x}u(x,t)\cos kx\right]_0^{+\infty}+k\int_0^{+\infty}\frac{\partial}{\partial x}u(x,t)\sin kx\,\mathrm{d}x\\&=k[u(x,t)\sin kx]_0^{+\infty}-k^2\int_0^{+\infty}u(x,t)\cos kx\,\mathrm{d}x\\&=-k^2\tilde{u}_c(k,t)\end{aligned}$$

定解问题(8.4.15)化为

$$\begin{cases}\dfrac{\mathrm{d}}{\mathrm{d}t}\tilde{u}_c(k,t)+a^2k^2\tilde{u}_c(k,t)=0 \\ \tilde{u}_c(k,0)=\tilde{\varphi}_c(k)\end{cases}\quad(0<t<+\infty)\tag{8.4.16}$$

解之,得

$$\tilde{u}_c(k,t)=\tilde{\varphi}_c(k)\exp(-a^2k^2t)$$

$$\begin{aligned}u(x,t)&=\frac{2}{\pi}\int_0^{+\infty}\tilde{\varphi}_c(k)\exp(-a^2k^2t)\cos kx\,\mathrm{d}k\\&=\frac{2}{\pi}\int_0^{+\infty}\left[\int_0^{+\infty}\varphi(y)\cos ky\,\mathrm{d}y\right]\exp(-a^2k^2t)\cos kx\,\mathrm{d}k\\&=\frac{1}{\pi}\int_0^{+\infty}\varphi(y)\mathrm{d}y\left\{\int_0^{+\infty}\exp(-a^2k^2t)\left[\cos k(x-y)+\cos k(x+y)\right]\mathrm{d}k\right\}\end{aligned}$$

可以证明

$$\int_0^{+\infty}\exp(-a^2k^2t)\cos kx\,\mathrm{d}k=\frac{1}{2a}\sqrt{\frac{\pi}{t}}\exp\left(-\frac{x^2}{4a^2t}\right)$$

所以

$$u(x,t)=\int_0^{+\infty}\varphi(y)\cdot\frac{1}{2a\sqrt{\pi t}}\left\{\exp\left[-\frac{(x-y)^2}{4a^2t}\right]+\exp\left[-\frac{(x+y)^2}{4a^2t}\right]\right\}\mathrm{d}y$$

例 8.7　试解下列定解问题:

$$\begin{cases}\left(\dfrac{\partial}{\partial t}-a^2\dfrac{\partial^2}{\partial x^2}\right)u(x,t)=0 & \\ u_x(0,t)=Q & \\ u(x,0)=0 & \end{cases}\qquad\begin{Bmatrix}0<x<+\infty;0<t<+\infty\\0\leqslant t<+\infty\\0\leqslant x<+\infty\end{Bmatrix}\tag{8.4.17}$$

解　本题在 $x=0$ 端给出了第二类边条件,用傅里叶余弦变换.

令

$$F_c[u(x,t)]=\int_0^{+\infty}u(x,t)\cos kx\,\mathrm{d}x=\tilde{u}_c(k,t)$$

$$F_c\left[\frac{\partial}{\partial t}u(x,t)\right]=\frac{\mathrm{d}}{\mathrm{d}t}\tilde{u}_c(k,t)$$

$$\begin{aligned}F_c\left[\frac{\partial^2}{\partial x^2}u(x,t)\right]&=\int_0^{+\infty}\frac{\partial^2}{\partial x^2}u(x,t)\cos kx\,\mathrm{d}x\\&=\left[\frac{\partial}{\partial x}u(x,t)\cos kx\right]_0^{+\infty}+k\int_0^{+\infty}\frac{\partial}{\partial x}u(x,t)\sin kx\,\mathrm{d}x\\&=-Q+k[u(x,t)\sin kx]_0^{+\infty}-k^2\int_0^{+\infty}u(x,t)\cos kx\,\mathrm{d}x\\&=-Q-k^2\tilde{u}_c(k,t)\end{aligned}$$

式(8.4.17) 变成

$$\begin{cases}\dfrac{\mathrm{d}}{\mathrm{d}t}\tilde{u}_c(k,t)+a^2k^2\tilde{u}_c(k,t)=-a^2Q\\ \tilde{u}_c(k,0)=0\end{cases}\tag{8.4.18}$$

解之,得

$$\tilde{u}_c(k,t)=\frac{Q}{k^2}[\exp(-a^2k^2t)-1]$$

$$=-a^2Q\int_0^t \exp(-a^2k^2\tau)\mathrm{d}\tau$$

$$u(x,t)=-\frac{2a^2Q}{\pi}\int_0^{+\infty}\left[\int_0^t \exp(-a^2k^2\tau)\mathrm{d}\tau\right]\cos kx\,\mathrm{d}k$$

$$=-\frac{2a^2Q}{\pi}\int_0^t \mathrm{d}\tau\left[\int_0^{+\infty}\exp(-a^2k^2\tau)\cos kx\,\mathrm{d}k\right]$$

$$=-\frac{2a^2Q}{\pi}\int_0^t \frac{1}{2a}\sqrt{\frac{\pi}{\tau}}\exp\left(-\frac{x^2}{4a^2\tau}\right)\mathrm{d}\tau$$

$$=-Qa\int_0^t \frac{1}{\sqrt{\pi\tau}}\exp\left(-\frac{x^2}{4a^2\tau}\right)\mathrm{d}\tau$$

对第一类边值问题,可用傅里叶正弦变换求解.

习　题

1. 定义 $f(t)$的傅里叶变换 $F[f(t)]=\int_{-\infty}^{+\infty}f(t)\exp(\mathrm{i}\omega t)\mathrm{d}t$,求:

(1) $F(1)$;

(2) $F[\delta(t)]$;

(3) $F[\exp(\mathrm{i}\omega_0 t)]$;

(4) $F(\cos\omega_0 t)$;

(5) $F(\sin\omega_0 t)$.

2. 求符号函数 $\mathrm{sgn}t=\begin{cases}-1, & t<0\\ 1, & t>0\end{cases}$的傅里叶变换.

3. 已知 $f(x)=\dfrac{\sin k_0 x}{x}$,求 $F[f(x)]=\int_{-\infty}^{+\infty}f(x)\exp(\mathrm{i}kx)\mathrm{d}x$.

4. 已知 $f(x)=\exp(-\alpha|x|)$,求 $F[f(x)]$.

5. 已知$\tilde{f}(\omega)=\int_{-\infty}^{+\infty}f(t)\exp(\mathrm{i}\omega t)\mathrm{d}t=\dfrac{1}{\mathrm{i}\omega}+\pi\delta(\omega)$,求 $f(t)$.

6. 用傅里叶正弦变换求解下列定解问题:

$$\begin{cases}u_t(x,t)-a^2u_{xx}(x,t)=0 \\ u(0,t)=u_0 \\ u_t(x,0)=0\end{cases}\quad\left\{\begin{array}{l}0<x<+\infty;0<t<+\infty \\ 0\leqslant t<+\infty \\ 0\leqslant x<+\infty\end{array}\right\}$$

第9章

贝塞尔方程与勒让德方程

§9.1　贝塞尔方程的导出

设有一两端无限长的直圆柱体，圆截面半径为 ρ_0. 柱体表面温度始终为 0. 柱体的初始温度分布为 $u(x,y,0)=\varphi(x,y)$. 求时刻 t 圆柱体内的温度分布.

由对称性，可知圆柱体内的温度分布与 z 无关：

$$u=u(x,y,t)$$

定解问题为

$$\begin{cases}\dfrac{\partial u}{\partial t}=a^2\left(\dfrac{\partial^2 u}{\partial x^2}+\dfrac{\partial^2 u}{\partial y^2}\right)\\ u(x,y,t)\,|_{x^2+y^2=\rho_0^2}=0\\ u(x,y,0)=\psi(x,y)\end{cases}\left\{\begin{matrix}0\leqslant x^2+y^2<\rho_0{}^2;0<t<+\infty\\ 0\leqslant t<+\infty\\ 0\leqslant x^2+y^2\leqslant\rho_0{}^2\end{matrix}\right\} \tag{9.1.1}$$

在本题中关于 x 与 y 的边界不好分离，可以采用柱坐标. 当问题与 z 无关时，三维柱坐标退化为二维极坐标.

令

$$\begin{cases}x=\rho\cos\varphi\\ y=\rho\sin\varphi\end{cases}$$

柱体的温度分布为

$$u=u(\rho,\varphi,t)$$

定解问题(9.1.1)化为

$$\begin{cases}\dfrac{\partial u}{\partial t}=a^2\left(\dfrac{\partial^2 u}{\partial \rho^2}+\dfrac{1}{\rho}\dfrac{\partial u}{\partial \rho}+\dfrac{1}{\rho^2}\dfrac{\partial^2 u}{\partial \varphi^2}\right)\\ u(\rho_0,\varphi,t)=0,\\ u(\rho,\varphi,0)=\zeta(\rho,\varphi)\end{cases}\left\{\begin{matrix}0<\rho<\rho_0;0<\varphi<2\pi;0<t<+\infty\\ 0\leqslant\varphi\leqslant 2\pi;0\leqslant t<+\infty\\ 0\leqslant\rho\leqslant\rho_0;0\leqslant\varphi\leqslant 2\pi\end{matrix}\right\} \tag{9.1.2}$$

式中，$\zeta(\rho,\varphi)=\psi(\rho\cos\varphi,\rho\sin\varphi)$. 令 $u(\rho,\varphi,t)=V(\rho,\varphi)T(t)$，代入方程，分离变量，得

$$\frac{T'}{a^2T}=\frac{\dfrac{\partial^2 V}{\partial \rho^2}+\dfrac{1}{\rho}\dfrac{\partial V}{\partial \rho}+\dfrac{1}{\rho^2}\dfrac{\partial^2 V}{\partial \varphi^2}}{V}=-\lambda$$

可以证明 λ 为正实数. 于是 $T(t)$ 与 $V(\rho,\varphi)$ 满足：

$$\frac{\mathrm{d}T}{\mathrm{d}t}+a^2\lambda T=0 \tag{9.1.3}$$

$$\frac{\partial^2 V}{\partial\rho^2}+\frac{1}{\rho}\frac{\partial V}{\partial\rho}+\frac{1}{\rho^2}\frac{\partial^2 V}{\partial\varphi^2}+\lambda V=0 \tag{9.1.4}$$

对 $V(\rho,\varphi)$ 进一步分离变量,有

$$V(\rho,\varphi)=R(\rho)\Phi(\varphi)$$

$$R''\Phi+\frac{1}{\rho}R'\Phi+\frac{1}{\rho^2}R\Phi''+\lambda R\Phi=0$$

$$\frac{\rho^2R''+\rho R'}{R}+\lambda\rho^2=-\frac{\Phi''}{\Phi}=\mu$$

$\Phi(\varphi)$满足周期性边条件：

$$\begin{cases}\Phi''+\mu\Phi=0\\ \Phi(0)=\Phi(2\pi)\\ \Phi'(0)=\Phi'(2\pi)\end{cases} \tag{9.1.5}$$

欲得非零解：

$$\mu=n^2\quad(n=0,1,2,\cdots)$$

$$\Phi_n(\varphi)=a_n\cos n\varphi+b_n\sin n\varphi$$

此时 $R(\rho)$满足：

$$\begin{cases}\rho^2R''+\rho R'+(\lambda\rho^2-n^2)R=0\quad(0\leqslant\rho<\rho_0)\\ |R(0)|<+\infty\\ R(\rho_0)=0\end{cases} \tag{9.1.6}$$

令 $x=\sqrt{\lambda}\rho,y(x)=R(\rho)=R\left(\frac{x}{\sqrt{\lambda}}\right)$,式(9.1.6)中的泛定方程变为

$$x^2\frac{\mathrm{d}^2y}{\mathrm{d}x^2}+x\frac{\mathrm{d}y}{\mathrm{d}x}+(x^2-n^2)y=0 \tag{9.1.7}$$

这是 n 阶贝塞尔(Bessel) 方程.

§9.2 贝塞尔函数

ν 阶贝塞尔方程为

$$x^2\frac{\mathrm{d}^2y}{\mathrm{d}x^2}+x\frac{\mathrm{d}y}{\mathrm{d}x}+(x^2-\nu^2)y=0 \tag{9.2.1}$$

或

$$\frac{\mathrm{d}^2y}{\mathrm{d}x^2}+\frac{1}{x}\frac{\mathrm{d}y}{\mathrm{d}x}+\left(1-\frac{\nu^2}{x^2}\right)y=0 \tag{9.2.2}$$

这里 ν 不一定是整数.

ν 阶贝塞尔方程是变系数二阶线性齐次常微分方程. 由微分方程级数解理论知道，对于标准形式的二阶线性常微分方程：

$$\frac{d^2 y}{dx^2}+p(x)\frac{dy}{dx}+q(x)y=0 \tag{9.2.3}$$

如果 $p(x),q(x)$ 在 x_0 点解析，那么在 x_0 点的某一邻域内，存在微分方程(9.2.1)的如下形式的级数解：

$$y(x)=\sum_{k=0}^{+\infty}a_k(x-x_0)^k \quad (|x-x_0|<L) \tag{9.2.4}$$

如果 x_0 最多是 $p(x)$的一级极点、$q(x)$ 的二级极点，此时称 x_0 为方程(9.2.2)的正则奇点. 在 x_0 的某一去心邻域 $0<|x-x_0|<L$ 内，微分方程存在下列形式的两个线性无关解：

$$y_1(x)=(x-x_0)^{\rho_1}\sum_{k=0}^{+\infty}a_k(x-x_0)^k$$

$$y_2(x)=(x-x_0)^{\rho_2}\sum_{k=0}^{+\infty}a_k(x-x_0)^k$$

我们称形如

$$(x-x_0)^{\rho}\sum_{k=0}^{+\infty}a_k(x-x_0)^k$$

的级数为广义幂级数.

由式(9.2.1)可知，$x=0$ 为 ν 阶贝塞尔方程的正则奇点. 设 ν 阶贝塞尔方程有下列形式的级数解：

$$y(x)=x^{\rho}\sum_{k=0}^{+\infty}a_kx^k=\sum_{k=0}^{+\infty}a_kx^{\rho+k}$$

这里 $a_0\neq 0$. 代入方程(9.2.1)，得

$$\sum_{k=0}^{+\infty}[(\rho+k)(\rho+k-1)+(\rho+k)+(x^2-\nu^2)]a_kx^{\rho+k}=0$$

$$\sum_{k=0}^{+\infty}\{[(\rho+k)^2-\nu^2]a_kx^{\rho+k}+a_kx^{\rho+k+2}\}=0$$

$$(\rho^2-\nu^2)a_0x^{\rho}+[(\rho+1)^2-\nu^2]a_1x^{\rho+1}+\sum_{k=2}^{+\infty}\{[(\rho+k)^2-\nu^2]a_k+a_{k-2}\}x^{\rho+k}=0$$

上式恒等于零. 所以 x 各次幂前的系数都得等于零.

x^{ρ} 项系数：

$$\begin{gathered}\rho^2-\nu^2=0\\ \rho=\pm\nu\end{gathered} \tag{9.2.5}$$

x^{ρ} 为级数解中幂次最低的项. 让它前的系数等于零可得到一个确定幂指数 ρ 的方程，称为指标方程. 式(9.2.5)就是本例中的指标方程. 不妨假设 $\nu\geq 0$.

$x^{\rho+1}$ 项系数：

$$[(\rho+1)^2-\nu^2]a_1=0$$

$$a_1=0$$

$x^{\rho+k}(k\geqslant 2)$项系数：

$$
\begin{aligned}
&[(\rho+k)^2-\nu^2]a_k+a_{k-2}=0\\
&k(2\rho+k)a_k+a_{k-2}=0
\end{aligned}
\tag{9.2.6}
$$

$$a_k=-\frac{1}{k(k+2\rho)}a_{k-2}\quad(k\geqslant 2)\tag{9.2.7}$$

(1) $\rho=\nu$.

由 $a_1=0$,可得

$$a_3=a_5=\cdots=a_{2p+1}=\cdots=0$$

$$a_{k+2}=-\frac{1}{(2\nu+k+2)(k+2)}a_k\quad(k=0,2,4,\cdots)\tag{9.2.8}$$

$$a_2=\frac{(-1)}{2(2\nu+2)}a_0$$

$$a_4=\frac{(-1)}{4(2\nu+4)}a_2=\frac{(-1)^2}{2\cdot 4(2\nu+2)(2\nu+4)}a_0$$

$$\cdots$$

$$
\begin{aligned}
a_{2m}&=\frac{(-1)^m}{2\cdot 4\cdot 6\cdot\cdots\cdot 2m(2\nu+2)(2\nu+4)\cdots(2\nu+2m)}a_0\\
&=\frac{(-1)^m}{2^{2m}\cdot m!\ (\nu+1)(\nu+2)\cdots(\nu+m)}a_0
\end{aligned}
$$

由此可得 ν 阶贝塞尔方程的一个特解：

$$y_1(x)=a_0\sum_{m=0}^{+\infty}\frac{(-1)^m}{2^{2m}m!(\nu+1)(\nu+2)\cdots(\nu+m)}x^{2m+\nu}$$

取 $a_0=\dfrac{1}{2^\nu\nu!}$,上式化为

$$J_\nu(x)=\sum_{m=0}^{+\infty}\frac{(-1)^m}{2^{2m+\nu}m!\Gamma(m+\nu+1)}x^{2m+\nu}\tag{9.2.9}$$

它是 ν 阶贝塞尔方程的一个特解,称为 ν 阶第一类贝塞尔函数.

(2) $\rho=-\nu$.

① $2\nu\neq$整数.

应用 $\rho=\nu$ 的推导方法,可以得到 ν 阶贝塞尔方程另一个线性无关的特解：

$$y_2(x)=J_{-\nu}(x)=\sum_{m=0}^{+\infty}\frac{(-1)^m}{2^{2m-\nu}m!\Gamma(m-\nu+1)}x^{2m-\nu}\tag{9.2.10}$$

此时 ν 既不是整数,也不是半整数,ν 阶贝塞尔方程的一般解

$$y(x)=C_1J_\nu(x)+C_2J_{-\nu}(x)\tag{9.2.11}$$

② $2\nu=2p+1$(奇数),ν 为半整数,式(9.2.6)成为

$$k(k-2p-1)a_k+a_{k-2}=0\tag{9.2.12}$$

当 k 为偶数时,同以前一样,可以推得下标为偶数的系数的表达式. 当 k 为奇数时,由 $a_1=0$ 可推出 $a_3=a_5=\cdots=a_{2p-1}=0$. 但当 $k=2p+1$ 时,由 $a_{2p-1}=0$ 推不出 $a_{2p+1}=0$. 我们

只要找特解，不妨令 $a_{2p+1}=0$，这样，所有下标为奇数的系数仍都为零. 得到 ν 阶贝塞尔方程的另一个特解 $J_{-\nu}(x)$. 贝塞尔方程的通解仍为式(9.2.11).

③ $2\nu=2p$(偶数)，即 $\nu=p$ 为非负整数，式(9.2.6)成为

$$k(k-2p)a_k+a_{k-2}=0 \tag{9.2.13}$$

对于奇数的 k，从 $a_1=0$ 可推出

$$a_3=a_5=\cdots=a_{2p+1}=\cdots=0$$

对于偶数的 k，为使解在 $x=0$ 邻域内有界，可取 $a_0=0$，从式(9.2.13) 可以推出

$$a_0=a_2=a_4=\cdots=a_{2p-2}=0$$

在式(9.2.13)中取 $k=2p$，得

$$0\cdot a_{2p}+a_{2p-2}=0$$

从 $a_{2p-2}=0$ 不能推出 $a_{2p}=0$. 后面项的系数可用 a_{2p} 表示出：

$$(2p+2k)(2p+2k-2p)a_{2p+2k}+a_{2p+2(k-1)}=0$$

$$a_{2p+2k}=-\frac{a_{2p+2(k-1)}}{2^2(p+k)\cdot k}=\cdots$$

$$=(-1)^k\frac{a_{2p}}{2^{2k}\cdot k!\ (p+1)(p+2)\cdots(p+k)}$$

取

$$a_{2p}=(-1)^p\frac{1}{p!}\left(\frac{1}{2}\right)^p$$

$$a_{2p+2k}=(-1)^{p+k}\frac{1}{k!\ (p+k)!}\left(\frac{1}{2}\right)^{2k+p}$$

由此可得 ν 阶贝塞尔方程的一个特解：

$$y(x)=\sum_{k=0}^{+\infty}(-1)^{p+k}\frac{1}{k!(p+k)!}\left(\frac{x}{2}\right)^{2k+p}$$

令 $k+p=n$，则

$$y(x)=\sum_{n=p}^{+\infty}(-1)^n\frac{1}{n!(n-p)!}\left(\frac{x}{2}\right)^{2n-p}$$

因为

$$\frac{1}{(-p)!}=\frac{1}{(-p+1)!}=\cdots=\frac{1}{(-1)!}=0$$

故

$$y(x)=\sum_{n=0}^{+\infty}(-1)^n\frac{1}{n!(n-p)!}\left(\frac{x}{2}\right)^{2n-p}$$

$$=\sum_{k=0}^{+\infty}(-1)^k\frac{1}{k!\Gamma(k-p+1)}\left(\frac{x}{2}\right)^{2k-p}=J_{-p}(x)$$

令 $n=k-p$，则

$$J_{-p}(x)=\sum_{n=0}^{+\infty}(-1)^{n+p}\frac{1}{n!\Gamma(n+p+1)}\left(\frac{x}{2}\right)^{2n+p}=(-1)^pJ_p \tag{9.2.14}$$

总之,当 $\nu\neq$ 整数时,ν 阶贝塞尔方程的通解为式(9.2.11).当 ν 为非负整数 p 时,$\nu=p\geqslant 0$,这时虽可得两个特解 $J_p(x)$ 与 $J_{-p}(x)$,但(9.2.14)表明它们线性相关.我们可以定义一个与 $J_\nu(x)$ 线性无关的特解:

$$N_p(x)=\lim_{\nu\to p}\frac{J_\nu(x)\cos\nu\pi-J_{-\nu}(x)}{\sin\nu\pi}$$

称上式为 p 阶第二类贝塞尔函数. p 阶贝塞尔方程的通解为

$$y(x)=C_1J_p(x)+C_2N_p(x) \tag{9.2.15}$$

对于非整数阶的第二类贝塞尔函数,可定义为

$$N_\nu(x)=\frac{J_\nu(x)\cos\nu\pi-J_{-\nu}(x)}{\sin\nu\pi} \tag{9.2.16}$$

不管 ν 是整数还是非整数,ν 阶贝塞尔方程的通解都可表示为

$$y(x)=C_1J_\nu(x)+C_2N_\nu(x) \tag{9.2.17}$$

可以证明当 $\nu\geqslant 0$ 时,$J_\nu(0)$ 有界,$\lim\limits_{x\to 0}N_\nu(x)=\infty$.

§9.3 贝塞尔函数的微分关系

一、贝塞尔函数的微分关系

$$\frac{\mathrm{d}}{\mathrm{d}x}[x^\nu J_\nu(x)]=x^\nu J_{\nu-1}(x) \tag{9.3.1}$$

$$\frac{\mathrm{d}}{\mathrm{d}x}\left[\frac{J_\nu(x)}{x^\nu}\right]=-\frac{J_{\nu+1}(x)}{x^\nu} \tag{9.3.2}$$

证

$$J_\nu(x)=\sum_{m=0}^{+\infty}\frac{(-1)^m}{2^{2m+\nu}m!\Gamma(m+\nu+1)}x^{2m+\nu}$$

$$x^\nu J_\nu(x)=\sum_{m=0}^{+\infty}\frac{(-1)^m}{2^{2m+\nu}m!\Gamma(m+\nu+1)}x^{2m+2\nu}$$

$$\frac{J_\nu(x)}{x^\nu}=\sum_{m=0}^{+\infty}\frac{(-1)^m}{2^{2m+\nu}m!\Gamma(m+\nu+1)}x^{2m}$$

$$\frac{\mathrm{d}}{\mathrm{d}x}[x^\nu J_\nu(x)]=\sum_{m=0}^{+\infty}\frac{(-1)^m}{2^{2m+\nu-1}m!\Gamma(m+\nu-1+1)}x^{2m+2\nu-1}$$

$$=x^\nu J_{\nu-1}(x)$$

$$\frac{\mathrm{d}}{\mathrm{d}x}\left[\frac{J_\nu(x)}{x^\nu}\right]=\sum_{m=1}^{+\infty}\frac{(-1)^m}{2^{2m+\nu-1}(m-1)!\Gamma(m+\nu+1)}x^{2m-1}$$

令 $\overline{m}=m-1$,则

$$\frac{\mathrm{d}}{\mathrm{d}x}\left[\frac{J_\nu(x)}{x^\nu}\right]=\sum_{\overline{m}=0}^{+\infty}\frac{(-1)^{\overline{m}+1}}{2^{2\overline{m}+\nu+1}\overline{m}!\Gamma(\overline{m}+\nu+2)}x^{2\overline{m}+1}$$

$$=-\frac{J_{\nu+1}(x)}{x^{\nu}}$$

二、贝塞尔函数的递推关系

由式(9.3.1)、式(9.3.2)，易得

$$\frac{\mathrm{d}}{\mathrm{d}x}J_{\nu}(x)=J_{\nu-1}(x)-\frac{\nu}{x}J_{\nu}(x) \tag{9.3.3}$$

$$\frac{\mathrm{d}}{\mathrm{d}x}J_{\nu}(x)=\frac{\nu}{x}J_{\nu}(x)-J_{\nu+1}(x) \tag{9.3.4}$$

由式(9.3.3)、式(9.3.4)，可得

$$J_{\nu+1}(x)=\frac{2\nu}{x}J_{\nu}(x)-J_{\nu-1}(x) \tag{9.3.5}$$

由此递推关系，所有正整数阶的第一类贝塞尔函数都可以用 $J_0(x)$ 和 $J_1(x)$ 表出. 例如：

当 $\nu=1$ 时　　$J_2(x)=\frac{2}{x}J_1(x)-J_0(x)$

当 $\nu=2$ 时　　$J_3(x)=\frac{4}{x}J_2(x)-J_1(x)=\left(\frac{8}{x^2}-1\right)J_1(x)-\frac{4}{x}J_0(x)$

由式(9.3.4)，可得

$$\frac{\mathrm{d}}{\mathrm{d}x}J_0(x)=-J_1(x)$$

因此，所有正整数阶的第一类贝塞尔函数都可以用 $J_0(x)$ 和 $J_0'(x)$ 表出.

§9.4　贝塞尔方程和 S-L 问题

在柱形区域内用柱坐标分离变量时函数 $R(\rho)$ 满足方程：

$$\rho^2\frac{\mathrm{d}^2R}{\mathrm{d}\rho^2}+\rho\frac{\mathrm{d}R}{\mathrm{d}\rho}+(\lambda\rho^2-n^2)R=0\ [\text{即为式}(9.1.6)]$$

令 $x=\sqrt{\lambda}\rho, y(x)=R(\rho)=R\left(\frac{x}{\sqrt{\lambda}}\right)$，$y(x)$ 满足 n 阶贝塞尔方程：

$$x^2\frac{\mathrm{d}^2y}{\mathrm{d}x^2}+x\frac{\mathrm{d}y}{\mathrm{d}x}+(x^2-n^2)y=0\ [\text{即为式}(9.1.7)]$$

上述方程的一般解为

$$y(x)=C_1J_n(x)+C_2N_n(x)\ [\text{即为式}(9.2.17)]$$

式(9.1.6) 的通解为

$$R(\rho)=C_1J_n(\sqrt{\lambda}\rho)+C_2N_n(\sqrt{\lambda}\rho) \tag{9.4.1}$$

当我们讨论柱体内部的温度分布问题时，ρ 的范围为 $0\leqslant\rho<\rho_0$. 因为 $|R(0)|<+\infty$，

式(9.1.6) 在柱内的解为

$$R(\rho)=C_1 J_n(\sqrt{\lambda}\rho) \tag{9.4.2}$$

方程(9.1.6)可化成

$$\frac{\mathrm{d}}{\mathrm{d}\rho}\left(\rho\frac{\mathrm{d}R}{\mathrm{d}\rho}\right)-\frac{n^2}{\rho}R+\lambda\rho R=0 \tag{9.4.3}$$

这是 7.3 节中的 S-L 方程. 本征值 λ 由 $\rho=\rho_0$ 处的边界条件确定.

在 $\rho=\rho_0$ 处加的边界条件,常见的有下列三种:

(1) 在圆柱的表面, 温度保持为 0. 对 $R(\rho)$ 加的边条件为

$$J_n(\sqrt{\lambda}\rho_0)=0 \tag{9.4.4}$$

(2) 圆柱表面绝热:

$$\frac{\mathrm{d}}{\mathrm{d}\rho}J_n(\sqrt{\lambda}\rho_0)=0 \tag{9.4.5}$$

(3) 圆柱表面与周围环境有热交换:

$$J_n(\sqrt{\lambda}\rho)+h\frac{\mathrm{d}}{\mathrm{d}\rho}J_n(\sqrt{\lambda}\rho)=0 \tag{9.4.6}$$

设由边条件定出的本征值为

$$0\leqslant\lambda_1<\lambda_2<\lambda_3<\cdots$$

相应的本征函数为

$$J_n(\sqrt{\lambda_1}\rho),\ J_n(\sqrt{\lambda_2}\rho),\ J_n(\sqrt{\lambda_3}\rho),\cdots$$

对应不同本征值的本征函数带权 ρ 正交:

$$\int_0^{\rho_0}\rho J_n(\sqrt{\lambda_l}\rho)\,J_n(\sqrt{\lambda_m}\rho)\mathrm{d}\rho=0\ (l\neq m) \tag{9.4.7}$$

模方

$$\|J_n(\sqrt{\lambda_m}\rho)\|^2=\int_0^{\rho_0}\rho\left|J_n(\sqrt{\lambda_m}\rho)\right|^2\mathrm{d}\rho \tag{9.4.8}$$

§ 9.5 勒让德方程的导出

求解球形区域上的三维稳态问题时用球坐标表示比较方便. 设有拉普拉斯方程:

$$\nabla^2 u(r,\theta,\varphi)=0$$

在球坐标(r,θ,φ)下, 拉普拉斯方程为

$$\frac{1}{r^2}\frac{\partial}{\partial r}\left(r^2\frac{\partial u}{\partial r}\right)+\frac{1}{r^2\sin\theta}\frac{\partial}{\partial\theta}\left(\sin\theta\frac{\partial u}{\partial\theta}\right)+\frac{1}{r^2\sin^2\theta}\frac{\partial^2 u}{\partial\varphi^2}=0 \tag{9.5.1}$$

令 $u(r,\theta,\varphi)=R(r)Y(\theta,\varphi)$,代入方程(9.5.1),分离变量,得

$$\frac{\mathrm{d}}{\mathrm{d}r}\left(r^2\frac{\mathrm{d}R}{\mathrm{d}r}\right)Y+\frac{R}{\sin\theta}\frac{\partial}{\partial\theta}\left(\sin\theta\frac{\partial Y}{\partial\theta}\right)+\frac{R}{\sin^2\theta}\frac{\partial^2 Y}{\partial\varphi^2}=0$$

$$\frac{r^2\dfrac{\mathrm{d}^2R}{\mathrm{d}r^2}+2r\dfrac{\mathrm{d}R}{\mathrm{d}r}}{R}+\frac{\dfrac{\partial^2Y}{\partial\theta^2}+\cot\theta\dfrac{\partial Y}{\partial\theta}+\dfrac{1}{\sin^2\theta}\dfrac{\partial^2Y}{\partial\varphi^2}}{Y}=0$$

$$r^2\frac{\mathrm{d}^2R}{\mathrm{d}r^2}+2r\frac{\mathrm{d}R}{\mathrm{d}r}-l(l+1)R=0 \tag{9.5.2}$$

$$\frac{\partial^2Y}{\partial\theta^2}+\cot\theta\frac{\partial Y}{\partial\theta}+\frac{1}{\sin^2\theta}\frac{\partial^2Y}{\partial\varphi^2}+l(l+1)Y=0 \tag{9.5.3}$$

变量分离中出现的常数记为 $l(l+1)$.

式(9.5.2)为欧拉方程，它的解为

$$R(r)=A_1r^l+A_2\frac{1}{r^{l+1}} \tag{9.5.4}$$

在式(9.5.3)中，设 $Y(\theta,\varphi)=\Theta(\theta)\Phi(\varphi)$，继续分离变量，得

$$\frac{\sin\theta}{\Theta}\frac{\mathrm{d}}{\mathrm{d}\theta}\left(\sin\theta\frac{\mathrm{d}\Theta}{\mathrm{d}\theta}\right)+l(l+1)(\sin\theta)^2+\frac{1}{\Phi}\frac{\mathrm{d}^2\Phi}{\mathrm{d}\varphi^2}=0$$

$$\frac{1}{\Phi}\frac{\mathrm{d}^2\Phi}{\mathrm{d}\varphi^2}=-m^2 \tag{9.5.5}$$

$$\frac{\sin\theta}{\Theta}\frac{\mathrm{d}}{\mathrm{d}\theta}\left(\sin\theta\frac{\mathrm{d}\Theta}{\mathrm{d}\theta}\right)+l(l+1)(\sin\theta)^2=m^2 \tag{9.5.6}$$

式(9.5.5)可化成

$$\frac{\mathrm{d}^2\Phi}{\mathrm{d}\varphi^2}+m^2\Phi=0 \tag{9.5.7}$$

它的解为

$$\Phi=B_1{}^m\sin m\varphi+B_2{}^m\cos m\varphi \tag{9.5.8}$$

式(9.5.7)可化为

$$\frac{\mathrm{d}^2\Theta}{\mathrm{d}\theta^2}+\cot\theta\frac{\mathrm{d}\Theta}{\mathrm{d}\theta}+\left[l(l+1)-\frac{m^2}{(\sin\theta)^2}\right]\Theta=0 \tag{9.5.9}$$

令 $x=\cos\theta$，$P(x)=\Theta(\theta)$，式(9.5.9) 化为

$$(1-x^2)\frac{\mathrm{d}^2P}{\mathrm{d}x^2}-2x\frac{\mathrm{d}P}{\mathrm{d}x}+\left[l(l+1)-\frac{m^2}{1-x^2}\right]P=0 \tag{9.5.10}$$

式(9.5.10)称为伴随勒让德(Legendre)方程. $m=0$ 时得 l 阶勒让德方程：

$$(1-x^2)\frac{\mathrm{d}^2P}{\mathrm{d}x^2}-2x\frac{\mathrm{d}P}{\mathrm{d}x}+l(l+1)P=0 \tag{9.5.11}$$

§9.6　勒让德多项式

l 阶勒让德方程可写成如下形式：

$$(1-x^2)\frac{\mathrm{d}^2y}{\mathrm{d}x^2}-2x\frac{\mathrm{d}y}{\mathrm{d}x}+l(l+1)y=0 \tag{9.6.1}$$

$x=0$ 为方程的正则点. 可设解

$$y(x)=\sum_{k=0}^{+\infty}a_kx^k$$

代入方程(9.6.1),得

$$(1-x^2)\sum_{k=0}^{+\infty}k(k-1)a_kx^{k-2}-2x\sum_{k=0}^{+\infty}ka_kx^{k-1}+l(l+1)\sum_{k=0}^{+\infty}a_kx^k=0$$

$$\sum_{k=2}^{+\infty}k(k-1)a_kx^{k-2}-\sum_{k=0}^{+\infty}[k(k-1)+2k-l(l+1)]a_kx^k=0$$

$$\sum_{k=0}^{+\infty}[(k+2)(k+1)a_{k+2}-(k-l)(k+l+1)a_k]x^k=0$$

由此可得

$$a_{k+2}=-\frac{(l-k)(l+k+1)}{(k+1)(k+2)}a_k \tag{9.6.2}$$

$$a_2=-\frac{l(l+1)}{2!}a_0$$

$$a_4=-\frac{(l-2)(l+3)}{4\cdot 3}a_2=(-1)^2\frac{l(l-2)(l+1)(l+3)}{4!}a_0$$

$$a_6=-\frac{(l-4)(l+5)}{6\cdot 5}a_4=(-1)^3\frac{l(l-2)(l-4)(l+1)(l+3)(l+5)}{6!}a_0$$

$$\cdots$$

$$a_{2m}=(-1)^m\frac{l(l-2)(l-4)\cdot\cdots\cdot(l-2m+2)(l+1)(l+3)\cdot\cdots\cdot(l+2m-1)}{(2m)!}a_0 \tag{9.6.3}$$

$$a_3=-\frac{(l-1)(l+2)}{3!}a_1$$

$$a_5=-\frac{(l-3)(l+4)}{5\cdot 4}a_3=(-1)^2\frac{(l-1)(l-3)(l+2)(l+4)}{5!}a_1$$

$$a_7=-\frac{(l-5)(l+6)}{7\cdot 6}a_5=(-1)^3\frac{(l-1)(l-3)(l-5)(l+2)(l+4)(l+6)}{7!}a_1$$

$$\cdots$$

$$a_{2m+1}=(-1)^m\frac{(l-1)(l-3)\cdot\cdots\cdot(l-2m+1)(l+2)(l+4)\cdot\cdots\cdot(l+2m)}{(2m+1)!}a_1 \tag{9.6.4}$$

l 阶勒让德方程的一般解为

$$\begin{aligned}y(x)&=a_0\left[1-\frac{l(l+1)}{2!}x^2+\frac{l(l-2)(l+1)(l+3)}{4!}x^4+\cdots\right]+\\&\quad a_1\left[x-\frac{(l-1)(l+2)}{3!}x^3+\frac{(l-1)(l-3)(l+2)(l+4)}{5!}x^5+\cdots\right]\\&=a_0y_1(x)+a_1y_2(x)\end{aligned} \tag{9.6.5}$$

其中 a_0, a_1 为任意常数.

$$y_1(x)=1-\frac{l(l+1)}{2!}x^2+\frac{l(l-2)(l+1)(l+3)}{4!}x^4+\cdots \tag{9.6.6}$$

$$y_2(x)=x-\frac{(l-1)(l+2)}{3!}x^3+\frac{(l-1)(l-3)(l+2)(l+4)}{5!}x^5+\cdots \tag{9.6.7}$$

在球坐标系中分离变量，会得到勒让德方程，那里 $x=\cos\theta$，x 的取值范围为 $-1\leqslant x\leqslant 1$. 这是我们最关心的一个方面的应用. 所以我们希望求出勒让德方程在 $[-1,1]$ 内的有界解.

讨论 S-L 问题(9.6.1)在 $[-1,1]$ 内的有界解，仅需考虑 $l\geqslant 0$ 的情况.

当 $l\neq$ 整数时，式(9.6.6)、式(9.6.7)中的级数在区间 $[-1,1]$ 端点处发散. 当 $l=2m\geqslant 0$ 时，级数(9.6.6) 截断到 x^{2m} 项，$y_1(x)$ 为一 $2m$ 次多项式. 取 $a_1=0$，可以得 $2m$ 阶勒让德方程的一个特解. 当 $l=2m+1>0$ 时，级数(9.6.7)截断到 x^{2m+1} 项，$y_2(x)$ 为一 $2m+1$ 次多项式. 取 $a_0=0$，可以得 $2m+1$ 阶勒让德方程的一个特解.

平常我们表述这些特解时，常把 x 的最高次幂写在前面. 为此我们把系数间的关系改写如下：

$$a_k=-\frac{(k+2)(k+1)}{(l-k)(l+k+1)}a_{k+2} \tag{9.6.8}$$

由此可得

$$a_{l-2}=-\frac{l(l-1)}{2(2l-1)}a_l$$

$$a_{l-4}=-\frac{(l-2)(l-3)}{4(2l-3)}a_{l-2}=(-1)^2\frac{l(l-1)(l-2)(l-3)}{2\cdot 4\cdot (2l-1)(2l-3)}a_l$$

$$a_{l-6}=-\frac{(l-4)(l-5)}{6\cdot (2l-5)}a_{l-4}=(-1)^3\frac{l(l-1)(l-2)(l-3)(l-4)(l-5)}{2\cdot 4\cdot 6\cdot (2l-1)(2l-3)(2l-5)}a_l$$

$$\cdots$$

取

$$a_l=\frac{(2l)!}{2^l(l!)^2}$$

则

$$a_{l-2}=-\frac{(2l-2)!}{2^l(l-1)!\ (l-2)!}$$

$$a_{l-4}=(-1)^2\frac{(2l-4)!}{2^l\cdot 2!\ \cdot (l-2)!\ (l-4)!}$$

应用数学归纳法可证：

$$a_{l-2k}=(-1)^k\frac{(2l-2k)!}{2^l k!\ (l-k)!\ (l-2k)!}\quad (l-2k\geqslant 0)$$

当 $l=2m$ 时，可以得到 $2m$ 阶勒让德方程的一个 $2m$ 次多项式形式的特解：

$$P_{2m}(x)=\sum_{k=0}^{m}(-1)^k\frac{(4m-2k)!}{2^{2m}k!(2m-k)!(2m-2k)!}x^{2m-2k} \tag{9.6.9}$$

当 $l=2m+1$ 时，可以得到 $2m+1$ 阶勒让德方程的一个 $2m+1$ 次多项式形式的特解：

$$P_{2m+1}(x)=\sum_{k=0}^{m}(-1)^k\frac{(4m-2k+2)!}{2^{2m+1}k!(2m-k+1)!(2m-2k+1)!}x^{2m-2k+1} \tag{9.6.10}$$

式(9.6.9)和式(9.6.10) 可统一写成

$$P_l(x)=\sum_{k=0}^{M}(-1)^k\frac{(2l-2k)!}{2^l k!(l-k)!(l-2k)!}x^{l-2k}\tag{9.6.11}$$

其中

$$M=\begin{cases}\frac{l}{2}(l=2m)\\ \frac{l-1}{2}(l=2m+1)\end{cases}=\left[\frac{l}{2}\right]$$

其中，$\left[\frac{l}{2}\right]$为$\frac{l}{2}$中的整数部分.

$P_l(x)$称为第一类 l 阶勒让德多项式，它是 l 阶勒让德方程在$[-1,1]$区间上的有界解. 例如：

$$P_0(x)=1,\qquad P_1(x)=x$$

$$P_2(x)=\frac{1}{2}(3x^2-1),\qquad P_3(x)=\frac{1}{2}(5x^3-3x)$$

$$P_4(x)=\frac{1}{8}(35x^4-30x^2+3),\qquad P_5(x)=\frac{1}{8}(63x^5-70x^3+15x)$$

由刘维尔(Liouville)公式可求得勒让德方程与 $P_1(x)$线性无关的另一个特解：

$$Q_l(x)=P_l(x)\int\frac{\mathrm{d}x}{(1-x^2)P_l^2(X)}\tag{9.6.12}$$

$Q_l(x)$称为第二类勒让德多项式. 当 $x\to\pm1$ 时，$Q_l(x)\to\infty$.

当我们求勒让德方程在$[-1,1]$上的有界解时，只需要考虑第一类勒让德多项式.

§9.7 勒让德多项式的性质

一、勒让德多项式的递推关系

(1) $(l+1)P_{l+1}(x)-(2l+1)xP_l(x)+lP_{l-1}(x)=0$.

(2) $\frac{\mathrm{d}}{\mathrm{d}x}P_{l+1}(x)-\frac{\mathrm{d}}{\mathrm{d}x}P_{l-1}(x)=(2l+1)P_1(x)$.

(3) $lP_l(x)-x\frac{\mathrm{d}}{\mathrm{d}x}P_l(x)+\frac{\mathrm{d}}{\mathrm{d}x}P_{l-1}(x)=0$.

(4) $lP_{l-1}(x)-\frac{\mathrm{d}}{\mathrm{d}x}P_l(x)+x\frac{\mathrm{d}}{\mathrm{d}x}P_{l-1}(x)=0$.

证 用勒让德多项式的表示式(9.6.9)至式(9.6.11)不难证明这些关系. 取 $l=2m$，上面的第一个公式成为

$$(2m+1)P_{2m+1}(x)-(4m+1)xP_{2m}(x)+2mP_{2m-1}(x)=0$$

把等号左边的三项分别写出来：

(1) $(2m+1)P_{2m+1}(x)=(2m+1)\sum_{k=0}^{m}\frac{(-1)^k(4m-2k+2)!}{2^{2m+1}k!(2m-k+1)!(2m-2k+1)!}x^{2m-2k+1}$

(2) $-(4m+1)xP_{2m}(x)=-(4m+1)\sum_{k=0}^{m}\frac{(-1)^k(4m-2k)!}{2^{2m}k!(2m-k)!(2m-2k)!}x^{2m-2k+1}$

(3) $2mP_{2m-1}(x)=2m\sum_{k=0}^{m-1}\frac{(-1)^k(4m-2k-2)!}{2^{2m-1}k!(2m-k-1)!(2m-2k-1)!}x^{2m-2k-1}$

$$=2m\sum_{k=1}^{m}\frac{(-1)^{k-1}(4m-2k)!}{2^{2m-1}(k-1)!(2m-k)!(2m-2k+1)}x^{2m-2k+1}$$

$$=2m\sum_{k=0}^{m}\frac{(-1)^{k-1}(4m-2k)!}{2^{2m-1}(k-1)!(2m-k)!(2m-2k+1)!}x^{2m-2k+1}$$

其中第二个等式中改变了取和的指标，第三个等式中加进了 $k=0$ 的项. 因为$(-1)!=\infty$，这一项对和式没有贡献. 把以上三项加起来，不难证明它恒等于零. 当 $l=2m+1$ 时，递推关系也成立. 其他递推关系可以类似证明.

二、罗德里格斯(Rodrigues)公式

勒让德多项式可表示成

$$P_l(x)=\frac{1}{2^l\cdot l!}\frac{\mathrm{d}^l}{\mathrm{d}x^l}(x^2-1)^l \tag{9.7.1}$$

证

$$(x^2-1)^l=\sum_{k=0}^{l}\frac{(-1)^k\cdot l!}{k!(l-k)!}x^{2l-2k}$$

$$\frac{1}{2^l\cdot l!}\frac{\mathrm{d}^l}{\mathrm{d}x^l}(x^2-1)^l=\sum_{k=0}^{M}\frac{(-1)^k(2l-2k)!}{2^l\cdot k!(l-k)!(l-2k)!}x^{l-2k}=P_l(x)$$

其中

$$M=\begin{cases}\frac{l}{2}(l=2m)\\ \frac{l-1}{2}(l=2m+1)\end{cases}$$

例如：

$$P_0(x)=1$$

$$P_1(x)=\frac{1}{2}\frac{\mathrm{d}}{\mathrm{d}x}(x^2-1)=x$$

$$P_2(x)=\frac{1}{2^2\cdot 2!}\frac{\mathrm{d}^2}{\mathrm{d}x^2}(x^2-1)^2=\frac{1}{8}\frac{\mathrm{d}^2}{\mathrm{d}x^2}(x^4-2x^2+1)=\frac{1}{2}(3x^2-1)$$

由罗德里格斯公式不难证明：

(1) $P_l(1)=1, P_l(-1)=(-1)^l$.

(2) $P_l(-x)=(-1)^lP_l(x)$.

证　(1)$P_l(x)=\frac{1}{2^l l!}\frac{\mathrm{d}^l}{\mathrm{d}x^l}[(x-1)(x+1)]^l=\frac{1}{2^l\cdot l!}\{[(x-1)^l]^{(l)}(x+1)^l+$

$C_l^1[(x-1)^l]^{(l-1)}[(x+1)^l]^{(1)}+C_l^2[(x-1)^l]^{(l-2)}[(x+1)^l]^{(2)}+\cdots+(x-1)^l[(x+1)^l]^{(l)}\}$

$$P_l(1)=\frac{1}{2^l l!}[(x-1)^l]^{(l)}(x+1)^l|_{x=1}=\frac{1}{2^l\cdot l!}\cdot l!\cdot 2^l=1$$

$$P_l(-1)=\frac{1}{2^l l!}\{(x-1)^l[(x+1)^l]^{(l)}\}_{x=-1}=\frac{1}{2^l\cdot l!}(-2)^l\cdot l!=(-1)^l$$

(2) 令 $y=-x$,则

$$P_l(-x)=P_l(y)=\frac{1}{2^l\cdot l!}\frac{\mathrm{d}^l}{\mathrm{d}y^l}(y^2-1)^l=(-1)^l\frac{1}{2^l\cdot l!}\frac{\mathrm{d}^l}{\mathrm{d}x^l}(x^2-1)^l=(-1)^l P_l(x)$$

三、勒让德多项式的正交性与模方

勒让德方程(9.6.1)可写成如下形式:

$$\begin{cases}\dfrac{\mathrm{d}}{\mathrm{d}x}\left[(1-x^2)\dfrac{\mathrm{d}y}{\mathrm{d}x}\right]+\lambda y=0, & -1<x<1\\ |y(\pm1)<+\infty|\end{cases}\tag{9.7.2}$$

仅当本征值 $\lambda=l(l+1)(l=0,1,2,\cdots,)$ 时上述 S-L 问题才有在 $[-1,1]$ 内有界的解.当本征值 $\lambda=l(l+1)$ 时,本征函数为

$$y(x)=P_l(x)$$

相应于不同本征值的本征函数在区间 $[-1,1]$ 上互相正交:

$$\langle P_l\mid P_m\rangle=\int_{-1}^{1}P_l(x)P_m(x)\mathrm{d}x=0(l\neq m)\tag{9.7.3}$$

本征函数 $P_l(x)$ 的模方

$$\|P_l(x)\|^2=\int_{-1}^{1}[P_l(x)]^2\mathrm{d}x$$

应用罗德里格斯公式,可得

$$\begin{aligned}\int_{-1}^{1}[P_l(x)]^2\mathrm{d}x&=\frac{1}{2^{2l}(l!)^2}\int_{-1}^{1}\frac{\mathrm{d}^l}{\mathrm{d}x^l}(x^2-1)^l\frac{\mathrm{d}^l}{\mathrm{d}x^l}(x^2-1)^l\mathrm{d}x\\&=\frac{1}{2^{2l}(l!)^2}\left\{\left[\frac{\mathrm{d}^{l-1}}{\mathrm{d}x^{l-1}}(x^2-1)^l\frac{\mathrm{d}^l}{\mathrm{d}x^l}(x^2-1)^l\right]_{-1}^{1}-\right.\\&\left.\int_{-1}^{1}\frac{\mathrm{d}^{l-1}}{\mathrm{d}x^{l-1}}(x^2-1)^l\frac{\mathrm{d}^{l+1}}{\mathrm{d}x^{l+1}}(x^2-1)^l\mathrm{d}x\right\}\end{aligned}$$

易证:

$$\begin{aligned}\left[\frac{\mathrm{d}^{l-1}}{\mathrm{d}x^{l-1}}(x^2-1)^l\right]_{-1}^{1}&=\left[\frac{\mathrm{d}^{l-1}}{\mathrm{d}x^{l-1}}(x-1)^l(x+1)^l\right]_{-1}^{1}=\left[\sum_{p+q=l-1}C_{l-1}^p\{(x-1)^l\}^{(p)}\{(x+1)^l\}^{(q)}\right]_{-1}^{1}\\&=\left[\sum_{p+q=l-1}C_{l-1}^p\cdot l(l-1)\cdot\cdots\cdot(l-p+1)(x-1)^{l-p}l(l-1)\cdot\cdots\cdot(l-q+1)(x+1)^{l-q}\right]_{-1}^{1}\\&=0\end{aligned}$$

其中,$p+q=l$.

因此

$$\int_{-1}^{1}[P_l(x)]^2\mathrm{d}x=\frac{1}{2^{2l}\cdot(l!)^2}(-1)\int_{-1}^{1}\frac{\mathrm{d}^{l-1}}{\mathrm{d}x^{l-1}}(x^2-1)^l\frac{\mathrm{d}^{l+1}}{\mathrm{d}x^{l+1}}(x^2-1)^l\mathrm{d}x$$

继续做分部积分，同样可以证明分出的部分等于零. 连作 l 次分部积分，最后得

$$\begin{aligned}\int_{-1}^{1}[P_l(x)]^2\mathrm{d}x &= \frac{1}{2^{2l}(l!)^2}(-1)^l\int_{-1}^{1}(x^2-1)^l\frac{\mathrm{d}^{2l}}{\mathrm{d}x^{2l}}(x^2-1)^l\mathrm{d}x \\ &= \frac{(-1)^l(2l)!}{2^{2l}(l!)}\int_{-1}^{1}(x^2-1)^l\mathrm{d}x \\ &= \frac{(2l)!!(2l-1)!!}{2^{2l}(l!)^2}\int_{-1}^{1}(1-x^2)^l\mathrm{d}x \\ &= \frac{(2l)!!(2l-1)!!}{2^{2l}(l!)^2}\cdot 2\int_{0}^{\frac{\pi}{2}}(\cos\theta)^{2l+1}\mathrm{d}\theta \\ &= \frac{(2l)!!(2l-1)!!}{(2l)!!(2l)!!}\cdot 2\,\frac{(2l)!!}{(2l+1)!!} = \frac{2}{2l+1}\end{aligned} \tag{9.7.4}$$

实际应用中，$x=\cos\theta$，其中 θ 为矢径 $\boldsymbol{r}$ 与 z 轴间的夹角. 正交关系(9.7.3)成为

$$\int_{0}^{\pi}P_l(\cos\theta)P_m(\cos\theta)\sin\theta\mathrm{d}\theta = 0 \quad (0<\theta<\pi) \tag{9.7.5}$$

方程 (9.6.1)变为

$$\frac{\mathrm{d}^2\Theta}{\mathrm{d}\theta^2}+\cot\theta\frac{\mathrm{d}\Theta}{\mathrm{d}\theta}+l(l+1)\Theta=0 \quad (0<\theta<\pi) \tag{9.7.6}$$

上式可写为

$$\frac{\mathrm{d}}{\mathrm{d}\theta}\left[\sin\theta\frac{\mathrm{d}\Theta}{\mathrm{d}\theta}\right]+l(l+1)\sin\theta\Theta=0 \tag{9.7.7}$$

其中 $\Theta(\theta)=y(\cos\theta)$. 式(9.7.5)表示对应于不同本征值的本征函数带权 $\rho(\theta)=\sin\theta$ 正交.

四、勒让德多项式的完备性

定理　任何在$(-1,1)$上平方可积的函数 $f(x)$ 可以勒让德多项式$\{P_l(x):l=0,1,2,\cdots\}$为基展开成级数：

$$f(x) = \sum_{l=0}^{+\infty}C_lP_l(x) \tag{9.7.8}$$

下面计算展开系数.

用 $P_k(x)$和式(9.7.5)的两边作内积：

$$\begin{aligned}\langle P_k(x)\mid f(x)\rangle &= \sum_{l=0}^{+\infty}C_l\langle P_k(x)\mid P_l(x)\rangle \\ &= \sum_{l=0}^{+\infty}C_l\delta_{k,l}\langle P_k(x)\mid P_k(x)\rangle = C_k\langle P_k(x)\mid P_k(x)\rangle\end{aligned}$$

$$C_k=\frac{1}{\|P_k(x)\|^2}\langle P_k(x)\mid f(x)\rangle=\frac{1}{\|P_k(x)\|^2}\int_{-1}^{1}f(x)P_k(x)\mathrm{d}x$$

如果 $f(x)$为偶函数，则当 k 为奇数时，有

$$\int_{-1}^{1}f(x)P_k^{(x)}\mathrm{d}x = 0$$

因此，偶函数用勒让德多项式展开时，只出现偶数阶的勒让德多项式. 同理，奇函数用勒让德多项式展开时，只出现奇数阶的勒让德多项式.

例 9.1 试将 $f(x)=x^3$ 展开成勒让德多项式级数.

解 $f(x)=x^3$ 为奇函数，展开成勒让德多项式级数时只要考虑奇数阶勒让德多项式. 又 x^3 为三次多项式，高于三阶的勒让德多项式在级数展开中不会出现. 所以

$$x^3=C_1P_1(x)+C_3P_3(x)$$

$$\langle P_1(x)|P_1(x)\rangle=\frac{2}{3},\quad \langle P_3(x)|P_3(x)\rangle=\frac{2}{7}$$

$$\begin{aligned}C_1&=\frac{3}{2}\int_{-1}^{1}x^3P_1(x)\mathrm{d}x\\&=\frac{3}{2}\int_{-1}^{1}x^3\cdot x\mathrm{d}x=\frac{3}{2}\cdot\frac{2}{5}=\frac{3}{5}\end{aligned}$$

$$C_3=\frac{7}{2}\int_{-1}^{1}x^3P_3(x)\mathrm{d}x$$

如果我们把 $P_3(x)$ 的表示式代进去，上述积分当然不难算出. 这里应用罗德里格斯公式和分部积分进行计算.

$$\begin{aligned}C_3&=\frac{7}{2}\cdot\frac{1}{2^3\cdot 3!}\cdot 2\int_0^1 x^3\frac{\mathrm{d}^3}{\mathrm{d}x^3}(x^2-1)^3\mathrm{d}x\\&=\frac{7}{2^3\cdot 3!}\left\{\left[x^3\frac{\mathrm{d}^2}{\mathrm{d}x^2}(x^2-1)^3\right]_0^1-3\int_0^1 x^2\frac{\mathrm{d}^2}{\mathrm{d}x^2}(x^2-1)^3\mathrm{d}x\right\}\\&=-\frac{7}{2^3\cdot 2}\left\{\left[x^2\frac{\mathrm{d}}{\mathrm{d}x}(x^2-1)^3\right]_0^1-2\int_0^1 x\frac{\mathrm{d}}{\mathrm{d}x}(x^2-1)^3\mathrm{d}x\right\}\\&=\frac{7}{2^3}\left\{[x(x^2-1)^3]_0^1-\int_0^1(x^2-1)^3\mathrm{d}x\right\}\\&=\frac{7}{2^3}\int_0^{\frac{\pi}{2}}(\cos\theta)^7\mathrm{d}\theta=\frac{7\cdot 6\cdot 4\cdot 2}{2^3\cdot 7\cdot 5\cdot 3}=\frac{2}{5}\end{aligned}$$

$$x^3=\frac{3}{5}P_1(x)+\frac{2}{5}P_3(x)$$

例 9.2 在 z 轴上 $z=a$ 处放置点电荷 q. 该点电荷在点 $M(r,\theta,\varphi)$ 处产生的电势为

$$\begin{aligned}\phi(r,\theta,\varphi)&=\frac{1}{4\pi\varepsilon_0}\cdot\frac{q}{r_1}\\&=\frac{q}{4\pi\varepsilon_0}\cdot\frac{1}{\sqrt{r^2+a^2-2ar\cos\theta}}\end{aligned}\tag{9.7.9}$$

其中，(r,θ,φ) 为点 M 的球坐标(图 9.1). 由对称性可知，电势 ϕ 与经度 φ 无关.

令 $x=\cos\theta,t=\frac{a}{r}$，式(9.7.9)可化成

$$\phi(r,\theta,\varphi)=\frac{q}{4\pi\varepsilon_0 r}\cdot\frac{1}{\sqrt{1-2xt+t^2}}\tag{9.7.10}$$

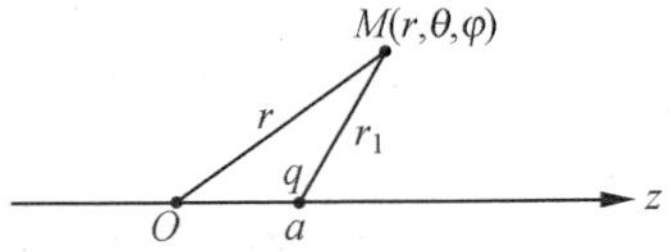

图 9.1 点电荷的电势

当 $|t|\ll 1$，时，有

$$(1-2xt+t^2)^{-1/2}=\sum_{n=0}^{+\infty}\frac{(2n-1)!!}{2^n n!}(2xt-t^2)^n=\sum_{n=0}^{+\infty}\frac{(2n)!}{2^{2n}(n!)^2}(2xt-t^2)^n$$

$$=\sum_{n=0}^{+\infty}\frac{(2n)!}{2^{2n}(n!)^2}t^n\sum_{k=0}^{n}(-1)^k\frac{n!}{k!(n-k)!}(2x)^{n-k}t^k$$

$$=\sum_{n=0}^{+\infty}\sum_{k=0}^{n}(-1)^k\frac{(2n)!}{2^{n+k}n!k!(n-k)!}x^{n-k}t^{n+k}$$

令 $l=n+k$,则

$$(1-2xt+t^2)^{-1/2}=\sum_{l=0}^{+\infty}\sum_{k=0}^{\left[\frac{l}{2}\right]}(-1)^k\frac{(2l-2k)!}{2^l k!(l-k)!(l-2k)!}x^{l-2k}t^l$$

由式(9.6.11),可知

$$P_l(x)=\sum_{k=0}^{\left[\frac{l}{2}\right]}(-1)^k\frac{(2l-2k)!}{2^l k!(l-k)!(l-2k)!}x^{l-2k}$$

因此

$$\frac{1}{\sqrt{1-2xt+t^2}}=\sum_{l=0}^{+\infty}P_l(x)t^l \tag{9.7.11}$$

点电荷在 $r\gg a$ 处产生的电势为

$$\phi(r,\theta,\varphi)=\frac{q}{4\pi\varepsilon_0 r}\sum_{l=0}^{+\infty}P_l(\cos\theta)\left(\frac{a}{r}\right)^l \tag{9.7.12}$$

§9.8　伴随勒让德方程

用球坐标求解三维拉普拉斯方程时,分离变量后函数 $\Theta(\theta)$ 满足式(9.5.9):

$$\frac{\mathrm{d}^2\Theta}{\mathrm{d}\theta^2}+\cot\theta\frac{\mathrm{d}\Theta}{\mathrm{d}\theta}+\left[l(l+1)-\frac{m^2}{(\sin\theta)^2}\right]\Theta=0$$

令 $x=\cos\theta, y(x)=\Theta(\theta)$,式(9.5.9)化为

$$(1-x^2)\frac{\mathrm{d}^2y}{\mathrm{d}x^2}-2x\frac{\mathrm{d}y}{\mathrm{d}x}+\left[l(l+1)-\frac{m^2}{1-x^2}\right]y=0 \tag{9.8.1}$$

上式称为伴随勒让德方程.

对勒让德方程:

$$(1-x^2)\frac{\mathrm{d}^2v}{\mathrm{d}x^2}-2x\frac{\mathrm{d}v}{\mathrm{d}x}+l(l+1)v=0 \tag{9.8.2}$$

求 m 次导数,得

$$\frac{\mathrm{d}^m}{\mathrm{d}x^m}\left[(1-x^2)\frac{\mathrm{d}^2v}{\mathrm{d}x^2}\right]-\frac{\mathrm{d}^m}{\mathrm{d}x^m}\left[2x\frac{\mathrm{d}v}{\mathrm{d}x}\right]+l(l+1)\frac{\mathrm{d}^mv}{\mathrm{d}x^m}=0$$

令 $u=\dfrac{\mathrm{d}^mv}{\mathrm{d}x^m}=\dfrac{\mathrm{d}^mP_l(x)}{\mathrm{d}x^m}$,可得

$$(1-x^2)\frac{\mathrm{d}^2u}{\mathrm{d}x^2}-2x(m+1)\frac{\mathrm{d}u}{\mathrm{d}x}+[l(l+1)-m(m+1)]u=0 \tag{9.8.3}$$

如果在伴随勒让德方程(9.8.1)中令

$$y(x)=(1-x^2)^{\frac{m}{2}}w(x)$$

则

$$\frac{\mathrm{d}y}{\mathrm{d}x}=(1-x^2)^{\frac{m}{2}}\frac{\mathrm{d}w}{\mathrm{d}x}-mx(1-x^2)^{\frac{m-2}{2}}w$$

$$\frac{\mathrm{d}^2y}{\mathrm{d}x^2}=(1-x^2)^{\frac{m}{2}}\frac{\mathrm{d}^2w}{\mathrm{d}x^2}-2mx(1-x^2)^{\frac{m-2}{2}}\frac{\mathrm{d}w}{\mathrm{d}x}$$
$$-m(1-x^2)^{\frac{m-2}{2}}w+m(m-2)x^2(1-x^2)^{\frac{m-4}{2}}w$$

代入(9.8.1),经整理后,得

$$(1-x^2)\frac{\mathrm{d}^2w}{\mathrm{d}x^2}-2(m+1)x\frac{\mathrm{d}w}{\mathrm{d}x}+[l(l+1)-m(m+1)]w=0 \tag{9.8.4}$$

比较式(9.8.3)与式(9.8.4),可知

$$w(x)=u(x)=\frac{\mathrm{d}^mP_l(x)}{\mathrm{d}x^m}$$

伴随勒让德方程(9.8.1)的解为

$$y(x)=P_l^m(x)=(1-x^2)^{\frac{m}{2}}\frac{\mathrm{d}^mP_l(x)}{\mathrm{d}x^m} \tag{9.8.5}$$

由罗德里格斯公式,得

$$P_l^m(x)=\frac{(1-x^2)^{\frac{m}{2}}}{2^l\cdot l!}\frac{\mathrm{d}^{l+m}}{\mathrm{d}x^{l+m}}(x^2-1)^l \tag{9.8.6}$$

在上面的公式中,l 的取值为非负整数 $l=0,1,2,\cdots$,m 的取值为 $m=0,1,2,\cdots,l$. $P_l^m(x)$称为 l 阶伴随勒让德多项式.

伴随勒让德方程(9.8.1)可写成 S-L 问题的标准形式:

$$\frac{\mathrm{d}}{\mathrm{d}x}\left[(1-x^2)\frac{\mathrm{d}y}{\mathrm{d}x}\right]-\frac{m^2}{1-x^2}y+l(l+1)y=0 \tag{9.8.7}$$

因此,我们知道,当 m 取定时,不同 l 的伴随勒让德多项式彼此正交:

$$\int_{-1}^{1}P_l^m(x)P_k^m(x)\mathrm{d}x=0 \quad (l\neq k) \tag{9.8.8}$$

令 $x=\cos\theta$,上式化为

$$\int_0^{\pi}P_l^m(\cos\theta)P_k^m(\cos\theta)\sin\theta\mathrm{d}\theta=0 \quad (0<\theta<\pi) \tag{9.8.9}$$

本章附录给出 $P_l^m(x)$的模方:

$$\|P_l^m(x)\|^2=\int_{-1}^{1}[P_l^m(x)]^2\mathrm{d}x=\frac{2}{2l+1}\cdot\frac{(l+m)!}{(l-m)!} \tag{9.8.10}$$

当 m 取定时,$\{P_l^m(x):l=0,1,2,\cdots\}$为$[-1,1]$上的正交完备基.$[-1,1]$上的函数 $f(x)$可用这组基展开:

$$f(x) = \sum_{l=0}^{+\infty} f_l P_l^m(x) \tag{9.8.11}$$

其中系数

$$f_l = \frac{2l+1}{2} \cdot \frac{(l-m)!}{(l+m)!} \int_{-1}^{1} f(x) P_l^m(x) \mathrm{d}x \tag{9.8.12}$$

当 m 取不同值时，$\{P_l^m(x): l=0,1,2,\cdots; m=0,1,2,\cdots,l\}$ 在 $[-1,1]$ 上组成了很多组正交完备基. 当 l 取定时，不同 m 对应的基不一定正交. 例如，由式(9.8.6)可算出

$$P_2^0(x) = P_2(x) = \frac{1}{2}(3x^2-1)$$

$$P_2^2(x) = 3(1-x^2)$$

$$\int_{-1}^{1} P_2^0(x) P_2^2(x) \mathrm{d}x = \frac{3}{2}\int_{-1}^{1} (3x^2-1)(1-x^2)\mathrm{d}x = -\frac{4}{5}$$

三维拉普拉斯方程

$$\nabla^2 u(r,\theta,\varphi) = 0$$

的解可表示成

$$u(r,\theta,\varphi) = \sum_{l=0}^{+\infty}\sum_{m=0}^{l}\left(A_l r^l + \frac{B_l}{r^{l+1}}\right) P_l^m(\cos\theta)(C_{l,m}\cos m\varphi + D_{l,m}\sin m\varphi) \tag{9.8.13}$$

对于球内问题，$0 \leqslant r < a$，$|u(0,\theta,\varphi)| < +\infty$，取 $B_l = 0 (l=0,1,2,\cdots)$. 式(9.8.13)化为

$$\begin{aligned} u(r,\theta,\varphi) &= \sum_{l=0}^{+\infty}\sum_{m=0}^{l} A_l r^l P_l^m(\cos\theta)(C_{l,m}\cos\theta + D_{l,m}\sin m\theta) \\ &= \sum_{l=0}^{+\infty}\sum_{m=0}^{l} r^l P_l^m(\cos\theta)(C_{l,m}\cos m\theta + D_{l,m}\sin m\theta) \end{aligned} \tag{9.8.14}$$

其中，常数 A_l 并入了 $C_{l,m}$ 和 $D_{l,m}$.

对于球外问题，$r \geqslant a$，$\lim\limits_{r\to+\infty} u(r,\theta,\varphi) = 0$，取 $A_l = 0 (l=0,1,2,\cdots)$. 式(9.8.13)化为

$$\begin{aligned} u(r,\theta,\varphi) &= \sum_{l=0}^{+\infty}\sum_{m=0}^{l} \frac{B_l}{r^{l+1}} P_l^m(\cos\theta)(C_{l,m}\cos m\varphi + D_{l,m}\sin m\varphi) \\ &= \sum_{l=0}^{+\infty}\sum_{m=0}^{l} \frac{1}{r^{l+1}} P_l^m(\cos\theta)(C_{l,m}\cos\theta + D_{l,m}\sin\theta) \end{aligned} \tag{9.8.15}$$

常数 B_l 并入了常数 $C_{l,m}$ 和 $D_{l,m}$.

式(9.8.14)与式(9.8.15)中的系数可由球面 $r=a$ 上的边界条件确定.

下列 $2l+1$ 个函数称为 l 阶球面函数：

$$\left\{\begin{aligned} Y_{l,\mathrm{c}}^m(\theta,\varphi) &= P_l^m(\cos\theta)\cos m\varphi: l=0,1,2,\cdots; m=0,1,2,\cdots,l \\ Y_{l,\mathrm{s}}^m(\theta,\varphi) &= P_l^m(\cos\theta)\sin m\varphi: l=1,2,3,\cdots; m=0,1,2,\cdots,l \end{aligned}\right\} \tag{9.8.16}$$

容易证明，这些函数在单位球面 $S_{r=1}$ 上互相正交. 模方

$$\| Y_{l,\mathrm{c}}^0(\theta,\varphi) \|^2 = \int_0^{\pi}\int_0^{2\pi} [P_l^0(\cos\theta)]^2 \sin\theta \mathrm{d}\theta \mathrm{d}\varphi = \frac{4\pi}{2l+1} \tag{9.8.17}$$

当 $m\geqslant 1$ 时，有

$$\begin{aligned}\| Y_{l,c}^{m}(\theta,\varphi)\|^{2} &= \int_{0}^{\pi}\int_{0}^{2\pi}[P_{l}^{m}(\cos\theta)]^{2}(\cos m\varphi)^{2}\sin\theta d\theta d\varphi \\ &= \pi\int_{0}^{\pi}[P_{l}^{m}(\cos\theta)]^{2}\sin\theta d\theta = \frac{2\pi}{2l+1}\cdot\frac{(l+m)!}{(l-m)!}\end{aligned} \tag{9.8.18}$$

$$\| Y_{l,s}^{m}(\theta,\varphi)\|^{2} = \int_{0}^{\pi}\int_{0}^{2\pi}[P_{l}^{m}(\cos\theta)]^{2}(\sin m\varphi)^{2}\sin\theta d\theta d\varphi = \frac{2\pi}{2l+1}\cdot\frac{(l+m)!}{(l-m)!} \tag{9.8.19}$$

球面上的任一函数 $f(\theta,\varphi)$ 可用球面函数系

$$\begin{Bmatrix} Y_{l,c}^{m}(\theta,\varphi): l=0,1,2,\cdots; m=0,1,2,\cdots,l \\ Y_{l,s}^{m}(\theta,\varphi): l=1,2,\cdots; m=0,1,2,\cdots,l \end{Bmatrix}$$

展开：

$$\begin{aligned} f(\theta,\varphi) &= \sum_{l=0}^{+\infty}\sum_{m=0}^{l}[A_{l,m}Y_{l,c}^{m}(\theta,\varphi)+B_{l,m}Y_{l,s}^{m}(\theta,\varphi)] \\ &= \sum_{l=0}^{+\infty}\sum_{m=0}^{l}P_{l}^{m}(\cos\theta)(A_{l,m}\cos m\varphi+B_{l,m}\sin m\varphi)\end{aligned} \tag{9.8.20}$$

其中的系数用下列公式计算（$B_{0,0}=0$）：

$$A_{l,0} = \frac{\langle Y_{l,c}^{0}(\theta,\varphi)\mid f(\theta,\varphi)\rangle}{\| Y_{l,c}^{0}(\theta,\varphi)\|^{2}} = \frac{2l+1}{4\pi}\int_{0}^{\pi}\int_{0}^{2\pi}f(\theta,\varphi)P_{l}(\cos\theta)\sin\theta d\theta d\varphi \tag{9.8.21}$$

当 $m\geqslant 1$ 时，有

$$A_{l,m} = \frac{\langle Y_{l,c}^{m}(\theta,\varphi)\mid f(\theta,\varphi)\rangle}{\| Y_{l,c}^{m}(\theta,\varphi)\|^{2}} = \frac{2l+1}{2\pi}\cdot\frac{(l-m)!}{(l+m)!}\int_{0}^{\pi}\int_{0}^{2\pi}f(\theta,\varphi)Y_{l,c}^{m}(\theta,\varphi)\sin\theta d\theta d\varphi \tag{9.8.22}$$

$(l=1,2,3,\cdots; m=0,1,2,\cdots,l)$

$$B_{l,m} = \frac{\langle Y_{l,s}^{m}(\theta,\varphi)\mid f(\theta,\varphi)\rangle}{\| Y_{l,s}^{m}(\theta,\varphi)\|^{2}} = \frac{2l+1}{2\pi}\cdot\frac{(l-m)!}{(l+m)!}\int_{0}^{\pi}\int_{0}^{2\pi}f(\theta,\varphi)Y_{l,s}^{m}(\theta,\varphi)\sin\theta d\theta d\varphi \tag{9.8.23}$$

$(l=1,2,3,\cdots; m=0,1,2,\cdots,l)$

式(9.8.16)中的基是实基. 可以将实基化成复基. 令

$$Y_{l}^{m}(\theta,\varphi)=\begin{cases} P_{l}^{m}(\theta)\exp(im\varphi) & (m=0,1,2,\cdots,l) \\ P_{l}^{|m|}(\theta)\exp(im\varphi) & (m=-1,-2,\cdots,-l)\end{cases} \tag{9.8.24}$$

这些基的正交性很容易证明：

$$\begin{aligned}\langle Y_{l}^{m}(\theta,\varphi)\mid Y_{k}^{n}(\theta,\varphi)\rangle &= \int_{0}^{\pi}\sin\theta d\theta\int_{0}^{2\pi}d\varphi(Y_{l}^{m}(\theta,\varphi))^{*}\cdot Y_{k}^{n}(\theta,\varphi) \\ &= \int_{0}^{\pi}P_{l}^{|m|}(\cos\theta)P_{k}^{|n|}(\cos\theta)\sin\theta d\theta\int_{0}^{2\pi}\exp[i(n-m)\varphi]d\varphi \\ &= 2\pi\delta_{m,n}\delta_{l,k}\int_{0}^{\pi}[P_{l}^{|m|}(\cos\theta)]^{2}\sin\theta d\theta \\ &= \frac{4\pi}{2l+1}\cdot\frac{(1+|m|)!}{(l-|m|)!}\delta_{m,n}\delta_{l,k}\end{aligned} \tag{9.8.25}$$

基的模方

$$\| Y_l^m(\theta,\varphi) \|^2 = \frac{4\pi}{2l+1} \cdot \frac{(l+|m|)!}{(l-|m|)!} \tag{9.8.26}$$

$f(\theta,\varphi)$的展开式为

$$f(\theta,\varphi) = \sum_{l=0}^{+\infty} \sum_{m=-1}^{l} \alpha_{l,m} Y_l^m(\theta,\varphi) \tag{9.8.27}$$

其中 $\alpha_{l,-m}=\alpha_{l,m}^*$. 式(9.8.27)中的复系数与式(9.8.13)中数间的关系为

$$\alpha_{l,0}=A_{l,0}$$

当 $m\geqslant 1$ 时,有

$$\alpha_{l,m}=\frac{1}{2}(A_{l,m}-\mathrm{i}B_{l,m}),\ \alpha_{l,-m}=\frac{1}{2}(A_{l,m}+\mathrm{i}B_{l,m}) \tag{9.8.28}$$

例 9.3　试解下列球内第一边值问题:

$$\begin{cases} \nabla^2 u(r,\theta,\varphi)=0 & \begin{cases} 0\leqslant r<a, 0<\theta<\pi \\ 0<\varphi<2\pi \end{cases} \\ u(a,\theta,\varphi)=f(\theta,\varphi) \end{cases} \tag{9.8.29}$$

其中,$f(\theta,\varphi)=3(\sin\theta)^2(\cos\varphi)^2-1$.

解　球内调和函数

$$u(r,\theta,\varphi) = \sum_{l=0}^{+\infty} \sum_{m=0}^{l} r^l P_l^m(\cos\theta)(A_{l,m}\cos m\varphi + B_{l,m}\sin m\varphi)$$

由边条件,可得

$$f(\theta,\varphi) = \sum_{l=0}^{+\infty} \sum_{m=0}^{l} a^l P_l^m(\cos\theta)(A_{l,m}\cos m\varphi + B_{l,m}\sin m\varphi) \tag{9.8.30}$$

在本例中 $f(\theta,\varphi)$比较简单,不必套用前面介绍的一般公式来求式(9.8.30)中的系数. 由伴随勒让德多项式的表示式 (9.8.6) 可知

$$P_2^0(x)=P_2(x)=\frac{1}{2}(3x^2-1)$$

$$P_2^1(x)=3x(1-x^2)^{1/2}$$

$$P_2^2(x)=3(1-x^2)$$

令 $x=\cos\theta$, 由此可以求得

$$f(\theta,\varphi)=3(\sin\theta)^2(\cos\varphi)^2-1=3(1-x^2)\cdot\frac{1}{2}(1+\cos 2\varphi)-1$$

$$=\frac{1}{2}(1-3x^2)+\frac{3}{2}(1-x^2)\cos 2\varphi=-P_2^0(x)+\frac{1}{2}P_2^2(x)\cos 2\varphi$$

因此,式(9.8.30)中的非零系数为

$$a^2A_{2,0}=-1,\ a^2A_{2,2}=\frac{1}{2}$$

定解问题(9.8.29)的解为

$$u(r,\theta,\varphi)=\left(\frac{r}{a}\right)^2\left[-P_2^0(\cos\theta)+\frac{1}{2}P_2^2(\cos\theta)\cos 2\varphi\right]$$

* §9.9 球面函数与角动量

经典力学中，角动量

$$\boldsymbol{L}=\boldsymbol{r}\times\boldsymbol{p}$$

式中，$\boldsymbol{r}$ 为质点的矢径，$\boldsymbol{p}$ 为质点的动量．在量子力学中，经典物理量要换成厄密(Hermitean)算子．在坐标表象中，$\boldsymbol{r}$ 换成$\{x,y,z\}$三个算子，在$\frac{h}{2\pi}=1$ 的单位制中，动量 $\boldsymbol{p}$ 将换成算子$\left\{-\mathrm{i}\frac{\partial}{\partial x},-\mathrm{i}\frac{\partial}{\partial y},-\mathrm{i}\frac{\partial}{\partial z}\right\}$．这样，角动量将换成算子

$$\hat{L}_x=-\mathrm{i}\left(y\frac{\partial}{\partial z}-z\frac{\partial}{\partial y}\right),\hat{L}_y=-\mathrm{i}\left(z\frac{\partial}{\partial x}-x\frac{\partial}{\partial z}\right),\hat{L}_z=-\mathrm{i}\left(x\frac{\partial}{\partial y}-y\frac{\partial}{\partial x}\right) \tag{9.9.1}$$

在球坐标系下，

$$\begin{aligned}\hat{L}_x&=\mathrm{i}\left(\sin\varphi\frac{\partial}{\partial\theta}+\cot\theta\cos\varphi\frac{\partial}{\partial\varphi}\right)\\ \hat{L}_y&=-\mathrm{i}\left(\cos\varphi\frac{\partial}{\partial\theta}-\cot\theta\sin\varphi\frac{\partial}{\partial\varphi}\right)\\ \hat{L}_z&=-\mathrm{i}\frac{\partial}{\partial\varphi}\end{aligned} \tag{9.9.2}$$

角动量的平方算子

$$\hat{L}\cdot\hat{L}=\hat{L}_x{}^2+\hat{L}_y{}^2+\hat{L}_z{}^2=-\left(\frac{\partial^2}{\partial\theta^2}+\cot\theta\frac{\partial}{\partial\theta}+\frac{1}{(\sin\theta)^2}\frac{\partial^2}{\partial\varphi^2}\right) \tag{9.9.3}$$

设 $Y(\theta,\varphi)$为 $\hat{L}\cdot\hat{L}$ 的本征态，本征值为 $l(l+1)$：

$$\hat{L}\cdot\hat{L}Y(\theta,\varphi)=l(l+1)Y(\theta,\varphi) \tag{9.9.4}$$

即

$$\frac{\partial^2 Y}{\partial\theta^2}+\cot\theta\frac{\partial Y}{\partial\theta}+\frac{1}{\sin^2\theta}\frac{\partial^2 Y}{\partial\varphi^2}+l(l+1)Y=0\ [\text{即式}(9.5.3)]$$

这是采用分离变量法，在球坐标系中求解三维拉普拉斯方程时角变量部分满足的方程．将 $Y(\theta,\varphi)$再分离变量，可得式(9.5.3)的下列形式特解：

$$Y_l^m(\theta,\varphi)=P_l^{|m|}(\cos\theta)\exp(\mathrm{i}m\varphi)\quad(-l\leqslant m\leqslant l)\ [\text{即式}(9.8.24)]$$

角动量平方的本征值为 $l(l+1)$，相应的本征空间为 $2l+1$ 维，即本征态 $2l+1$ 重简并．球面函数 $Y_l^m(\theta,\varphi)$中的 m 称磁量子数，$\exp(\mathrm{i}m\varphi)$为绕 z 轴转动的本征态．Y_l^m 为 $\hat{L}\cdot\hat{L}$ 与 $\hat{L}_z$ 共同的本征态：

$$\begin{aligned}\hat{L}\cdot\hat{L}Y_l^m(\theta,\varphi)&=l(l+1)Y_l^m(\theta,\varphi)\\ \hat{L}_zY_l^m(\theta,\varphi)&=mY_l^m(\theta,\varphi)\end{aligned} \tag{9.9.5}$$

在抽象的希尔伯特(Hilbert)空间中，$\hat{L}\cdot\hat{L}$ 与 $\hat{L}_z$ 共同的本征态可用 ket 矢量$|l,m\rangle$

表示：

$$\hat{L}\cdot\hat{L}|l,m\rangle=L(L+1|l,m\rangle) \tag{9.9.6}$$

$$\hat{L}_z|l,m\rangle=m|l,m\rangle \tag{9.9.7}$$

引进归一化因子和相因子，$|l,m\rangle$在坐标表象中的波函数

$$\begin{aligned}\langle \boldsymbol{r}|l,m\rangle&=(-1)^m\sqrt{\frac{(2l+1)(l-|m|)!}{4\pi(l+|m|)!}}Y_l^m(\theta,\varphi)\\&=(-1)^m\sqrt{\frac{(2l+1)(l-|m|)!}{4\pi(l+|m|)!}}P_l^m(\cos\theta)\exp(\mathrm{i}m\varphi)\end{aligned} \tag{9.9.8}$$

可以证明

$$P_l^{-m}(\cos\theta)=(-1)^m\frac{(l-m)!}{(l+m)!}P_l^m(\cos\theta) \tag{9.9.9}$$

$Y_l^m(\theta,\varphi)$中的下标 l 标志了角动量平方算子 $\hat{L}\cdot\hat{L}$ 的本征值[该本征值为 $l(l+1)$]，上标 m 标志了绕 z 轴转动算子 $\hat{L}_z$ 的本征值. 对应于不同本征值的本征函数彼此正交，这就是球面函数 $Y_l^m(\theta,\varphi)$在单位球面上的正交关系(9.8.25). 经典物理中，物理量总取连续值. 量子世界中角动量的平方，它的 z 分量却取分立值. 在初创量子力学时，这一结果着实使人惊奇. 但若承认量子物理中物理量用厄密算子描述，实验测量的结果当为它的本征值. 矩阵的本征值很可能为分立值. 物理理论能否正确描述世界，全看它的计算结果是否与实验符合. 确定微观粒子的角动量，主要通过光谱测量. 光谱线总是分立的，因此角动量取分立值就不奇怪了.

*附录　伴随勒让德多项式模方的计算

$$\begin{aligned}N_{l,m}^2&=\int_{-1}^{1}[P_l^m(x)]^2\mathrm{d}x=\frac{1}{2^{2l}(l!)^2}\int_{-1}^{1}(1-x^2)^m\left[\frac{\mathrm{d}^{l+m}}{\mathrm{d}x^{l+m}}(x^2-1)^l\right]^2\mathrm{d}x\\&=\frac{1}{2^{2l}(l!)^2}\int_{-1}^{1}G(x)\frac{\mathrm{d}^{l+m}}{\mathrm{d}x^{l+m}}(x^2-1)^l\mathrm{d}x\end{aligned} \tag{a9.1}$$

其中

$$G(x)=(1-x^2)^m\frac{\mathrm{d}^{l+m}}{\mathrm{d}x^{l+m}}(x^2-1)^l=(-1)^m(x-1)^m(x+1)^m\frac{\mathrm{d}^{l+m}}{\mathrm{d}x^{l+m}}(x^2-1)^l$$

因此

$$[G(x)]_{-1}^{1}=\left[\frac{\mathrm{d}}{\mathrm{d}x}G(x)\right]_{-1}^{1}=\left[\frac{\mathrm{d}^2}{\mathrm{d}x^2}G(x)\right]_{-1}^{1}=\cdots=\left[\frac{\mathrm{d}^{m-1}}{\mathrm{d}x^{m-1}}G(x)\right]_{-1}^{1}=0$$

对式(a9.1)作 m 次分部积分，有

$$N_{l,m}^2=\frac{(-1)^m}{2^{2l}(l!)^2}\int_{-1}^{1}\frac{\mathrm{d}^mG(x)}{\mathrm{d}x^m}\frac{\mathrm{d}^l}{\mathrm{d}x^l}[(x-1)^l\cdot(x+1)^l]\mathrm{d}x \tag{a9.2}$$

易证：

$$\left[\frac{\mathrm{d}^{l-1}}{\mathrm{d}x^{l-1}}[(x-1)^l(x+1)^l]\right]_{-1}^{1}=\left[\frac{\mathrm{d}^{l-2}}{\mathrm{d}x^{l-2}}[(x-1)^l(x+1)^l]\right]_{-1}^{1}=\cdots=[(x-1)^l(x+1)^l]_{-1}^{1}=0$$

对式(a9.2)继续进行 l 次分部积分，有

$$N_{l,m}^2=\frac{(-1)^{m+l}}{2^{2l}(l!)^2}\int_{-1}^{1}\frac{\mathrm{d}^{m+l}G(x)}{\mathrm{d}x^{m+l}}(x^2-1)^l\mathrm{d}x$$

$G(x)$为 x 的 $l+m$ 次多项式，其最高次项为

$$G(x)=(-1)^m\frac{(2l)!}{(l-m)!}x^{l+m}+\cdots$$

因此，$\dfrac{\mathrm{d}^{l+m}G(x)}{\mathrm{d}x^{l+m}}$为常数，

$$\frac{\mathrm{d}^{l+m}G(x)}{\mathrm{d}x^{l+m}}=(-1)^m\frac{(2l)!\ (l+m)!}{(l-m)!}$$

$$N_{l,m}^2=\frac{(-1)^l(2l)!(l+m)!}{2^{2l}(l!)^2(l-m)!}\int_{-1}^{1}(x^2-1)^l\mathrm{d}x=\frac{2}{2l+1}\cdot\frac{(l+m)!}{(l-m)!}$$

习　题

1. 用级数解法求解方程$\dfrac{\mathrm{d}^2y(x)}{\mathrm{d}x^2}-xy(x)=0$.

2. 计算下列公式：

(1) $\dfrac{\mathrm{d}}{\mathrm{d}x}J_9(ax)$；

(2) $\dfrac{\mathrm{d}}{\mathrm{d}x}[xJ_1(ax)]$.

3. (1) 写出 $J_0(x)$的级数表示式；

(2) 试证 $\displaystyle\int_0^{\frac{\pi}{2}}J_0(x\cos\theta)\cos\theta\mathrm{d}\theta=\frac{\sin x}{x}$.

4. 利用递推公式证明：

$$J_2(x)=J''_0(x)-\frac{1}{x}J_0{}'(x)$$

5. 试证：

$$\int_0^x x^nJ_0(x)\mathrm{d}x=x^nJ_1(x)+(n-1)x^{n-1}J_0(x)-(n-1)^2\int_0^x x^{n-2}J_0(x)\mathrm{d}x$$

6. 设 $\omega_n(n=1,2,3,\cdots)$为方程 $J_0(x)=0$ 的所有正根，函数 $f(x)=1-x^2(0<x<1)$. 试将 $f(x)$展开成如下级数：

$$f(x)=\sum_{n=1}^{+\infty}C_nJ_0(\omega_nx)\quad(0<x<1)$$

7. 半径为 R 的圆形膜边缘固定. $u(\rho,\varphi,t)$为时刻 t、膜上(ρ,φ)处的点在 z 方向的微小

位移. (ρ,φ)为点的极坐标. 膜的微小横振动的泛定方程为

$$u_{tt}(\rho,\varphi,t)-a^2\nabla^2 u(\rho,\varphi,t)=0$$

膜的初始位移为

$$u(\rho,\varphi,0)=H\left(1-\frac{\rho^2}{R^2}\right)$$

膜的初速度为零. 写出定解问题并解之.

8. 证明:$p_n(1)=1, p_n(-1)=(-1)^n, p_{2n-1}(0)=0, p_{2n}(0)=\dfrac{(-1)^n(2n)!}{2^{2n}(n!)^2}$.

9. 设 $f(x)=\begin{cases}0, & -1<x<0,\\ x, & 0<x<1,\end{cases}$ 写出它的勒让德多项式的展开式(取前 4 项).

10. 求解下列定解问题:

$$\begin{cases}\nabla^2 u(x,y,z)=0\\ u(x,y,z)|_{r=a}=\cos^2\theta\end{cases}\quad (r<a)$$

式中,(r,θ,φ)为球坐标.

11. 用一层绝缘薄膜把半径为 a 的金属球壳分为上、下两个半球壳,此两半球壳分别保持电势为 u_1 与 u_2. 求球壳内的电势分布.

第10章 格林函数及其应用

格林(Green)函数是求解非齐次方程的有力工具,它把非齐次方程的定解问题归结为一个特定的定解问题.在理论物理中也有重要的应用.

§10.1 与时间无关的格林函数

设 $\hat{L}(x)$ 为线性厄米不含时的微分算子,z 为复数.下列非齐次方程在齐次边条件下的解 $G(x,\xi;z)$ 称为算子 $z-\hat{L}(x)$ 或相应方程在齐次边条件下的格林函数.

$$[z-\hat{L}(x)]G(x,\xi;z)=\delta(x-\xi) \quad (x,\xi\in\Omega) \tag{10.1.1}$$

当 Ω 为全空间时,边条件有时可改为有限,对数发散或线性发散.全空间的格林函数常称为相应非齐次方程的基本解.

$G(x,\xi;z)$ 反映了在 ξ 点处加进的扰动在 x 点处产生的影响.

几点说明:

(1) 为了书写简洁,这里只给出了一维空间的情形.对于高维空间,x,ξ 当换成高维空间中点的记号 $\boldsymbol{r},\boldsymbol{\xi}$.$\Omega$ 为相应空间中的区域.

(2) 当 Ω 为全空间时,$\partial\Omega$ 代表无穷远处的边界.

(3) 若 $z=0$,算子 $\hat{L}(x)$ 的格林函数满足如下方程:

$$\hat{L}(x)G(x,\xi)=-\delta(x-\xi) \tag{10.1.2}$$

这里 $G(x,\xi)=G(x,\xi;0)$.

例10.1 求 $\hat{L}(x)=\dfrac{\mathrm{d}^2}{\mathrm{d}x^2}$ 在 $\Omega=(-\infty,+\infty)$ 上的格林函数.格林函数在无穷远处可能线性发散.

解 格林函数 $G(x,\xi)$ 满足方程:

$$\frac{\mathrm{d}^2}{\mathrm{d}x^2}G(x,\xi)=-\delta(x-\xi) \quad \begin{Bmatrix}-\infty<x<+\infty\\ -\infty<\xi<+\infty\end{Bmatrix} \tag{10.1.3}$$

若 $\xi=0$,格林函数 $G(x,0)$ 可简记为 $G(x)=G(x,0)$,方程(10.1.3)变成

$$\frac{\mathrm{d}^2}{\mathrm{d}x^2}G(x)=-\delta(x)\quad(-\infty<x<+\infty)\tag{10.1.4}$$

$x=0$ 为一个奇点. 可以把区间$(-\infty,+\infty)$分为$(-\infty,0)$和$(0,+\infty)$两部分. 在每一部分中,奇点不出现,方程变为齐次方程. 当 $x>0$ 时,方程(10.1.4)变为

$$\frac{\mathrm{d}^2}{\mathrm{d}x^2}G(x)=0\tag{10.1.5}$$

解之,得

$$G(x)=ax+b\tag{10.1.6}$$

当 $x<0$ 时,式(10.1.4)亦成为齐次方程(10.1.5). 解之,得

$$G(x)=cx+d\tag{10.1.7}$$

由对称性可知泊松方程(10.1.4)的解. 当满足条件

$$G(x)=G(-x)$$

因此,$c=-a$,$d=b$,当 $x<0$ 时,

$$G(x)=-ax+b\tag{10.1.8}$$

对方程(10.1.4)的两边,从 $-\varepsilon$ 到 ε 作积分,有

$$-\int_{-\varepsilon}^{\varepsilon}\frac{\mathrm{d}^2G}{\mathrm{d}x^2}\mathrm{d}x=\int_{-\varepsilon}^{\varepsilon}\delta(x)\mathrm{d}x$$

$$\left[\frac{\mathrm{d}G}{\mathrm{d}x}\right]_{x=\varepsilon}-\left[\frac{\mathrm{d}G}{\mathrm{d}x}\right]_{x=-\varepsilon}=-1$$

$\varepsilon\to 0$ 即得 $x=0$ 处的连接条件:

$$G'(0^+)-G'(0^-)=-1\tag{10.1.9}$$

由此可得 $a=-\frac{1}{2}$. 则

$$G(x)=\begin{cases}-\frac{1}{2}x+b, & x>0\\ \frac{1}{2}x+b, & x<0\end{cases}$$

$$=-\frac{1}{2}|x|+b\tag{10.1.10}$$

如果三维空间内 $x=0$ 面均匀带电,面电荷密度为 ε_0. $G(x)$可看作该均匀带电平面在全空间产生的电势. 由对称性及高斯定理可知,在 $x>0$ 半空间内,电场强度方向指向 x 轴正向,$E_x=\frac{1}{2}$;在 $x<0$ 半空间内,电场强度方向指向 x 轴负向,$E_x=-\frac{1}{2}$. 而 $E_x=-\frac{\mathrm{d}G}{\mathrm{d}x}$. 式(10.1.9)反映了电场强度在 $x=0$ 面上的跃变.

通过坐标轴的平移,很容易证明方程(10.1.3)定义的格林函数为

$$G(x,\xi)=-\frac{1}{2}|x-\xi|+b\tag{10.1.11}$$

例 10.2　求二维拉普拉斯算子 $\nabla^2=\frac{\partial^2}{\partial x^2}+\frac{\partial^2}{\partial y^2}$ 在全平面上的格林函数,设扰动加在

$\boldsymbol{\xi}=(0,0)$点处.

解 二维空间中格林函数可写为

$$G(\boldsymbol{r},\boldsymbol{\xi})=G(x,y,\xi_1,\xi_2)$$

记 $G(x,y)=G(x,y,0,0)$，则 $G(x,y)$满足方程：

$$\nabla^2 G(x,y)=-\delta(x)\delta(y),(x,y)\in\mathbf{R}^2 \tag{10.1.12}$$

在无穷远处，$G(x,y)$可能对数发散.

原点(0,0)为奇点. 我们从物理模型出发来列出格林函数 $G(x,y)$在原点处应满足的条件.

以原点为心，δ 为半经作一小圆 S_δ，S_δ 包围的面积记为 O_δ. 在 $\mathbf{R}^2-O_\delta$ 内，没有奇点. 式(10.1.12)变成拉普拉斯方程：

$$\nabla^2 G(x,y)=0,\ (x,y)\in\mathbf{R}^2-O_\delta \tag{10.1.13}$$

设(ρ,φ)为点的极坐标. 由对称性可知，$G(x,y)$只依赖 ρ：$G(x,y)=G(\rho)$. 采用极坐标，式(10.1.13)成为

$$\frac{1}{\rho}\frac{\mathrm{d}}{\mathrm{d}\rho}\left(\rho\frac{\mathrm{d}G}{\mathrm{d}\rho}\right)=0\quad(\delta<\rho<+\infty) \tag{10.1.14}$$

解之，得

$$G(\rho)=C\ln\rho+D \tag{10.1.15}$$

设 z 轴均匀带电，线电荷密度为 ε_0，它在真空中产生的电场为平面场. 它在 $z=0$ 平面上的电势满足方程(10.1.14). 在 $z=0$ 平面上，$\boldsymbol{E}$ 和电势 G 的大小只依赖于 ρ. 电场强度 $\boldsymbol{E}$ 沿 $\boldsymbol{\rho}^0$ 方向. 以 O_δ 为底面，$h=1$ 为高作一圆柱面. 通过圆柱侧面从圆柱内穿出的电通量为

$$2\pi\delta E=-2\pi\delta\left[\frac{\mathrm{d}G}{\mathrm{d}\rho}\right]_{\rho=\delta}$$

圆柱内的总电量为

$$q=\varepsilon_0$$

由高斯定理，可知

$$-2\pi\delta\left[\frac{\mathrm{d}G}{\mathrm{d}\rho}\right]_{\rho=\delta}=\frac{q}{\varepsilon_0}=1$$

因此，在 S_δ 上应满足如下条件：

$$\delta\left[\frac{\mathrm{d}G}{\mathrm{d}\rho}\right]_{\rho=\delta}=-\frac{1}{2\pi}$$

或写成

$$\lim_{\delta\to 0}\left\{\delta\left[\frac{\mathrm{d}G}{\mathrm{d}\rho}\right]_{\rho=\delta}\right\}=-\frac{1}{2\pi} \tag{10.1.16}$$

由此可求得式(10.1.12)中的 $C=-\dfrac{1}{2\pi}$，

$$G(\rho)=\frac{1}{2\pi}\ln\frac{1}{\rho}+D \tag{10.1.17}$$

例 10.3 求三维拉普拉斯算子

$$\nabla^2=\frac{\partial^2}{\partial x^2}+\frac{\partial^2}{\partial y^2}+\frac{\partial^2}{\partial z^2}$$

在全空间 $\Omega=\mathbf{R}^3$ 上的格林函数. 设 $\boldsymbol{\xi}=(0,0,0)$，此时格林函数可记为

$$G(\boldsymbol{r},\boldsymbol{\xi})=G(x,y,z,0,0,0)=G(x,y,z)=G(\boldsymbol{r})$$

无穷远处的边条件为

$$\lim_{r\to\infty}G(\boldsymbol{r})=0 \tag{10.1.18}$$

解 *方法一* 相应的定解问题为

$$\nabla^2 G(\boldsymbol{r})=-\delta(\boldsymbol{r})\quad(\boldsymbol{r}\in\mathbf{R}^3) \tag{10.1.19}$$

$$\lim_{r\to\infty}G(\boldsymbol{r})=0$$

从物理上看，$G(\boldsymbol{r})$为坐标原点放置电量为 ε_0 的点电荷在全空间产生的静电势 $G(\boldsymbol{r})=\frac{1}{4\pi r}$. 现在我们来看数学上怎样证明这一点.

因为式(10.1.9)的右端是一个广义函数，用经典办法不好处理. 我们以原点 O 为圆心、δ 为半径作一个小球 O_δ. 从 $\Omega=\mathbf{R}^3$ 中挖去这一小球(图 10.1). 在 $\Omega-O_\delta$ 中，式(10.1.19)变成拉普拉斯方程:

$$\nabla^2 G(\boldsymbol{r})=0\quad(\boldsymbol{r}\in\Omega-O_\delta) \tag{10.1.20}$$

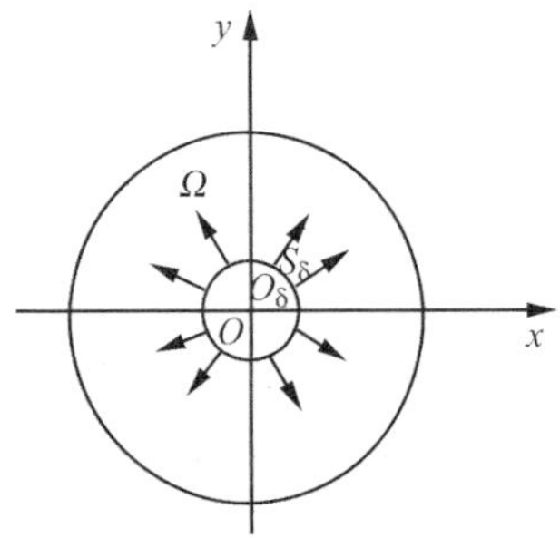

图 10.1 O 点处的边界条件

显然 $G(\boldsymbol{r})$仅是 r 的函数 $G(\boldsymbol{r})=G(r)$. 采用球坐标，式(10.1.20)成为

$$\frac{1}{r^2}\frac{\mathrm{d}}{\mathrm{d}r}\left(r^2\frac{\mathrm{d}G}{\mathrm{d}r}\right)=0 \tag{10.1.21}$$

式(10.1.21)的一般解

$$G(r)=\frac{C_1}{r}+C_2 \tag{10.1.22}$$

任意常数 C_1,C_2 可由 $\Omega-O_\delta$ 上的边界条件确定. $\Omega-O_\delta$ 的边界有两部分:无穷远处的边界与小球 O_δ 的表面 S_δ. 无穷远处的边条件由式(10.1.18)给出，由此得 $C_2=0$. 任意常数 C_1 可由 S_δ 上的边条件确定.

由静电学中的高斯定理知道，通过 S_δ 面从小球 O_δ 内穿出的电通量为

$$\oiint_{S_\delta}\boldsymbol{E}\cdot\mathrm{d}\boldsymbol{S}=\frac{\iiint_{O_\delta}\rho\mathrm{d}V}{\varepsilon_0}$$

$$-4\pi\delta^2\left[\frac{\mathrm{d}G}{\mathrm{d}r}\right]_{r=\delta}=1$$

因此，在 S_δ 面上的边条件为

$$\delta^2\left[\frac{\mathrm{d}G}{\mathrm{d}r}\right]_{r=\delta}=-\frac{1}{4\pi} \tag{10.1.23}$$

δ 可取得任意小. 上述条件可写为

$$\lim_{\delta\to 0}\delta^2\left[\frac{\mathrm{d}G}{\mathrm{d}r}\right]_{r=\delta}=-\frac{1}{4\pi} \tag{10.1.24}$$

由此可求得 $C_1=\frac{1}{4\pi}$. 因此所求的格林函数为

$$G(r)=\frac{1}{4\pi r} \tag{10.1.25}$$

这样求得的 $G(r)$确实满足方程(10.1.19)吗？式(10.1.19)的右边 $\delta(\boldsymbol{r})=\delta(x)\delta(y)$. $\delta(z)$为广义函数，$\nabla^2\left(\frac{1}{4\pi r}\right)$亦当为广义函数. 下面我们来证明：

$$\nabla^2\left(\frac{1}{4\pi r}\right)=-\delta(x)\delta(y)\delta(z)$$

由数学上的高斯定理，可以知道

$$\iiint_V \nabla\cdot(u\nabla v)\mathrm{d}V=\oiint_S u\nabla v\cdot\mathrm{d}\boldsymbol{S}=\oiint_S u\frac{\partial v}{\partial n}\mathrm{d}S$$

$$\iiint_V \nabla\cdot(u\nabla v)\mathrm{d}V=\iiint_V u\nabla^2 v\mathrm{d}V+\iiint_V \nabla u\cdot\nabla v\mathrm{d}V$$

因此

$$\oiint_S u\frac{\partial v}{\partial n}\mathrm{d}S=\iiint_V u\nabla^2 v\mathrm{d}V+\iiint_V \nabla u\cdot\nabla v\mathrm{d}V \tag{10.1.26}$$

它称为第一格林公式. 同理可得

$$\oiint_S v\frac{\partial u}{\partial n}\mathrm{d}S=\iiint_V v\nabla^2 u\mathrm{d}V+\iiint_V \nabla u\cdot\nabla v\mathrm{d}V \tag{10.1.27}$$

由此可得第二格林公式：

$$\iiint_V (u\nabla^2 v-v\nabla^2 u)\mathrm{d}V=\oiint_S\left(u\frac{\partial v}{\partial n}-v\frac{\partial u}{\partial n}\right)\mathrm{d}S \tag{10.1.28}$$

取 S 为包围原点的一个充分大的闭合面. 函数 $\varphi(x,y,z)$及其各阶导数在 S 上及 S 外皆为零. V 为 S 包围的区域. 考虑区域 $V-O_\delta$. 由广义函数导数的定义，可得

$$\left\langle\nabla^2\frac{1}{4\pi r}\middle|\varphi\right\rangle=-\left\langle\nabla\frac{1}{4\pi r}\middle|\nabla\varphi\right\rangle=\left\langle\frac{1}{4\pi r}\middle|\nabla^2\varphi\right\rangle=\lim_{\delta\to 0}\iiint_{V-O_\delta}\frac{1}{4\pi r}\Delta\varphi(x,y,z)\mathrm{d}V$$

由第二格林公式，得

$$\iiint_{V-O_\delta}\left(\frac{1}{4\pi r}\Delta\varphi-\varphi\Delta\frac{1}{4\pi r}\right)\mathrm{d}V=\oiint_{S+S_\delta}\left(\frac{1}{4\pi r}\frac{\partial\varphi}{\partial n}-\varphi\frac{\partial}{\partial n}\frac{1}{4\pi r}\right)\mathrm{d}S$$

在 $V-O_\delta$ 上 $\Delta\frac{1}{4\pi r}=0$. 在 S 上$\frac{\partial\varphi}{\partial n}=0$，$\varphi=0$. 上式化为

$$\iiint_{V-O_\delta}\frac{1}{4\pi r}\Delta\varphi\mathrm{d}V=\oiint_{S_\delta}\left(\frac{1}{4\pi r}\frac{\partial\varphi}{\partial n}-\varphi\frac{\partial}{\partial n}\frac{1}{4\pi r}\right)\mathrm{d}S$$

对区域 $V-O_\delta$ 而言，界面 S_δ 上的外法向导数为

$$\frac{\partial\varphi}{\partial n}=-\frac{\partial\varphi}{\partial r}$$

$$\frac{\partial}{\partial n}\frac{1}{4\pi r}=-\frac{\partial}{\partial r}\frac{1}{4\pi r}=\frac{1}{4\pi r^2}$$

因此

$$\iiint_{V-O_\delta}\frac{1}{4\pi r}\Delta\varphi \mathrm{d}V=\oiint_{S_\delta}\left(\frac{1}{4\pi\delta}\frac{\partial\varphi}{\partial n}-\frac{1}{4\pi\delta^2}\varphi\right)\mathrm{d}S$$

$$=\left(-\frac{1}{4\pi\delta}\frac{\partial\varphi}{\partial r}-\frac{1}{4\pi\delta^2}\varphi\right)_{P_0}\cdot 4\pi\delta^2$$

其中最后一步用了积分中值定理，P_0 为 O_δ 中的某一点.

$$\lim_{\delta\to 0}\iiint_{V-O_\delta}\frac{1}{4\pi r}\Delta\varphi \mathrm{d}V=-\varphi(0,0,0)$$

$$\left\langle\nabla^2\frac{1}{4\pi r}\middle|\varphi\right\rangle=\lim_{\delta\to 0}\iiint_{V-O_\delta}\frac{1}{4\pi r}\Delta\varphi \mathrm{d}V=-\varphi(0,0,0)$$

因此

$$\nabla^2\frac{1}{4\pi r}=-\delta(\boldsymbol{r})$$

方法二　记 $G(\boldsymbol{r})=G(x,y,z)$. 式(10.1.19)可写为

$$\frac{\partial^2 G}{\partial x^2}+\frac{\partial^2 G}{\partial y^2}+\frac{\partial^2 G}{\partial z^2}=-\delta(x)\delta(y)\delta(z) \tag{10.1.29}$$

对上式两端作三维傅里叶变换. 记

$$F[G(x,y,z)]=\int_{-\infty}^{+\infty}\int_{-\infty}^{+\infty}\int_{-\infty}^{+\infty}G(x,y,z)\exp[\mathrm{i}(k_1x+k_2y+k_3z)]\mathrm{d}x\mathrm{d}y\mathrm{d}z=\widetilde{G}(k_1,k_2,k_3)$$

$$({k_1}^2+{k_2}^2+{k_3}^2)\widetilde{G}(k_1,k_2,k_3)=1 \tag{10.1.30}$$

记 $k^2={k_1}^2+{k_2}^2+{k_3}^2$，则

$$\widetilde{G}(k_1,k_2,k_3)=\frac{1}{k^2} \tag{10.1.31}$$

$$\begin{aligned}G(x,y,z)&=F^{-1}[\widetilde{G}(k_1,k_2,k_3)]\\&=\frac{1}{(2\pi)^3}\int_{-\infty}^{+\infty}\int_{-\infty}^{+\infty}\int_{-\infty}^{+\infty}\frac{\exp[-\mathrm{i}(k_1x+k_2y+k_3z)]}{k^2}\mathrm{d}k_1\mathrm{d}k_2\mathrm{d}k_3\\&=\frac{1}{(2\pi)^3}\int_{-\infty}^{+\infty}\int_{-\infty}^{+\infty}\int_{-\infty}^{+\infty}\frac{\exp(-\mathrm{i}\boldsymbol{k}\cdot\boldsymbol{r})}{k^2}\mathrm{d}^3\boldsymbol{k}\end{aligned} \tag{10.1.32}$$

其中 $\boldsymbol{k}=(k_1,k_2,k_3)$，$\boldsymbol{r}=(x,y,z)$.

$$k_1x+k_2y+k_3z=\boldsymbol{k}\cdot\boldsymbol{r}$$

取 $\boldsymbol{r}$ 方向为新的 z 轴方向. 从老坐标到新坐标的变换实为坐标轴的转动. 在新坐标系中用球坐标：

$$\boldsymbol{k}\cdot\boldsymbol{r}=kr\cos\theta$$

$$\boldsymbol{k}\cdot\boldsymbol{k}=k^2$$

$$\mathrm{d}^3k=k^2\sin\theta\mathrm{d}k\mathrm{d}\theta\mathrm{d}\varphi$$

式中，θ 为 $\boldsymbol{k}$ 与 $\boldsymbol{r}$ 之间的夹角.

$$
\begin{aligned}
G(x,y,z) &= \frac{1}{(2\pi)^3}\iiint_{\Omega}\frac{1}{k^2}\exp(-\mathrm{i}kr\cos\theta)k^2\sin\theta\mathrm{d}k\mathrm{d}\theta\mathrm{d}\varphi \\
&= \frac{1}{4\pi^2}\int_0^{+\infty}\mathrm{d}k\int_0^{\pi}\exp(-\mathrm{i}kr\cos\theta)\sin\theta\mathrm{d}\theta \\
&= \frac{1}{4\pi^2}\int_0^{+\infty}\mathrm{d}k\left[\frac{\exp(-\mathrm{i}kr\cos\theta)}{\mathrm{i}kr}\right]_{\theta=0}^{\theta=\pi} \\
&= \frac{1}{4\pi^2 r}\int_0^{+\infty}\mathrm{d}k\,\frac{\exp(\mathrm{i}kr)-\exp(-\mathrm{i}kr)}{\mathrm{i}k} \\
&= \frac{1}{2\pi^2 r}\int_0^{+\infty}\frac{\sin kr}{k}\mathrm{d}k = \frac{1}{4\pi r}
\end{aligned}
$$

当电量为 ε_0 的点电荷位于 $P_0(\boldsymbol{\xi})$ 点时，它在真空中产生的电势 $U(\boldsymbol{r},\boldsymbol{\xi})$ 为格林函数 $G(\boldsymbol{r},\boldsymbol{\xi})$，$G(\boldsymbol{r},\boldsymbol{\xi})$满足方程：

$$\nabla^2 G(\boldsymbol{r},\boldsymbol{\xi}) = -\delta(\boldsymbol{r}-\boldsymbol{\xi})$$

其中，$\boldsymbol{\xi}$ 为点 P_0 的矢径.

将坐标原点平移至 P_0 点处，可以算得

$$G(\boldsymbol{r},\boldsymbol{\xi}) = \frac{1}{4\pi|\boldsymbol{r}-\boldsymbol{\xi}|} \tag{10.1.33}$$

对拉普拉斯算子，格林函数可理解为电势. 改变电势零点，可使其中的相加常数等于零. 因此，以后我们写格林函数时，相加常数不再写出.

§10.2 镜像法

上节我们讨论了全空间第一边值问题中拉普拉斯算子 ∇^2 的格林函数，现在讨论有界区域的情况. 我们只讨论第一边值问题.

设 Ω 为有界区域，在 $P_0\in\Omega$ 处有一点源，相应的格林函数满足如下定解问题：

$$\nabla^2 G(P,P_0) = -\delta(P-P_0) \quad (P,P_0\in\Omega) \tag{10.2.1}$$

$$G(P,P_0)|_{P\in\partial G} = 0 \tag{10.2.2}$$

在分离变量法中介绍过用广义傅里叶级数方法求解非齐次方程. 但当 $\partial\Omega$ 形状不规则时很难分离变量. 本节介绍对某些特殊区域用镜像法来求出它的格林函数.

设 Ω 为三维空间中的有界区域. 定解问题(10.2.1)、(10.2.2)的物理模型为：$\partial\Omega$ 为接地的金属壳，Ω 为金属壳包围的空腔内部. 在 $P_0\in\Omega$ 处放置一电量为 ε_0 的点电荷. 定解问题(10.2.1)、(10.2.2)的解 $G(P,P_0)$即为在上述条件下 Ω 内的电势分布.

显然，Ω 内的电势由两部分构成：① 没有金属壳 $\partial\Omega$，P_0 点处的点电荷 ε_0 在全空间产生的电势 $G_1(P,P_0)$；② P_0 点处的点电荷 ε_0 在金属壳 $\partial\Omega$ 内表面感生而得的总电量为$-\varepsilon_0$ 的感应电荷在点 $P\in\Omega$ 处产生的电势$G_2(P,P_0)$. 因为 $\partial\Omega$ 接地，在 $\partial\Omega$ 外表面总电量为$+\varepsilon_0$ 的感应电荷通入大地，它对闭合面内空间的电场没有影响. 点 $P\in\Omega$ 处的总电势为

$$G(P,P_0)=G_1(P,P_0)+G_2(P,P_0) \tag{10.2.3}$$

其中 $G_1(P,P_0)$满足

$$\nabla^2 G_1(P,P_0)=-\delta(P-P_0) \tag{10.2.4}$$

在无穷远处 G 线性发散(一维情形)、对数发散(二维情形)、有界(三维以上). $G_1(P,P_0)$即为全空间上泊松方程第一边值问题的基本解. 以三维空间为例. 设点 P 的矢径为 $\boldsymbol{r}(x,y,z)$,点 P_0 的矢径为 $\boldsymbol{\xi}(\xi,\eta,\zeta)$. 记

$$\rho(P,P_0)=|\boldsymbol{r}-\boldsymbol{\xi}|$$

$$G(P,P_0)=\frac{1}{4\pi\rho(P,P_0)}=\frac{1}{4\pi|\boldsymbol{r}-\boldsymbol{\xi}|} \tag{10.2.5}$$

感应电荷分布在 $\partial\Omega$ 上. 在 Ω 内 $G_2(P,P_0)$满足拉普拉斯方程:

$$\nabla^2 G_2(P,P_0)=0,\ P,P_0\in\Omega \tag{10.2.6}$$

在 $\partial\Omega$ 上

$$G(P,P_0)|_{\partial\Omega}=G_1(P,P_0)|_{\partial\Omega}+G_2(P,P_0)|_{\partial\Omega}=0$$

因此,$G_2(P,P_0)$在 $\partial\Omega$ 上满足如下边条件:

$$G_2(P,P_0)|_{\partial\Omega}=-G_1(P,P_0)|_{\partial\Omega}=-\frac{1}{4\pi|\boldsymbol{r}-\boldsymbol{\xi}|_{r\in\partial\Omega}} \tag{10.2.7}$$

将有限区域 Ω 上的格林函数 $G(P,P_0)$写成基本解 $G_1(P,P_0)$与相应的齐次方程在 $\partial\Omega$ 上满足边条件(10.2.7)的解 $G_2(P,P_0)$之和的方法可应用于求任意线性微分算子格林函数的情形.

对于拉普拉斯算子,一维、二维、三维空间中的基本解都已求出. 因此,求有限区域 Ω 上第一边值问题中的格林函数,只要求满足边条件(10.2.7)的 Ω 上的调和函数. 拉普拉斯方程第一边值问题求解的方法很多. 对于某些特殊的区域,镜像法是一种最简捷的方法.

一、半空间的格林函数

$Z=0$ 平面接地. 在上半空间 $P_0(\xi,\eta,\zeta)(\zeta>0)$的点处放置电量为 ε_0 的点电荷. 求上半空间内电势 $U(P,P_0)$的分布.

$U(P,P_0)$就是上半空间 $\Omega\{(x,y,z):z>0\}$拉普拉斯算子的格林函数 $G(P,P_0)$. 相应的定解问题为

$$\begin{cases}\nabla^2 G(P,P_0)=-\delta(x-\xi,y-\eta,z-\zeta) \\ G(P,P_0)|_{z=0}=0\end{cases}\quad(z>0) \tag{10.2.8}$$

显然

$$G_1(P,P_0)=\frac{1}{4\pi\rho(P,P_0)}=\frac{1}{4\pi\sqrt{(x-\xi)^2+(y-\eta)^2+(z-\zeta)^2}} \tag{10.2.9}$$

$z=0$ 面上感应电荷在上半空间中产生的电势满足:

$$\begin{cases}\nabla^2 G_2(P,P_0)=0 \\ G_2(P,P_0)|_{z=0}=-\dfrac{1}{4\pi\sqrt{(x-\xi)^2+(y-\eta)^2+\zeta^2}}\end{cases}\quad(z>0) \tag{10.2.10}$$

我们可以设想将 $z=0$ 的接地的金属面移去，在 $P_0(\xi,\eta,\zeta)$ 时于 $z=0$ 面镜面对称的点 $P_1(\xi,\eta,-\zeta)$ 处放置 $-\varepsilon_0$ 的虚拟点电荷（图 10.2）. 该虚拟电荷在全空间产生的电势为

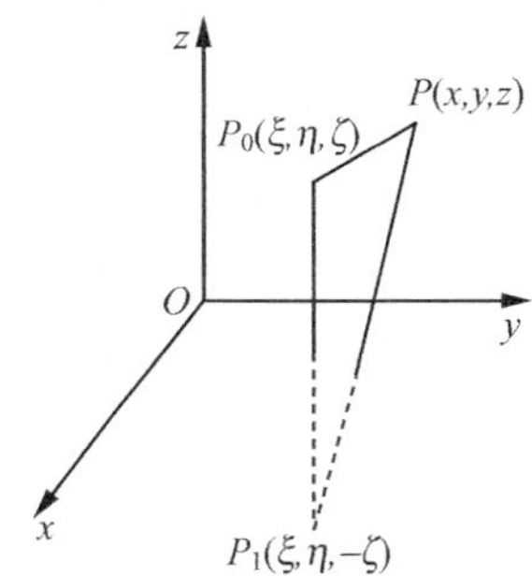

图 10.2　上半空间一点的镜像

$$U_2(P,P_1)=-\frac{1}{4\pi\rho(P,P_1)}=-\frac{1}{4\pi\sqrt{(x-\xi)^2+(y-\eta)^2+(z+\zeta)^2}} \tag{10.2.11}$$

在上半空间（$z>0$），

$$\begin{cases}\nabla^2U_2(P,P_1)=0\\ U_2(P,P_1)|_{z=0}=-\dfrac{1}{4\pi\sqrt{(x-\xi)^2+(y-\eta)^2+\zeta^2}}\end{cases} \tag{10.2.12}$$

因此，$U_2(P,P_1)$ 就是 $G_2(P,P_1)$. 上半空间的格林函数：

$$G(P,P_1)=G_1(P,P_1)+G_2(P,P_1)=\frac{1}{4\pi}\left[\frac{1}{\rho(P,P_0)}-\frac{1}{\rho(P,P_1)}\right]$$

$$=\frac{1}{4\pi}\left[\frac{1}{\sqrt{(x-\xi)^2+(y-\eta)^2+(z-\zeta)^2}}-\frac{1}{\sqrt{(x-\xi)^2+(y-\eta)^2+(z+\zeta)^2}}\right] \tag{10.2.13}$$

点电荷激发的电场强度为

$$\mathbf{E}(x,y,z)=-\nabla G(x,y,z,\xi,\eta,\zeta)$$

在 $z=0$ 的上表面上，有

$$E_x(x,y,0)=E_y(x,y,0)=0$$

说明电场强度垂直金属表面. 容易算得

$$E_z(x,y,0)=-\left.\frac{\partial G}{\partial z}\right|_{z=0}=-\frac{\zeta}{2\pi}\cdot\frac{1}{[(x-\xi)^2+(y-\eta)^2+\zeta^2]^{3/2}}$$

在 $z=0$ 面上的感应电荷为

$$q=\varepsilon_0\int_{-\infty}^{+\infty}\int_{-\infty}^{+\infty}E_z(x,y,0)\mathrm{d}x\mathrm{d}y$$

令

$$r=\sqrt{(x-\xi)^2+(y-\eta)^2}$$

$$q=\varepsilon_0\int_0^{+\infty}E_z(x,y,0)2\pi r\mathrm{d}r=-\varepsilon_0\zeta\int_0^{+\infty}\frac{r\mathrm{d}r}{(r^2+\zeta^2)^{3/2}}=-\varepsilon_0$$

二、球内的格林函数

球内的格林函数 $G(P,P_0)$ 是下列定解问题的解：

$$\begin{cases}\nabla^2 G(P,P_0)=-\delta(x-\xi,y-\eta,z-\zeta)\\ G(P,P_0)|_{P\in\partial\Omega}=0\end{cases}\quad (P,P_0\in\Omega) \tag{10.2.14}$$

$\Omega=\{(x,y,z):x^2+y^2+z^2<R^2\}$ 是半径为 R 的球. $P_0(\xi,\eta,\zeta)$ 为球内的一固定点，P_0 点的矢径为 $\boldsymbol{\xi}(\xi,\eta,\zeta)$. $P(x,y,z)$ 为球内的一任意点，矢径为 $\boldsymbol{r}(x,y,z)$.

球形域上的格林函数 $G(P,P_0)$ 可看成球壳接地，在 P_0 点处放置电量为 ε_0 的点电荷时在球内 P 点处产生的电势. 它包括两个部分：撤去球壳，P_0 点处的点电荷在全空间产生的电势：

$$G_1(P,P_0)=\frac{1}{4\pi|\boldsymbol{r}-\boldsymbol{\xi}|}=\frac{1}{4\pi\sqrt{(x-\xi)^2+(y-\eta)^2+(z-\zeta)^2}}$$

球壳内壁的感应电荷在点 P 处产生的电势 $G_2(P,P_0)$. $G_2(P,P_0)$ 可用镜像法求出.

在 OP_0 的延长线上取一点 P_1. 记 $\rho_0=OP_0$，$\rho_1=OP_1$，令

$$\rho_0\cdot\rho_1=R^2 \tag{10.2.15}$$

P_1 称为 P_0 关于球面 $\partial\Omega$ 的对称点. 因为 P_0 在球内，所以 $\rho_0<R$. 由式(10.2.15)可知，$\rho_1>R$，即球内点 P_0 关于球面的对称点 P_1 在球外.

撤去球壳. 在 P_0 关于球壳的对称点 P_1 点处放置 $-\gamma\varepsilon_0$ 的虚拟电荷. 设 P_1 点的矢径为 $\boldsymbol{\xi}_1(\xi_1,\eta_1,\zeta_1)$(图 10.3).

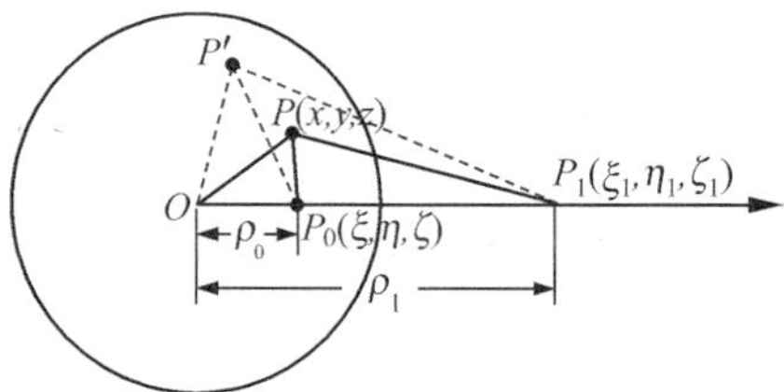

图 10.3　球内点的镜像

虚拟点电荷在球内 P 点处产生的电势为

$$U_2(P,P_1)=-\frac{\gamma}{4\pi\rho(P,P_1)}=-\frac{\gamma}{4\pi|\boldsymbol{r}-\boldsymbol{\xi}_1|} \tag{10.2.16}$$

这里用 $\rho(P,P_1)$ 表示两点间的距离.

$U_2(P,P_1)$ 在 Ω 内满足拉普拉斯方程：

$$\nabla^2 U_2(P,P_1)=0\quad (P\in\Omega) \tag{10.2.17}$$

当 P 在球壳上时，有

$$U_2(P,P_1)_{P\in\partial\Omega}=-\frac{\gamma}{4\pi|\boldsymbol{r}-\boldsymbol{\xi}_1|_{r\in\partial\Omega}}$$

设 P' 为球面上一点. 观察 $\Delta OP'P_0$ 与 $\Delta OP_1P'$，$\dfrac{OP_0}{OP'}=\dfrac{OP'}{OP_1}$，即 $\dfrac{\rho_0}{R}=\dfrac{R}{\rho_1}$，$\angle P_0OP'=$

$\angle P'OP_1$. 因此，$\Delta OP'P_0 \backsim \Delta OP_1P'$，$\dfrac{P'P_0}{P_1P'}=\dfrac{OP_0}{OP'}=\dfrac{\rho_0}{R}$，

$$U_2(P',P_1)=-\frac{r}{4\pi\rho(P',P_1)}=-\frac{1}{4\pi}\cdot\frac{\rho_0 r}{R\rho(P',P_0)}$$

欲使

$$U_1(P',P_0)+U_2(P',P_1)=0$$

只要取 $\gamma=\dfrac{R}{\rho_0}$. 球内的格林函数：

$$G(P,P_0)=\frac{1}{4\pi}\left[\frac{1}{\rho(P,P_0)}-\frac{R}{\rho_0\rho(P,P_1)}\right] \tag{10.2.18}$$

设点 P 的球坐标为(r,θ,φ)，点 P_0 的球坐标为$(\rho_0,\theta_0,\varphi_0)$，则 P_1 点的球坐标为$(\rho_1,\theta_0,\varphi_0)$.

$$\rho(P,P_0)=\sqrt{\rho_0{}^2+r^2-2\rho_0 r\cos\psi} \tag{10.2.19}$$

$$\rho(P,P_1)=\sqrt{\rho_1{}^2+r^2-2\rho_1 r\cos\psi} \tag{10.2.20}$$

其中 ψ 为 OP 与 OP_0 之间的夹角. OP 方向的单位矢量为

$$\boldsymbol{e}_{OP}=(\sin\theta\cos\varphi,\sin\theta\sin\varphi,\cos\theta)$$

OP_0 方向的单位矢量为

$$\boldsymbol{e}_{OP_1}=(\sin\theta_0\cos\varphi_0,\sin\theta_0\sin\varphi_0,\cos\theta_0)$$

$$\cos\psi=\boldsymbol{e}_{OP}\cdot\boldsymbol{e}_{OP_1}=\sin\theta\sin\theta_0\cos(\varphi-\varphi_0)+\cos\theta\cos\theta_0 \tag{10.2.21}$$

将式(10.2.19)至式(10.2.21)代入式(10.2.18)，即可得球内格林函数球坐标的表示式.

三、格林函数的应用

(1) 利用格林函数 $G(P,P_0)$可求出非齐次方程定解问题的解. 设有定解问题：

$$\begin{cases}\nabla^2U(P)=-f(x,y,z)\\ U(P)|_{P\in\partial\Omega}=0\end{cases}\quad(P\in\Omega) \tag{10.2.22}$$

其解

$$U(P)=\iiint_\Omega G(P,P_0)f(P_0)\mathrm{d}P_0 \tag{10.2.23}$$

证 用∇^2 作用于(10.2.23)，得

$$\nabla^2U(P)=\iiint_\Omega \nabla^2G(P,P_0)f(P_0)\mathrm{d}P_0$$
$$=-\iiint_\Omega \delta(P-P_0)f(P_0)\mathrm{d}P_0=-f(P)$$

在 $\partial\Omega$ 上

$$U(P)|_{P\in\partial\Omega}=\iiint_\Omega [G(P,P_0)]_{P\in\Omega}f(P_0)\mathrm{d}P_0=0$$

(2) 设 $U(P)$为 Ω 内的调和函数，$P(x,y,z)\in\Omega$，已知在 $\partial\Omega$ 上，$U(P)|_{P\in\partial\Omega}=\varphi(\xi,\eta,$

$\zeta)$，则

$$U(P)=-\iint_{\partial\Omega}\varphi(\xi,\eta,\zeta)\frac{\partial G(P,P_0)}{\partial n}\mathrm{d}s \tag{10.2.24}$$

其中，P_0 的坐标为 $P_0(\xi,\eta,\zeta)$.

证　$U(P)$为下列定解问题的解：

$$\begin{cases}\nabla^2 U(P)=0\\ U(P)|_{P\in\partial\Omega}=\varphi(\xi,\eta,\zeta)\end{cases}\quad (P(x,y,z)\in\Omega) \tag{10.2.25}$$

$$U(P)=\iiint_{\Omega}\delta(P-P_0)U(P_0)\mathrm{d}P_0=-\iiint_{\Omega}U(P_0)\nabla^2 G(P,P_0)\mathrm{d}P_0$$

由第二格林公式，得

$$\iiint_{\Omega}[G(P,P_0)\nabla^2 U(P_0)-U(P_0)\nabla^2 G(P,P_0)]\mathrm{d}P_0$$

$$=\oiint_{\partial\Omega}\left[G(P,P_0)\frac{\partial U}{\partial n}-U(P_0)\frac{\partial G}{\partial n}\right]\mathrm{d}S$$

当 $P_0\in\Omega$ 时，$\nabla^2 U(P_0)=0$. 当 $P\in\Omega,P_0\in\partial\Omega$ 时，$G(P,P_0)=0$. 因此

$$\begin{aligned}U(P)&=-\iiint_{\Omega}U(P_0)\nabla^2 G(P,P_0)\mathrm{d}P_0\\&=-\oiint_{\partial\Omega}U(P_0)\frac{\partial G(P,P_0)}{\partial n}\mathrm{d}S\\&=-\oiint_{\partial\Omega}\varphi(\xi,\eta,\zeta)\frac{\partial G(P,P_0)}{\partial n}\mathrm{d}S\end{aligned}$$

* § 10.3　格林函数的算符表示式

在 § 7.4 节中介绍过 ket 矢量与 bra 矢量的符号：矢量空间 **V** 中的元素用 ket 矢量 $|\varphi\rangle$ 表示. 共轭空间 $\mathbf{V}^*$ 中的元素用 bra 矢量 $\langle\psi|$ 表示. $\langle\psi|\varphi\rangle$ 既可以表示泛函 $\psi(\varphi)=\langle\psi|\varphi\rangle$，也可以表示 V 中元素 $|\varphi\rangle$ 与 $|\psi\rangle$ 间的内积. 希尔伯特空间 **V** 为复数域上的矢量空间，其上的内积定义为

$$\langle\psi|\varphi\rangle=\int_a^b\psi^*(x)\varphi(x)\mathrm{d}x \tag{10.3.1}$$

为了表述简洁，设 **V** 为由 (a,b) 上无限可导函数 $\varphi(x)$ 组成的希尔伯特空间 $V=\{|\varphi\rangle\}$. 在量子物理中，状态由希尔伯特空间中的矢量 $|\varphi\rangle$ 描述. 物理量 A 由厄密算子 $\hat{A}$ 描述. 在有限维空间 V_n 中，如果 $\{|e_1\rangle,|e_2\rangle,\cdots,|e_n\rangle\}$ 为 $\mathbf{V}_n$ 中的一组正交归一基：

$$\langle e_i|e_j\rangle=\delta_{i,j} \tag{10.3.2}$$

$$\sum_{i=1}^{n}|e_i\rangle\langle e_i|=1 \tag{10.3.3}$$

矢量 $|\alpha\rangle,|\beta\rangle\in V_n$ 可表示成

$$|\alpha\rangle = \sum_{i=1}^{n} |e_i\rangle\langle e_i \mid \alpha\rangle = \sum_{i=1}^{n} |e_i\rangle\alpha_i \tag{10.3.4}$$

$$|\beta\rangle = \sum_{i=1}^{n} |e_i\rangle\langle e_i \mid \beta\rangle = \sum_{i=1}^{n} |e_i\rangle\beta_i \tag{10.3.5}$$

矢量$|\alpha\rangle$,$|\beta\rangle$在选定基中的分量$\alpha_i=\langle e_i|\alpha\rangle$,$\beta_i=\langle e_i|\beta\rangle$.

算子$\hat{A}$可用矩阵$[A_{ij}]$表示:

$$\hat{A}\,|e_j\rangle = \sum_{i} |e_i\rangle A_{ij}$$

矩阵元

$$A_{ij}=\langle e_i|\hat{A}|e_j\rangle \tag{10.3.6}$$

上式也可以这样导出:

$$\hat{A}\,|e_j\rangle = \sum_{i} |e_i\rangle\langle e_i \mid \hat{A}\,|e_j\rangle = \sum_{i=1}^{n} |e_i\rangle A_{i,j}$$

如果$|\beta\rangle=\hat{A}|\alpha\rangle$,则

$$\langle e_i|\,\beta\rangle = \sum_{j=1}^{n}\langle e_i|\,\hat{A}\,|e_j\rangle\langle e_j|\alpha\rangle = \sum_{j=1}^{n}A_{i,j}\langle e_j|\alpha\rangle \tag{10.3.7}$$

上式就是在算子作用下矢量分量间的变换关系.

在函数空间V中,取坐标算子$\hat{x}$的本征态$|x\rangle$为基

$$\hat{x}|x\rangle=x|x\rangle \tag{10.3.8}$$

这里x既是算子$\hat{x}$的本征值,也是本征矢$|x\rangle$的标志.x可连续变化,基$\{|x\rangle\}$的正交完备性可表示成

$$\langle x|\xi\rangle=\delta(x-\xi) \tag{10.3.9}$$

$$\int_a^b \mathrm{d}x\ |x\rangle\langle x| = 1 \tag{10.3.10}$$

V中态矢量$|\varphi\rangle$用基$\{|x\rangle\}$展开的表示式为

$$|\varphi\rangle = \int_a^b \mathrm{d}x\ |x\rangle\langle x \mid \varphi\rangle = \int_a^b \varphi(x)\ |x\rangle \mathrm{d}x \tag{10.3.11}$$

其中,$\varphi(x)=\langle x|\varphi\rangle$称为态矢量$|\varphi\rangle$在$x$表象下的波函数,实际上就是态矢量用坐标算符的本征态$|x\rangle$展开中的分量.

用这些知识可以证明定义格林函数的方程(10.1.1)实为算符等式

$$(z-\hat{L})\hat{G}(z)=1 \tag{10.3.12}$$

在坐标表象中的矩阵元.式中$\hat{L}$为单粒子算子(只作用在一点处),$\hat{G}$为两粒子算子(可同时作用在两点处).

证 由式(10.3.12),得

$$\langle x|(z-\hat{L})\hat{G}(z)|\xi\rangle=\langle x|1|\xi\rangle$$

右方

$$\langle x|1|\xi\rangle=\langle x|\xi\rangle=\delta(x-\xi)$$

左方

$$z\langle x\mid\hat{G}(z)\mid\xi\rangle-\int_a^b \mathrm{d}\eta\langle x\mid\hat{L}\mid\eta\rangle\langle\eta\mid\hat{G}(z)\mid\xi\rangle$$

$\langle x|\eta\rangle$为矢量$|\eta\rangle$在坐标基中的分量，$\langle x|\hat{L}|\eta\rangle$为在算子 $\hat{L}$ 作用下$|\eta\rangle$的象矢量 $\hat{L}|\eta\rangle$在坐标基中的分量. 在有限维空间中，两者是用变换矩阵联系的. 现在为无穷维的连续空间，分量之间的关系可用算子 $\hat{L}(x)$表达：

$$\langle x|\hat{L}|\eta\rangle=\hat{L}(x)\langle x|\eta\rangle \tag{10.3.13}$$

如何求出上式中的算子，量子力学中再作介绍. 这里 $\hat{L}(x)$就是(10.1.1)中的算子. 由此可得

$$\begin{aligned}\langle x\mid(z-\hat{L})\hat{G}(z)\mid\xi\rangle&=z\langle x\mid\hat{G}(z)\mid\xi\rangle-\int\mathrm{d}\eta\langle x\mid\hat{L}\mid\eta\rangle\langle\eta\mid\hat{G}(z)\mid\xi\rangle\\&=z\langle x\mid\hat{G}(z)\mid\xi\rangle-\hat{L}(x)\int\mathrm{d}\eta\langle x\mid\eta\rangle\langle\eta\mid\hat{G}(z)\mid\xi\rangle\\&=z\langle x\mid\hat{G}(z)\mid\xi\rangle-\hat{L}(x)\int\mathrm{d}\eta\delta(x-\eta)\langle\eta\mid\hat{G}(z)\mid\xi\rangle\\&=[z-\hat{L}(x)]\langle x\mid\hat{G}(z)\mid\xi\rangle\end{aligned}$$

$\hat{G}(z)$为两点算符，而且待求，无法从$\langle x|\hat{G}(z)|\xi\rangle$中移出. 记$\langle x|\hat{G}(z)|\xi\rangle=G(x,\xi;z)$，则

$$[z-\hat{L}(x)]G(x,\xi;z)=\delta(x-\xi)$$

设$\{|\varphi_n\rangle:n=1,2,3,\cdots\}$为 $\hat{L}(x)$在 $\partial\Omega$ 上满足相应齐次边条件的本征函数系，假定$\{|\varphi_n\rangle:n=1,2,3,\cdots\}$张成全空间. 设 $\hat{L}$ 的本征值为$\lambda_n(n=1,2,3,\cdots)$，则

$$\hat{L}|\varphi_n\rangle=\lambda_n|\varphi_n\rangle\quad(n=1,2,3,\cdots)$$

如 $z\neq\lambda_n(n=1,2,3,\cdots)$. 从式(10.3.10) 可得

$$\hat{G}(z)=\frac{1}{z-\hat{L}}=\sum_j\frac{1}{z-\hat{L}}|\varphi_n\rangle\langle\varphi_n|$$

$$\hat{G}(z)=\sum_n\frac{|\varphi_n\rangle\langle\varphi_n|}{z-\lambda_n} \tag{10.3.14}$$

取$\langle x|$与$|\xi\rangle$间的矩阵元，得

$$\langle x\mid\hat{G}(z)\mid\xi\rangle=\sum_n\frac{\langle x\mid\varphi_n\rangle\langle\varphi_n\mid\xi\rangle}{z-\lambda_n}$$

$$G(x,\xi;z)=\sum_n\frac{\varphi_n(x)\varphi_n^*(\xi)}{z-\lambda_n} \tag{10.3.15}$$

当 z 等于 $\hat{L}$ 的某一本征值λ 时，(10.3.14)不成立. 这时 $G(x,\xi;\lambda)$没有确切定义. 我们可以计算

$$G^+(x,\xi;\lambda)=\lim_{s\to0^+}G(x,\xi;\lambda+\mathrm{i}s) \tag{10.3.16}$$

$$G^-(x,\xi;\lambda)=\lim_{s\to 0^+}G(x,\xi;\lambda-\mathrm{i}s) \tag{10.3.17}$$

假若以上极限存在，我们可以将它们定义为格林函数 $G(x,\xi;\lambda)$. 在复平面上，s 可有多种趋于零的方式，相应可以构造出多种不同的格林函数. 常用的是式(10.3.14)和式(10.3.15)两种格林函数. 我们还常用到 G^+ 与 G^- 之差：

$$\widetilde{G}(x,\xi;\lambda)=G^+(x,\xi;\lambda)-G^-(x,\xi;\lambda) \tag{10.3.18}$$

G^+ 与 G^- 满足非齐次项为 δ 函数的非齐次方程，$\widetilde{G}$ 满足齐次方程. 在讨论与时间有关的格林函数时将看到，$\widetilde{G}$可描述初条件含 δ 函数的定解问题，我们也称它为格林函数.

$G(x,\xi;\lambda\pm\mathrm{i}s)$ 可用式(10.3.14)表示：

$$G(x,\xi;\lambda\pm\mathrm{i}s)=\sum_n\frac{\varphi_n(x)\varphi_n^*(\xi)}{\lambda-\lambda_n\pm\mathrm{i}s} \tag{10.3.19}$$

因此

$$\widetilde{G}(x,\xi;\lambda)=\lim_{s\to 0^+}\sum_n\left(\frac{1}{\lambda-\lambda_n+\mathrm{i}s}-\frac{1}{\lambda-\lambda_n-\mathrm{i}s}\right)\varphi_n(x)\varphi_n^*(\xi) \tag{10.3.20}$$

利用本章附录一中的公式，当 $\varepsilon\to 0^+$ 时

$$\frac{1}{x-x_0\mp\mathrm{i}\varepsilon}=P\,\frac{1}{x-x_0}\pm\mathrm{i}\pi\delta(x-x_0) \tag{10.1.21}$$

可得

$$\widetilde{G}(x,\xi;\lambda)=-2\pi\mathrm{i}\sum_n\delta(\lambda-\lambda_n)\varphi_n(x)\varphi_n^*(\xi) \tag{10..3.22}$$

例 10.4 试求亥姆霍兹方程在全空间 $\Omega=R^3$ 上的格林函数.

$$\begin{cases}(z+\nabla^2)G(\boldsymbol{r},\boldsymbol{q};z)=\delta(\boldsymbol{r}-\boldsymbol{q})\\ |G|_{\partial\Omega}<+\infty\end{cases}\quad(\boldsymbol{r},\boldsymbol{q}\in\Omega) \tag{10.3.23}$$

其中，$\boldsymbol{r}=(x,y,z)$，$\boldsymbol{q}=(\xi,\eta,\zeta)$，算子 $L(\boldsymbol{r})=-\nabla^2$ 的本征值为非负实数. 因此，假设参数 z 不取非负实数，$\sqrt{z}=\alpha+\mathrm{i}\beta$，$\beta>0$.

解 物理上处理无穷空间的问题时，往往先求中心在原点，体积 $V=l^3$ 的立方体内的解. 在 V 的相对面上加周期性边条件. 最后让 $l\to\infty$. 在 V 内算子 $L(\boldsymbol{r})=-\nabla^2=-\left(\frac{\partial^2}{\partial x^2}+\frac{\partial^2}{\partial y^2}+\frac{\partial^2}{\partial z^2}\right)$的本征态：

$$\varphi_k(\boldsymbol{r})=\frac{1}{\sqrt{V}}\exp[\mathrm{i}(k_1x+k_2y+k_3z)]=\frac{1}{\sqrt{V}}\exp[\mathrm{i}\boldsymbol{k}\cdot\boldsymbol{r}] \tag{10.3.24}$$

本征值为 $k^2=k_1{}^2+k_2{}^2+k_3{}^2$，

$$-\nabla^2\varphi_k(\boldsymbol{r})=k^2\varphi_k(\boldsymbol{r})$$

在周期性边条件下，k_j 只能取分立值：

$$k_j=\frac{2\pi}{l}\cdot n_j\quad(n_j=0,\pm1,\pm2,\cdots) \tag{10.3.25}$$

式(10.3.16)可写成

$$G(\boldsymbol{r},\boldsymbol{q};z)=\frac{1}{V}\sum_{\boldsymbol{k}}\frac{\exp[\mathrm{i}\boldsymbol{k}\cdot(\boldsymbol{r}-\boldsymbol{q})]}{z-k^2}\tag{10.3.26}$$

由式(10.3.25)可以看出，随着 l 的增大，态之间的间隔减小. $l\to\infty$后，$\boldsymbol{k}$ 取连续值. 式(10.3.26)中对取分立值 $\boldsymbol{k}$ 的取和可换成对 $\boldsymbol{k}$ 的积分. 从本征函数(10.3.24)的表达式可以看出，一个 $\boldsymbol{k}$ 对应一个本征态，$\boldsymbol{k}$ 取值的数目就是本征态的数目. 量子理论告诉我们，式(10.3.26)中的 $\boldsymbol{r}$ 代表粒子的坐标，$\boldsymbol{k}$ 代表粒子的动量或波矢. 在 $\boldsymbol{k}\otimes\boldsymbol{r}$ 空间内，$(2\pi)^3$ 的体积内只能有一个态. 当 $\boldsymbol{k}$ 可以连续取值时，$\boldsymbol{r}\otimes\boldsymbol{k}$ 空间中，$V\otimes d^3\boldsymbol{k}$ 内态的数目为

$$\frac{V\otimes d^3\boldsymbol{k}}{(2\pi)^3}$$

式(10.3.26)中对 $\boldsymbol{k}$ 的取和可换成积分：

$$G(\boldsymbol{r},\boldsymbol{q};z)=\frac{1}{(2\pi)^3}\iiint\mathrm{d}^3\boldsymbol{k}\,\frac{\exp[\mathrm{i}\boldsymbol{k}\cdot(\boldsymbol{r}-\boldsymbol{q})]}{z-k^2}\tag{10.3.27}$$

令 $\boldsymbol{\rho}=\boldsymbol{r}-\boldsymbol{q}$，以 $P_0(\boldsymbol{q})$为原点，沿 $\boldsymbol{\rho}$ 的方向为新的 z 轴，在新系中用球坐标：

$$\begin{aligned}G(\boldsymbol{r},\boldsymbol{q};z)&=\left(\frac{1}{2\pi}\right)^3\int_0^{+\infty}\frac{k^2\mathrm{d}k}{z-k^2}\int_0^{\pi}\mathrm{d}\theta\sin\theta\exp(\mathrm{i}k\rho\cos\theta)\int_0^{2\pi}\mathrm{d}\varphi\\&=-\frac{1}{4\pi^2}\int_0^{+\infty}\frac{k^2\mathrm{d}k}{z-k^2}\cdot\frac{1}{\mathrm{i}k\rho}[\exp(\mathrm{i}k\rho\cos\theta)]_0^{\pi}\\&=\frac{1}{4\mathrm{i}\pi^2\rho}\int_0^{+\infty}\frac{k}{z-k^2}[\exp(\mathrm{i}k\rho)-\exp(-\mathrm{i}k\rho)]\mathrm{d}k\\&=-\frac{1}{4\mathrm{i}\pi^2\rho}\int_{-\infty}^{+\infty}\frac{k\exp(\mathrm{i}k\rho)}{k^2-z}\mathrm{d}k\end{aligned}$$

最后一个积分可用围路积分进行计算. 考虑下列复积分，积分回路如图 10.4 所示. $w=k+\mathrm{i}\mathrm{Im}w$.

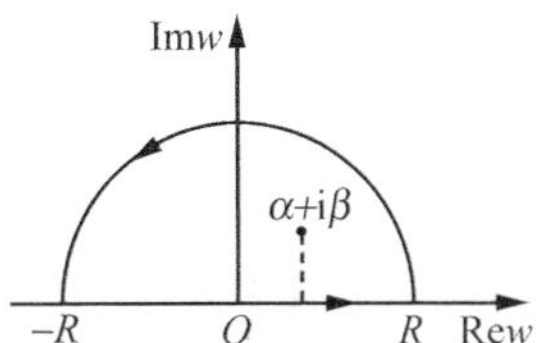

图 10.4　积分回路

$$\oint_C\frac{w\exp(\mathrm{i}\rho w)}{w^2-z}\mathrm{d}w=\int_{-R}^{R}\frac{k\exp(\mathrm{i}\rho k)}{k^2-z}\mathrm{d}k+\int_{C_R}\frac{w\exp(\mathrm{i}\rho w)}{w^2-z}\mathrm{d}w$$

被积函数在回路内有一个一阶极点$\sqrt{z}=\alpha+\mathrm{i}\beta$. 因此

$$\oint_C\frac{w\exp(\mathrm{i}\rho w)}{w^2-z}\mathrm{d}w=2\pi\mathrm{i}\cdot\mathrm{Res}\left[\frac{w\exp(\mathrm{i}\rho w)}{w^2-z}\right]_{w=\sqrt{z}}=\pi\mathrm{i}\exp(\mathrm{i}\rho\sqrt{z})$$

$R\to\infty$ 后，$\int_{C_R}\frac{w\exp(\mathrm{i}\rho w)}{w^2-z}\mathrm{d}w\to0$. 所以

$$\int_{-\infty}^{+\infty}\frac{k\exp(\mathrm{i}\rho k)}{k^2-z}\mathrm{d}k=\pi\mathrm{i}\exp(\mathrm{i}\rho\sqrt{z})$$

$$G(\boldsymbol{r},\boldsymbol{q};z)=-\frac{\exp(\mathrm{i}\sqrt{z}\rho)}{4\pi\rho}=-\frac{\exp(\mathrm{i}\sqrt{z}|\boldsymbol{r}-\boldsymbol{q}|)}{4\pi|\boldsymbol{r}-\boldsymbol{q}|} \tag{10.3.28}$$

如 $z=-\lambda(\lambda>0)$，则

$$G(\boldsymbol{r},\boldsymbol{q};-\lambda)=-\frac{\exp(-\sqrt{\lambda}|\boldsymbol{r}-\boldsymbol{q}|)}{4\pi|\boldsymbol{r}-\boldsymbol{q}|} \tag{10.3.29}$$

$\lambda\to 0$，得

$$G(\boldsymbol{r},\boldsymbol{q};0)=-\frac{1}{4\pi|\boldsymbol{r}-\boldsymbol{q}|} \tag{10.3.30}$$

当 $z=0$ 时，这里得出的是

$$\nabla^2 G(\boldsymbol{r},\boldsymbol{q};0)=\delta(\boldsymbol{r}-\boldsymbol{q})$$

的基本解，式(10.1.33)给出的是

$$\nabla^2 G(\boldsymbol{r},\boldsymbol{q};0)=-\delta(\boldsymbol{r}-\boldsymbol{q})$$

的基本解.

$z=0$ 为算子 $\hat{L}(\hat{r})=-\nabla^2$ 的本征值. 这里计算了 $\lim\limits_{s\to 0^+}G(\hat{r},\hat{q};0-s)$.

§10.4 含时格林函数

一、含对 t 一阶导数的情况

定解问题

$$\begin{cases}\left(\dfrac{\partial}{\partial t}-a^2\nabla^2\right)g(\boldsymbol{r},\boldsymbol{\xi};t,t_0)=\delta(\boldsymbol{r}-\boldsymbol{\xi})\delta(t-t_0) \\ g(\boldsymbol{r},\boldsymbol{\xi};t,t_0)|_{r\in\partial\Omega}=0\end{cases}\quad \begin{Bmatrix}\boldsymbol{r},\boldsymbol{\xi}\in\Omega \\ t,t_0>0\end{Bmatrix} \tag{10.4.1}$$

的解 $g(\boldsymbol{r},\boldsymbol{\xi};t,t_0)$ 称为热传导方程在区域 Ω 上的格林函数. 当 Ω 为全空间时，该格林函数称为热传导方程的基本解. 求有界区域上的格林函数往往不太容易，这里只介绍求基本解. 在下面的讨论中，可假设扰动加入的时间 $t_0=0$. 因此，一维空间的基本解 $g(x-\xi,t)$ 为下列定解问题的解：

$$\begin{cases}\left(\dfrac{\partial}{\partial t}-a^2\dfrac{\partial^2}{\partial x^2}\right)g(x,\xi;t)=\delta(x-\xi)\delta(t) \\ \lim\limits_{x\to\infty}|g(x,\xi;t)|<\infty\end{cases}\quad(-\infty<x,\xi<+\infty) \tag{10.4.2}$$

下面介绍两种解法.

解 方法一 在经典物理中，$t\geqslant 0$. 由冲量原理可知，定解问题(10.4.2)可化成

$$\begin{cases}\left(\dfrac{\partial}{\partial t}-a^2\dfrac{\partial^2}{\partial x^2}\right)g(x-\xi,t)=0 \\ g(x-\xi,0)=\delta(x-\xi)\end{cases}\quad\begin{Bmatrix}-\infty<x,\xi<+\infty \\ t>0\end{Bmatrix} \tag{10.4.3}$$

或令 $\rho=x-\xi$,

$$\begin{cases}\left(\dfrac{\partial}{\partial t}-a^2\dfrac{\partial^2}{\partial\rho^2}\right)g(\rho,t)=0 & \begin{Bmatrix}-\infty<\rho<+\infty\\ t>0\end{Bmatrix}\\ g(\rho,0)=\delta(\rho)\end{cases}\tag{10.4.4}$$

对 ρ 进行傅里叶变换. 象函数记为

$$g(k,t)=\int_{-\infty}^{+\infty}g(\rho,t)\exp(\mathrm{i}k\rho)\,\mathrm{d}\rho\tag{10.4.5}$$

[为了书写简洁,这里不把象函数写为 $\tilde{g}(k,t)$].

式(10.4.4)中的方程变为

$$\begin{cases}\left(\dfrac{\mathrm{d}}{\mathrm{d}t}+a^2k^2\right)g(k,t)=0 & (t>0)\\ g(k,0)=1\end{cases}\tag{10.4.6}$$

解之,得

$$g(k,t)=\exp(-a^2k^2t)\tag{10.4.7}$$

$$\begin{aligned}g(\rho,t)&=\frac{1}{2\pi}\int_{-\infty}^{+\infty}\mathrm{d}k\exp(-a^2k^2t)\exp(-\mathrm{i}k\rho)\\&=\frac{1}{2\pi}\exp\left(-\frac{\rho^2}{4a^2t}\right)\int_{-\infty}^{+\infty}\exp\left[-a^2t\left(k+\frac{\mathrm{i}\rho}{2a^2t}\right)^2\right]\mathrm{d}k\end{aligned}$$

由回路积分,得

$$\int_{-\infty}^{+\infty}\exp\left[-a^2t\left(k+\frac{\mathrm{i}\rho}{2a^2t}\right)^2\right]\mathrm{d}k=\sqrt{\frac{\pi}{a^2t}}\tag{10.4.8}$$

因此

$$g(x-\xi,t)=\frac{1}{2a\sqrt{\pi t}}\exp\left[-\frac{(x-\xi)^2}{4a^2t}\right]\tag{10.4.9}$$

如 $t_0\neq0$,则

$$g(x-\xi,t-t_0)=\frac{1}{2a\sqrt{\pi(t-t_0)}}\exp\left[-\frac{(x-\xi)^2}{4a^2(t-t_0)}\right]\tag{10.4.10}$$

方法二　在量子物理中可以假设 $-\infty<t<+\infty$. 对 t 作傅里叶变换,有

$$g(x-\xi,\omega)=\int_{-\infty}^{+\infty}g(x-\xi,t)\exp(\mathrm{i}\omega t)\,\mathrm{d}t$$

定解问题(10.4.2)变为

$$\left(-\mathrm{i}\omega-a^2\frac{\mathrm{d}^2}{\mathrm{d}x^2}\right)g(x-\xi,\omega)=\delta(x-\xi)$$

$$\left[\mathrm{i}\omega-\left(-a^2\frac{\mathrm{d}^2}{\mathrm{d}x^2}\right)\right]g(x-\xi,\omega)=-\delta(x-\xi)\tag{10.4.11}$$

$g(x-\xi,\omega)$ 为与时间无关的格林函数. 采用§10.1 中的符号

$$g(x-\xi,\omega)=-G(x-\xi,\mathrm{i}\omega)\tag{10.4.12}$$

由式(10.3.16),可知

$$g(\rho,\omega)=-\sum_{n}\frac{\varphi_n(x)\varphi_n^*(\xi)}{\mathrm{i}\omega-\hat{L}(x)}$$

其中 $\hat{L}(x)=-a^2\frac{\mathrm{d}^2}{\mathrm{d}x^2}$，$\varphi_n(x)$ 为 $\hat{L}(x)$ 的本征函数：

$$\varphi_n(x)=\frac{1}{\sqrt{l}}\exp(\mathrm{i}k_n x)$$

$$\hat{L}(x)\varphi_n(x)=\lambda_n\varphi_n(x)$$

$$\lambda_n=a^2k_n{}^2$$

在周期性边条件下，

$$k_n=\frac{2\pi n}{l}\ (n=0,\pm1,\pm2,\cdots)$$

因此

$$g(x-\xi,\omega)=-\frac{1}{l}\sum_{n}\frac{\exp[\mathrm{i}k_n(x-\xi)]}{\mathrm{i}\omega-a^2k_n{}^2}$$

当 $l\to\infty$ 过渡到连续极限，

$$g(x-\xi,\omega)=\int_{-\infty}^{+\infty}\frac{\mathrm{d}k}{2\pi}\cdot\frac{\exp[\mathrm{i}k(x-\xi)]}{a^2k^2-\mathrm{i}\omega}=\int_{-\infty}^{+\infty}\frac{\mathrm{d}k}{2\pi}\cdot\frac{\exp[-\mathrm{i}k(x-\xi)]}{a^2k^2-\mathrm{i}\omega}\tag{10.4.13}$$

由上式可知，

$$g(k,\omega)=\frac{1}{a^2k^2-\mathrm{i}\omega}=\frac{\mathrm{i}}{\omega+\mathrm{i}a^2k^2}\tag{10.4.14}$$

$$g(k,t)=\frac{\mathrm{i}}{2\pi}\int_{-\infty}^{+\infty}\mathrm{d}\omega\,\frac{\exp(-\mathrm{i}\omega t)}{\omega+\mathrm{i}a^2k^2}$$

当 $t<0$ 时，可在复 ω 平面的上半平面内加半径为 R 的半圆，在积分围路所包围的区域内被积函数解析：

$$g(k,t)=0$$

当 $t>0$ 时，可在复 ω 平面的下半平面内加半径为 R 的半圆，在积分围路所包围的区域内被积函数有一个一阶极点 $\omega_0=-\mathrm{i}a^2k^2$. 由留数定理，可得

$$g(k,t)=\exp(-a^2k^2t)$$

与冲量原理所得的结果一致.

下面介绍基本解的应用.

(1) 求解初值问题：

$$\begin{cases}\left(\dfrac{\partial}{\partial t}-a^2\dfrac{\partial^2}{\partial x^2}\right)u(x,t)=0 & \begin{Bmatrix}-\infty<x,\xi<+\infty\\ t>0\end{Bmatrix}\\ u(x,0)=\varphi(x)\end{cases}\tag{10.4.15}$$

因为

$$\varphi(x)=\int_{-\infty}^{+\infty}\varphi(\xi)\delta(x-\xi)\mathrm{d}\xi$$

设 $g(x-\xi,t)$ 为下列定解问题的解：

$$\begin{cases}\left(\dfrac{\partial}{\partial t}-a^2\dfrac{\partial^2}{\partial x^2}\right)g(x-\xi,t)=0 \\ g(x-\xi,0)=\delta(x-\xi)\end{cases}\quad \begin{Bmatrix}-\infty<x,\xi<+\infty \\ t>0\end{Bmatrix}$$

则

$$\begin{aligned}u(x,t)&=\int_{-\infty}^{+\infty}\varphi(\xi)g(x-\xi,t)\mathrm{d}\xi \\ &=\int_{-\infty}^{+\infty}\frac{1}{2a\sqrt{\pi t}}\exp\left[-\frac{(x-\xi)^2}{4a^2t}\right]\varphi(\xi)\mathrm{d}\xi \qquad (10.4.16)\end{aligned}$$

(2) 求解非齐次热传导方程.

设有定解问题：

$$\begin{cases}\left(\dfrac{\partial}{\partial t}-a^2\dfrac{\partial^2}{\partial x^2}\right)u(x,t)=f(x,t) \\ u(x,0)=0\end{cases}\quad \begin{Bmatrix}-\infty<x<+\infty \\ t>0\end{Bmatrix} \qquad (10.4.17)$$

方程右端的非齐次项目可写成

$$f(x,t)=\int_{-\infty}^{+\infty}\int_{-\infty}^{+\infty}f(\xi,t_0)\delta(x-\xi)\delta(t-t_0)\mathrm{d}\xi\mathrm{d}t_0$$

由叠加原理可知式(10.4.17)中非齐次方程的解可表示为

$$u(x,t)=\int_{-\infty}^{+\infty}\int_{-\infty}^{+\infty}g(x-\xi,t-t_0)f(\xi,t_0)\mathrm{d}\xi\mathrm{d}t_0 \qquad (10.4.18)$$

由因果关系可知，扰动产生的影响一定在扰动施加之后发生，即当 $t<t_0$ 时，$g(x-\xi,t-t_0)=0$.

所以式(10.4.17) 的解为

$$u(x,t)=\int_0^t\mathrm{d}t_0\int_{-\infty}^{+\infty}\frac{1}{2a\sqrt{\pi(t-t_0)}}\exp\left[-\frac{(x-\xi)^2}{4a^2(t-t_0)}\right]f(\xi,t_0)\mathrm{d}\xi \qquad (10.4.19)$$

当(10.4.2)中的方程换成薛定谔(Schrödinger)方程时，格林函数与时间演化算子密切相关(本章附录二).

二、含对 t 二阶导数的情况

一维波动方程在无穷区间 $-\infty<x<+\infty$ 上的格林函数 $g(x-\xi,t-t_0)$ 为下列定解问题的解：

$$\begin{cases}\left(\dfrac{\partial^2}{\partial t^2}-a^2\dfrac{\partial^2}{\partial x^2}\right)g(x-\xi,t-t_0)=\delta(x-\xi)\delta(t-t_0) \\ \lim\limits_{x\to\infty}|g(x-\xi,t-t_0)|<\infty\end{cases}\quad \begin{Bmatrix}-\infty<x<+\infty \\ t>0\end{Bmatrix} \qquad (10.4.20)$$

在下面的讨论中假设 $t_0=0$. 令 $\rho=x-\xi$，式(10.4.20)可写成

$$\begin{cases}\left(\dfrac{\partial^2}{\partial t^2}-a^2\dfrac{\partial^2}{\partial \rho^2}\right)g(\rho,t)=\delta(\rho)\delta(t) \\ \lim\limits_{\rho\to\infty}|g(\rho,t)|<\infty\end{cases}\quad \begin{Bmatrix}-\infty<\rho<+\infty \\ -\infty<t<\infty\end{Bmatrix} \qquad (10.4.21)$$

我们用两种方法来解此问题.

解 方法一 由因果性关系可知，当 $t<0$ 时，扰动还未加上，$g(\rho,t)=0$. 由冲量定理可知，上式可化成

$$\begin{cases}\left(\dfrac{\partial^2}{\partial t^2}-a^2\dfrac{\partial^2}{\partial \rho^2}\right)g(\rho,t)=0 \\ g(\rho,0)=0 \\ g_\tau(\rho,0)=\delta(\rho)\end{cases} \quad \begin{Bmatrix}-\infty<\rho<+\infty \\ t>0\end{Bmatrix} \tag{10.4.22}$$

对变量 ρ 进行傅里叶变换：

$$g(k,t)=\int_{-\infty}^{+\infty} g(\rho,t)\exp(\mathrm{i}k\rho)\mathrm{d}\rho \tag{10.4.23}$$

式(10.4.22)变为

$$\begin{cases}\left(\dfrac{\mathrm{d}^2}{\mathrm{d}t^2}+a^2k^2\right)g(k,t)=0 \\ g(k,0)=0 \\ g_t(k,0)=1\end{cases} \quad \begin{Bmatrix}-\infty<k<+\infty \\ t>0\end{Bmatrix} \tag{10.4.24}$$

解之，得

$$g(k,t)=\frac{\sin akt}{ak} \tag{10.4.25}$$

通过傅里叶逆变换，可得

$$g(\rho,t)=\frac{1}{2\pi}\int_{-\infty}^{+\infty} g(k,t)\exp(-\mathrm{i}k\rho)\mathrm{d}k=\frac{1}{2a}\begin{cases}1, & |\rho|\leqslant at \\ 0, & |\rho|>at\end{cases} \tag{10.4.26}$$

$$g(x-\xi,t)=\frac{1}{2a}\begin{cases}1, & |x-\xi|\leqslant at \\ 0, & |x-\xi|>at\end{cases} \tag{10.4.27}$$

方法二 格林函数 $g(x-\xi,t)$满足定解问题：

$$\begin{cases}\left(\dfrac{\partial^2}{\partial t^2}-a^2\dfrac{\partial^2}{\partial x^2}\right)g(x-\xi,t)=\delta(x-\xi)\delta(t) \\ \lim\limits_{x\to\infty}|g(x-\xi,t)|<+\infty\end{cases} \quad \begin{Bmatrix}-\infty<x<+\infty \\ -\infty<t<+\infty\end{Bmatrix} \tag{10.4.28}$$

这里允许 t 从 $-\infty\to+\infty$，这样可以比较相互作用发生前后的情况. 对变量 t 施以傅里叶变换：

$$g(x-\xi,\omega)=\int_{-\infty}^{+\infty} g(x-\xi,t)\exp(\mathrm{i}\omega t)\mathrm{d}t \tag{10.4.29}$$

式(10.4.28) 变为

$$\left(\omega^2+a^2\frac{\mathrm{d}^2}{\mathrm{d}x^2}\right)g(x-\xi,\omega)=-\delta(x-\xi) \tag{10.4.30}$$

$g(x-\xi,\omega)$是与时间无关的格林函数 $g(x-\xi,\omega)=-G(\omega^2)$. 这里算子 $\hat{L}(x)=-a^2\dfrac{\mathrm{d}^2}{\mathrm{d}x^2}$，参数 $z=\omega^2$.

在$\left[-\dfrac{l}{2},\dfrac{l}{2}\right]$上，算子 $\hat{L}(x)=-a^2\dfrac{\mathrm{d}^2}{\mathrm{d}x^2}$的本征态

$$\varphi_k(x)=\langle x|\varphi_k\rangle=\frac{1}{\sqrt{l}}\exp(\mathrm{i}kx) \tag{10.4.31}$$

$$\hat{L}(x)\varphi_k(x)=a^2k^2\varphi_k(x) \tag{10.4.32}$$

本征值

$$\lambda_k=a^2k^2 \tag{10.4.33}$$

在周期性边条件下，k 只能取分立值：

$$k=k_n=\frac{2\pi n}{l}\quad(n=0,\pm1,\pm2,\cdots) \tag{10.4.34}$$

由式(10.3.16)可知

$$g(x-\xi,\omega)=-G(x,\xi;\omega^2)=-\sum_n\frac{\varphi_{k_n}(x)\varphi_{k_n}^*(\xi)}{\omega^2-a^2k_n{}^2} \tag{10.4.35}$$

写成算子形式：

$$\hat{g}(\omega)=-\hat{G}(\omega^2)=-\sum_n\frac{|\varphi_n\rangle\langle\varphi_n|}{\omega^2-\lambda_n} \tag{10.4.36}$$

当 $\omega=a^2k_n{}^2$ 时，上两式没有定义. 我们来计算

$$\begin{aligned}\tilde{g}(x-\xi;\omega)&=g^+(x-\xi;\omega)-g^-(x-\xi;\omega)\\&=\lim_{s\to0^+}[g(x-\xi;\omega+\mathrm{i}s)-g(x-\xi;\omega-\mathrm{i}s)]\end{aligned}$$

由关系 $g(x-\xi;\omega)=-G(x-\xi;\omega^2)$，可以推得当 $s\to0^+$ 时

$$g(x-\xi;\omega+\mathrm{i}s)=-G[\omega^2+\mathrm{i}s\bar{\varepsilon}(\omega)] \tag{10.4.37}$$

$$g(x-\xi;\omega-\mathrm{i}s)=-G[\omega^2-\mathrm{i}s\bar{\varepsilon}(\omega)] \tag{10.4.38}$$

其中

$$\bar{\varepsilon}(\omega)=\begin{cases}1, & \omega>0\\-1, & \omega<0\end{cases}$$

与 s 同阶的无穷小量都记为 s. 因此，当 $s\to0^+$ 时，

$$\begin{aligned}\tilde{g}(x-\xi;\omega)&=-G[x-\xi;\omega^2+\mathrm{i}s\bar{\varepsilon}(\omega)]+G[x-\xi;\omega^2-\mathrm{i}s\bar{\varepsilon}(\omega)]\\&=\begin{cases}G(x-\xi;\omega^2+\mathrm{i}s)-G(x-\xi;\omega^2-\mathrm{i}s), & \omega<0\\G(x-\xi;\omega^2-\mathrm{i}s)-G(x-\xi;\omega^2+\mathrm{i}s), & \omega>0\end{cases}\\&=\begin{cases}\tilde{G}(x-\xi;\omega^2), & \omega<0\\-\tilde{G}(x-\xi;\omega^2), & \omega>0\end{cases}\end{aligned} \tag{10.4.39}$$

由式(10.3.22)可得

$$\tilde{G}(x-\xi;\omega^2)=-2\pi\mathrm{i}\sum_n\delta(\omega^2-\lambda_n)\varphi_n(x)\varphi_n^*(\xi) \tag{10.4.40}$$

因此

$$\begin{aligned}\tilde{g}(x-\xi,t)&=\frac{1}{2\pi}\int_{-\infty}^{+\infty}\mathrm{d}\omega\ddot{g}(x-\xi,\omega)\exp(-\mathrm{i}\omega t)\\&=\frac{1}{2\pi}\int_{-\infty}^{0}\mathrm{d}\omega\tilde{G}(x-\xi,\omega^2)\exp(-\mathrm{i}\omega t)-\frac{1}{2}\pi\int_{0}^{+\infty}\mathrm{d}\omega\tilde{G}(x-\xi,\omega^2)\exp(-\mathrm{i}\omega t)\end{aligned}$$

$$
\begin{aligned}
&=-\frac{\mathrm{i}}{l}\sum_n\int_{-\infty}^{0}\mathrm{d}\omega\delta(\omega^2-\lambda_n)\exp(-\mathrm{i}\omega t)\exp[\mathrm{i}k_n(x-\xi)]\\
&\quad+\frac{\mathrm{i}}{l}\sum_n\int_{0}^{+\infty}\mathrm{d}\omega\delta(\omega^2-\lambda_n)\exp(-\mathrm{i}\omega t)\exp[\mathrm{i}k_n(x-\xi)]\\
&=-\frac{\mathrm{i}}{2l}\sum_n\frac{\exp(\mathrm{i}\sqrt{\lambda_n}\,t)-\exp(-\mathrm{i}\sqrt{\lambda_n}\,t)}{\sqrt{\lambda_n}}\exp[\mathrm{i}k_n(x-\xi)]\\
&=\frac{1}{2\pi}\int_{-\infty}^{+\infty}\mathrm{d}k\,\frac{\sin akt}{ak}\exp[\mathrm{i}k(x-\xi)]\\
&=\frac{1}{2\pi}\int_{-\infty}^{+\infty}\mathrm{d}k\,\frac{\sin akt}{ak}\exp[-\mathrm{i}k(x-\xi)]
\end{aligned}
\tag{10.4.41}
$$

由此可得式(10.4.25)的结果：

$$
\widetilde{g}(k,t)=\frac{\sin akt}{ak} \tag{10.4.42}
$$

下面介绍基本解的应用.

(1) 求解定解问题：

$$
\begin{cases}
\left(\dfrac{\partial^2}{\partial t^2}+a^2\dfrac{\partial^2}{\partial x^2}\right)u(x,t)=0\\
u(x,0)=0\\
u_t(x,0)=\psi(x)
\end{cases}
\quad
\begin{Bmatrix}
-\infty<x<+\infty\\
t>0
\end{Bmatrix}
\tag{10.4.43}
$$

$$
u(x,t)=\int_{-\infty}^{+\infty}\psi(\xi)g(x-\xi,t)\mathrm{d}\xi
$$

由式(10.4.27)知

$$
g(x-\xi;t)=\frac{1}{2a}\begin{cases}1, & |x-\xi|<at\\ 0, & |x-\xi|>at\end{cases}
$$

所以

$$
u(x,t)=\frac{1}{2a}\int_{x-at}^{x+at}\psi(\xi)\mathrm{d}\xi \tag{10.4.44}
$$

(2) 求解定解问题：

$$
\begin{cases}
\left(\dfrac{\partial^2}{\partial t^2}-a^2\dfrac{\partial^2}{\partial x^2}\right)u(x,t)=0\\
u(x,0)=\varphi(x)\\
u_t(x,0)=0
\end{cases}
\quad
\begin{Bmatrix}
-\infty<x<+\infty\\
t>0
\end{Bmatrix}
\tag{10.4.45}
$$

可以证明该问题的解为

$$
u(x,t)=\int_{-\infty}^{+\infty}\varphi(\xi)g_t(x-\xi;t)\mathrm{d}\xi=\frac{\partial}{\partial t}\int_{-\infty}^{+\infty}\varphi(\xi)g(x-\xi;t)\mathrm{d}\xi \tag{10.4.46}
$$

首先，易证式(10.4.46)满足式(10.4.45)中的方程：

$$
\left(\frac{\partial^2}{\partial t^2}-a^2\frac{\partial^2}{\partial x^2}\right)u(x,t)=\frac{\partial}{\partial t}\int_{-\infty}^{+\infty}\varphi(\xi)\left(\frac{\partial^2}{\partial t^2}-a^2\frac{\partial^2}{\partial x^2}\right)g(x-\xi;t)\mathrm{d}\xi=0
$$

然后，证它满足初条件：

$$u(x,0)=\int_{-\infty}^{+\infty}\varphi(\xi)g_t(x-\xi;0)\mathrm{d}\xi=\int_{-\infty}^{+\infty}\varphi(\xi)\delta(x-\xi)\mathrm{d}\xi=\varphi(x)$$

$$u_t(x,0)=\int_{-\infty}^{+\infty}\varphi(\xi)g_{tt}(x-\xi;0)\mathrm{d}\xi=a^2\int_{-\infty}^{+\infty}\varphi(\xi)g_{xx}(x-\xi;0)\mathrm{d}\xi$$

由格林函数 $g(x-\xi;t)$的初条件知，对任何 x，都有

$$g(x-\xi;0)=0$$

所以

$$g_{xx}(x-\xi;0)=0$$

$$u_t(x,0)=0$$

所以定解问题(10.4.45)的解为

$$u(x,t)=\frac{1}{2a}\frac{\partial}{\partial t}\int_{x-at}^{x+at}\varphi(\xi)\mathrm{d}\xi=\frac{1}{2}[\varphi(x+at)+\varphi(x-at)] \tag{10.4.47}$$

式(10.4.44)与式(10.4.47) 就是达朗贝尔(D'Alembert)公式.

(3) 求解非齐次方程：

$$\begin{cases}\left(\dfrac{\partial^2}{\partial t^2}-a^2\dfrac{\partial^2}{\partial x^2}\right)u(x,t)=f(x,t)\\ u(x,0)=0\\ u_t(x,0)=0\end{cases}\quad\begin{Bmatrix}-\infty<x<+\infty\\ t>0\end{Bmatrix} \tag{10.4.48}$$

因为

$$f(x,t)=\int_{-\infty}^{+\infty}\int_{-\infty}^{+\infty}f(\xi,\tau)\delta(x-\xi)\delta(t-\tau)\mathrm{d}\xi\mathrm{d}\tau$$

我们可以先求格林函数 $g(x-\xi;t-\tau)$. 上述格林函数为下列定解问题的解：

$$\begin{cases}\left(\dfrac{\partial^2}{\partial t^2}-a^2\dfrac{\partial^2}{\partial x^2}\right)g(x-\xi;t-\tau)=0\\ g(x-\xi;t-\tau)=0\\ g_t(x-\xi;t-\tau)=\delta(x-\xi)\end{cases}\quad\begin{Bmatrix}-\infty<x<+\infty\\ t>\tau\end{Bmatrix} \tag{10.4.49}$$

$$u(x,t)=\int_0^t\mathrm{d}\tau\int_{-\infty}^{+\infty}f(\xi,\tau)g(x-\xi;t-\tau)\mathrm{d}\xi \tag{10.4.50}$$

经过坐标平移，不难证明：

$$g(x-\xi,t-\tau)=\frac{1}{2a}\begin{cases}1, & |x-\xi|<a|t-\tau|\\ 0, & |x-\xi|>a|t-\tau||\end{cases} \tag{10.4.51}$$

所以

$$u(x,t)=\frac{1}{2a}\int_0^t\mathrm{d}\tau\int_{x-a(t-\tau)}^{x+a(t-\tau)}f(\xi,\tau)\mathrm{d}\xi \tag{10.4.52}$$

作为本节的结束，我们用格林函数方法，求解三维非齐次波动方程在全空间的解. 由此可以看到扰动传播过程中的推迟效应. 这些内容在学习电磁波的传播章节中很有用.

研究电磁扰动在空间传播的问题中，会遇到在全空间求解非齐次的三维波动方程：

$$\begin{cases}\left(\dfrac{\partial^2}{\partial t^3}-a^2\nabla^2\right)u(x,y,z,t)=f(x,y,z,t)\\ u(x,y,z,0)=0\\ u_t(x,y,z,0)=0\\ |u(x,y,z,t)|<+\infty\end{cases}\quad(-\infty<x,y,z<+\infty;0<t<+\infty)\tag{10.4.53}$$

其中$\nabla^2=\dfrac{\partial^2}{\partial x^2}+\dfrac{\partial^2}{\partial y^2}+\dfrac{\partial^2}{\partial z^2}$.

我们可以先求三维波动方程的格林函数 $g(x,y,z,t)$.相应的定解问题为

$$\begin{cases}\left(\dfrac{\partial^2}{\partial t^2}-a^2\nabla^2\right)g(x,y,z,t)=\delta(x)\delta(y)\delta(z)\delta(t)\\ g(x,y,z,0)=0\\ g_t(x,y,z,0)=0\end{cases}\quad(-\infty<x,y,z<+\infty;0<t<+\infty)\tag{10.4.54}$$

瞬时冲击可转化成瞬时速度.上述定解问题可转化成下列定解问题:

$$\begin{cases}\left(\dfrac{\partial^2}{\partial t^2}-a^2\nabla^2\right)g(x,y,z,t)=0\\ g(x,y,z,0)=0\\ g_t(x,y,z,0)=\delta(x)\delta(y)\delta(z)\end{cases}\quad(-\infty<x,y,z<+\infty;0<t<+\infty)\tag{10.4.55}$$

对 $g(x,y,z,t)$作三维傅里叶变换:

$$g(k_1,k_2,k_3,t)=\int_{-\infty}^{+\infty}\mathrm{d}x\int_{-\infty}^{+\infty}\mathrm{d}y\int_{-\infty}^{+\infty}\mathrm{d}z g(x,y,z,t)\exp[\mathrm{i}(k_1x+k_2y+k_3z)]\tag{10.4.56}$$

$g(k_1,k_2,k_3)$满足:

$$\begin{cases}\left(\dfrac{\mathrm{d}^2}{\mathrm{d}t^2}+a^2k^2\right)g(k_1,k_2,k_3,t)=0\\ g(k_1,k_2,k_3,0)=0\\ g_t(k_1,k_2,k_3,0)=1\end{cases}\quad(-\infty<k_1,k_2,k_3<+\infty;0<t<+\infty)\tag{10.4.57}$$

其中

$$k=\sqrt{k_1{}^2+k_2{}^2+k_3{}^2}\tag{10.4.58}$$

解之,得

$$g(k_1,k_2,k_3,t)=\frac{\sin akt}{ak}\tag{10.4.59}$$

因此

$$g(x,y,z,t)=\frac{1}{(2\pi)^3}\int_{-\infty}^{+\infty}\int_{-\infty}^{+\infty}\int_{-\infty}^{+\infty}\mathrm{d}^3\boldsymbol{k}\,\frac{\sin akt}{ak}\exp[-\mathrm{i}(k_1x+k_2y+k_3z)]\tag{10.4.60}$$

取 $\boldsymbol{r}=x\boldsymbol{e}_1+y\boldsymbol{e}_2+z\boldsymbol{e}_3$ 为 k 空间的"z"轴,在 k 空间中用球坐标系:

$$
\begin{aligned}
g(x,y,z,t) &= \frac{1}{(2\pi)^3}\int_0^{+\infty} k^2\mathrm{d}k \cdot \frac{\sin akt}{ak}\int_0^{\pi}\sin\theta\mathrm{d}\theta\exp(-\mathrm{i}kr\cos\theta)\int_0^{2\pi}\mathrm{d}\varphi \\
&= \frac{1}{4\pi^2 ar}\int_0^{+\infty}\sin akt\mathrm{d}k\left[\frac{\exp(-\mathrm{i}kr\cos\theta)}{\mathrm{i}}\right]_0^{\pi} \\
&= \frac{1}{2\pi^2 ar}\int_0^{+\infty}\sin akt\sin kr\mathrm{d}k \\
&= \frac{1}{4\pi^2 ar}\int_0^{+\infty}[\cos k(at-r)-\cos k(at+r)]\mathrm{d}k
\end{aligned}
$$

由 δ 函数的表示式

$$
\delta(y-x)=\frac{1}{\pi}\int_0^{+\infty}\cos k(y-x)\mathrm{d}k
$$

可得

$$
g(x,y,z,t)=\frac{\delta(r-at)+\delta(r+at)}{4\pi ar}
$$

因为在$\{0<r<+\infty,0<t<+\infty\}$内 $\delta(r+at)=0$，所以

$$
g(x,y,z,t)=\frac{\delta(r-at)}{4\pi ar} \tag{10.4.61}
$$

当点源在时刻 τ 加于点(ξ,η,ζ)时，它在时刻 $t>\tau$，在点(x,y,z)引发的扰动为格林函数 $g(x-\xi,y-\eta,z-\zeta,t-\tau)$. 在式(10.4.61)中，$r$ 换成场点和源点之间的距离：

$$
\rho=\sqrt{(x-\xi)^2+(y-\eta)^2+(z-\zeta)^2}
$$

t 换成 $t-\tau$，就可以得到 $g(x-\xi,y-\eta,z-\zeta,t-\tau)$的表示式：

$$
g(x-\xi,y-\eta,z-\zeta,t-\tau)=\frac{\delta[\rho-a(t-\tau)]}{4\pi a\rho} \tag{10.4.62}
$$

定解问题(10.4.53)中的非齐次项可表示成

$$
f(x,y,z,t)=\int_{-\infty}^{+\infty}\mathrm{d}\tau\int_{-\infty}^{+\infty}\int_{-\infty}^{+\infty}\int_{-\infty}^{+\infty}f(\xi,\eta,\zeta,\tau)\delta(x-\xi)\delta(y-\eta)\delta(z-\zeta)\delta(t-\tau)\mathrm{d}\xi\mathrm{d}\eta\mathrm{d}\zeta \tag{10.4.63}
$$

由解的叠加原理可得定解问题(10.4.53)的解：

$$
\begin{aligned}
u(x,y,z,t) &= \int_{-\infty}^{+\infty}\mathrm{d}\tau\int_{-\infty}^{+\infty}\int_{-\infty}^{+\infty}\int_{-\infty}^{+\infty}f(\xi,\eta,\zeta,\tau)g(x-\xi,y-\eta,z-\zeta,t-\tau)\mathrm{d}\xi\mathrm{d}\eta\mathrm{d}\zeta \\
&= \frac{1}{4\pi a}\int_{-\infty}^{+\infty}\mathrm{d}\tau\int_{-\infty}^{+\infty}\int_{-\infty}^{+\infty}\int_{-\infty}^{+\infty}f(\xi,\eta,\zeta,\tau)\frac{\delta[\rho-a(t-\tau)]}{\rho}\mathrm{d}\xi\mathrm{d}\eta\mathrm{d}\zeta \\
&= \frac{1}{4\pi a^2}\int_{-\infty}^{+\infty}\mathrm{d}\tau\int_{-\infty}^{+\infty}\int_{-\infty}^{+\infty}\int_{-\infty}^{+\infty}f(\xi,\eta,\zeta,\tau)\frac{\delta\left[\tau-\left(t-\frac{\rho}{a}\right)\right]}{\rho}\mathrm{d}\xi\mathrm{d}\eta\mathrm{d}\zeta \\
&= \frac{1}{4\pi a^2}\int_{-\infty}^{+\infty}\int_{-\infty}^{+\infty}\int_{-\infty}^{+\infty}\frac{f\left(\xi,\eta,\zeta,t-\frac{\rho}{a}\right)}{\rho}\mathrm{d}\xi\mathrm{d}\eta\mathrm{d}\zeta
\end{aligned} \tag{10.4.64}
$$

时刻 t 在场点(x,y,z)处的扰动 $u(x,y,z,t)$取决于源点(ξ,η,ζ)在时刻 $t-\frac{\rho}{a}$的情况.

这是波传播过程中的推迟效应.

*§10.5 量子物理中的格林函数

量子物理中的格林函数定义为算子或算子的对易子在基态的平均值，形式上和本章介绍的格林函数差别很大.我们以一维波动方程为例，说明它们之间的联系.

前已介绍 $g(x,\xi;t,t_0)$ 刻画在 t_0 时刻 ξ 点处输入扰动，在 t 时刻 x 点处产生的影响.它满足方程：

$$\left(\frac{\partial^2}{\partial t^2}-a^2\frac{\partial^2}{\partial x^2}\right)g(x-\xi,t-t_0)=\delta(x-\xi)\delta(t-t_0) \tag{10.5.1}$$

在空间区域 Ω 的边界上，$g(x,\xi;t,t_0)$ 满足齐次边条件.令 $\rho=x-\xi,\tau=t-t_0$.式(10.5.1)的解只是 ρ,τ 的函数：

$$g(x,\xi;t,t_0)=g(x-\xi,t-t_0)=g(\rho,\tau)$$

$g(\rho,\tau)$ 满足方程：

$$\left(\frac{\partial^2}{\partial \tau^2}-a^2\frac{\partial^2}{\partial \rho^2}\right)g(\rho,\tau)=\delta(\rho)\delta(\tau) \tag{10.5.2}$$

在量子物理中，空间区域 Ω 常认为是全空间.我们把作用开始的时刻取作时间的零点.$\tau<0$ 描述作用发生前的情况，$\tau>0$ 描述作用发生后的情况.τ 的范围可认为 $-\infty<\tau<\infty$.为了与前面讨论中所用的符号保持一致，我们把式(10.5.2)中的 ρ 与 τ 写为 x 与 t，变化范围写成量子物理中的形式.格林函数 $g(x,t)$ 的定解问题可写为

$$\begin{cases}\left(\dfrac{\partial^2}{\partial t^2}-a^2\dfrac{\partial^2}{\partial x^2}\right)g(x,t)=\delta(x)\delta(t) & \begin{Bmatrix}-\infty<x<+\infty\\-\infty<t<+\infty\end{Bmatrix}\\ \lim\limits_{x\to\infty}|g(x,t)|<+\infty\end{cases} \tag{10.5.3}$$

相应的波动方程为

$$\left(\frac{\partial^2}{\partial t^2}-a^2\frac{\partial^2}{\partial x^2}\right)u(x,t)=0 \quad \begin{Bmatrix}-\infty<x<+\infty\\-\infty<t<+\infty\end{Bmatrix} \tag{10.5.4}$$

处理无穷区间 $-\infty<x<+\infty$ 上的问题时，我们常先假设 x 属有限区间：$-\frac{l}{2}<x<\frac{l}{2}$，最后再让 $l\to+\infty$.因此，我们可以先考虑有限区间上的波动方程：

$$\left(\frac{\partial^2}{\partial t^2}-a^2\frac{\partial^2}{\partial x^2}\right)u(x,t)=0 \quad \begin{Bmatrix}-\dfrac{l}{2}<x<\dfrac{l}{2}\\-\infty<t<+\infty\end{Bmatrix} \tag{10.5.5}$$

容易证明：当 ${\omega_k}^2=a^2k^2$ 时

$$u_1(x,t)=\exp[-\mathrm{i}(\omega_k t-kx)] \tag{10.5.6}$$

$$u_2(x,t)=\exp[\mathrm{i}(\omega_k t-kx)] \tag{10.5.7}$$

为式(10.5.5)的两个特解. 在量子力学中. 取$\frac{h}{2\pi}=1$时$\mathrm{i}\frac{\partial}{\partial t}$代表能量算子:

$$\mathrm{i}\frac{\partial}{\partial t}u_1(x,t)=\omega_k u_1(x,t) \tag{10.5.8}$$

$$\mathrm{i}\frac{\partial}{\partial t}u_2(x,t)=-\omega_k u_2(x,t) \tag{10.5.9}$$

$u_1(x,t)$称为正能态,$u_2(x,t)$称为负能态. 它们的线性叠加

$$u(x,t)=\sum_k \frac{1}{\sqrt{2l\omega_k}}\{a_k^*\exp[\mathrm{i}(\omega_k t-kx)]+a_k\exp[-\mathrm{i}(\omega_k t-kx)]\} \tag{10.5.10}$$

亦为波动方程(10.5.5)的解,可以称为符合物理要求的一般解. 系数a_k,a_k^*之所以取成互为复共轭的形式,是为了保证$u(x,t)$为实数. 归一化因子写为$\frac{1}{\sqrt{2l\omega_k}}$是仿照量子场论中习惯的记法. 在下面的讨论中,可以假定$\omega_k=\omega_{-k}\geqslant 0$.

在$x=\pm\frac{l}{2}$处加周期性边条件,式(10.5.10)中的波数k只能取分立值:

$$k=k_n=\frac{2n\pi}{l}\quad(n=0,\pm1,\pm2,\cdots)$$

当$l\to\infty$时,$\left[-\frac{l}{2},\frac{l}{2}\right]\to(-\infty,+\infty)$,波数$k$连续取值.

式(10.5.10)为定解问题(10.5.5)的经典解. 如果我们在量子领域内讨论波动方程,可以把式(10.5.10)中的展开系数a_k换成算子$\hat{a}_k$,a_k^*换成厄米共轭算子$\hat{a}_k^+$,这称为量子化. 式(10.5.10)量子化后$u(x,t)$亦成为算子:

$$\hat{u}(x,t)=\sum_k\frac{1}{\sqrt{2l\omega_k}}\{\hat{a}_k^+\exp[\mathrm{i}(\omega_k t-kx)]+\hat{a}_k\exp[-\mathrm{i}(\omega_k t-kx)]\} \tag{10.5.11}$$

量子化时所以用$\hat{a}_k^+$,不用$\hat{a}_k^*$代替a_k^*,是为了使$\hat{u}(x,t)$成为厄密算子. $\hat{a}_k,\hat{a}_k^+$满足对易关系:

$$\begin{aligned}&[\hat{a}_k,\hat{a}_m^+]=\delta_{k,m}\\&[\hat{a}_k,\hat{a}_m]=0\\&[\hat{a}_k^+,\hat{a}_m^+]=0\end{aligned} \tag{10.5.12}$$

式(10.4.42)中的格林函数可写成算子形式:

$$\begin{aligned}\tilde{g}(\rho,\tau)&=\mathrm{i}\langle 0|[\hat{u}(x+\rho,t+\tau),\hat{u}(x,t)]|0\rangle\\&=\mathrm{i}\langle 0|\hat{u}(x+\rho,t+\tau)\hat{u}(x,t)-\hat{u}(x,t)\hat{u}(x+\rho,t+\tau)|0\rangle\end{aligned} \tag{10.5.13}$$

其中$|0\rangle$为真空态. 通过直接计算,可以证明上式:

$$\begin{aligned}\mathrm{I}&=\mathrm{i}\langle 0|\hat{u}(x+\rho,t+\tau\rangle\hat{u}(x,t)|0\rangle\\&=\frac{\mathrm{i}}{2l}\sum_k\sum_{k'}\frac{1}{\sqrt{\omega_k\omega_{k'}}}\langle 0|\hat{a}_k\exp[-\mathrm{i}[\omega_k(t+\tau)-k(x+\rho)]]\hat{a}_{k'}^+\exp[\mathrm{i}(\omega_{k'}t-k'x)]|0\rangle\\&=\frac{\mathrm{i}}{2l}\sum_k\frac{1}{\omega_k}\exp(\mathrm{i}k\rho)\exp(-\mathrm{i}\omega_k\tau)\end{aligned}$$

$$=\frac{\mathrm{i}}{2l}\sum_{k}\frac{1}{\omega_{-k}}\exp(-\mathrm{i}k\rho)\exp(-\mathrm{i}\omega_{-k}\tau)$$

$$=\frac{\mathrm{i}}{2l}\sum_{k}\frac{1}{\omega_{k}}\exp(-\mathrm{i}k\rho)\exp(-\mathrm{i}\omega_{k}\tau) \tag{10.5.14}$$

$$\mathrm{II}=\mathrm{i}\langle 0|\hat{u}(x,t)\hat{u}(x+\rho,t+\tau)|0\rangle$$

$$=\frac{\mathrm{i}}{2l}\sum_{k}\sum_{k'}\frac{1}{\sqrt{\omega_k\omega_{k'}}}\langle 0|\hat{a}_{k'}\exp[-\mathrm{i}(\omega_{k'}t-k'x)]\hat{a}_k^{+}\exp\mathrm{i}[\omega_k(t+\tau)-k(x+\rho)]|0\rangle$$

$$=\frac{\mathrm{i}}{2l}\sum_{k}\frac{1}{\omega_{k}}\exp(-\mathrm{i}k\rho)\exp(\mathrm{i}\omega_{k}\tau) \tag{10.5.15}$$

所以

$$\tilde{g}(\rho,\tau)=\mathrm{I}-\mathrm{II}=\frac{1}{l}\sum_{k}\frac{\sin ak\tau}{ak}\exp(-\mathrm{i}k\rho)$$

$$l\to+\infty$$

$$\tilde{g}(\rho,\tau)=\frac{1}{2\pi}\int_{-\infty}^{+\infty}\left(\frac{\sin ak\tau}{ak}\right)\exp(-\mathrm{i}k\rho)\mathrm{d}k$$

$$\tilde{g}(k,\tau)=\frac{\sin ak\tau}{ak}$$

和(10.4.42)相同.

事实上,式(10.5.13)满足方程.不难证明它满足$\tilde{g}(\rho,\tau)$的初始条件(10.4.22),因此它就是所求的格林函数.

这里介绍的格林函数是单粒子格林函数.当存在多粒子相互作用时,单粒子格林函数的定义式(10.5.9)中真空态$|0\rangle$要换成基态.具体计算时还会出现多粒子格林函数.纵使这样,计算相互作用的多粒子哈密尔顿在真空态之间的平均值时,利用威克(Wick)定理,可把它化为一系列单粒子格林函数的和与积.因此,这里介绍的方法,可以有许多实际的应用.

*附录一　一个积分主值的计算

试证:当 $\varepsilon\to 0$ 时

$$\frac{1}{x-x_0\mp i\varepsilon}=P\frac{1}{x-x_0}\pm\pi\mathrm{i}\delta(x-x_0) \tag{a10.1.1}$$

证　上式为一广义函数.在检验函数空间中,任取一函数 $f(x)$,(a10.1.1)两端乘以 $f(x)$,在包含 x_0 的区间(a,b)上积分,得到一个恒等式,就证明原广义函数等式成立.以

$$\frac{1}{x-x_0-\mathrm{i}\varepsilon}=P\frac{1}{x-x_0}+\pi\mathrm{i}\delta(x-x_0)$$

为例进行说明.

考虑函数$\frac{f(z)}{z-x_0}$沿图示回路 Γ 与 Γ' 的积分,积分方向亦如图 10.5 所示.

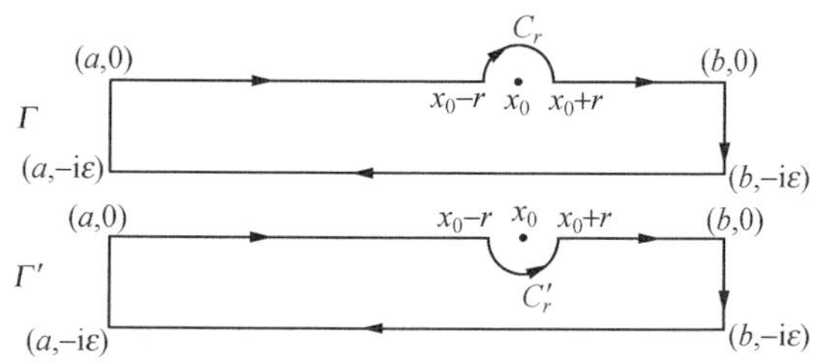

图 10.5　积分回路 Γ 与 Γ'

在回路 Γ 内,被积函数有一阶极点 x_0. 在回路 Γ' 内,被积函数解析. 每一个回路积分分别包含 6 个积分,标以 $T_j(j=1,\cdots,6)$ 和 $T_j{}'(j=1,\cdots,6)$.

$$
\begin{aligned}
\mathrm{I}=\oint_\Gamma \frac{f(z)}{z-x_0}\mathrm{d}z &= \underset{T_1}{\int_a^{x_0-r}\frac{f(x)}{x-x_0}\mathrm{d}x}+\underset{T_2}{\int_{C_r}\frac{f(z)}{z-x_9}\mathrm{d}z}+\underset{T_3}{\int_{x_0+r}^{b}\frac{f(x)}{x-x_0}\mathrm{d}x}+\\
&\quad \underset{T_4}{\int_0^{-\varepsilon}\frac{f(b+\mathrm{i}y)}{b+\mathrm{i}y-x_0}\mathrm{d}y}+\underset{T_5}{\int_b^{a}\frac{f(x-\mathrm{i}\varepsilon)}{x-\mathrm{i}\varepsilon-x_0}\mathrm{d}x}+\underset{T_6}{\int_{-\varepsilon}^{0}\frac{f(a+\mathrm{i}y)}{a+\mathrm{i}y-x_0}\mathrm{d}y}\\
&=-2\pi\mathrm{i}f(x_0)
\end{aligned}
$$

$$
\begin{aligned}
\mathrm{II}=\oint_{\Gamma'} \frac{f(z)}{z-x_0}\mathrm{d}z &= \underset{T_1{}'}{\int_a^{x_0-r}\frac{f(x)}{x-x_0}\mathrm{d}x}+\underset{T_2{}'}{\int_{C'_r}\frac{f(z)}{z-x_0}\mathrm{d}z}+\underset{T_3{}'}{\int_{x_0+r}^{b}\frac{f(x)}{x-x_0}\mathrm{d}x}\\
&\quad +\underset{T_4{}'}{\int_0^{-\varepsilon}\frac{f(b+\mathrm{i}y)}{b+\mathrm{i}y-x_9}\mathrm{d}y}+\underset{T_5{}'}{\int_b^{a}\frac{f(x-\mathrm{i}\varepsilon)}{x-\mathrm{i}\varepsilon-x_0}\mathrm{d}x}+\underset{T_6{}'}{\int_{-\varepsilon}^{0}\frac{f(a+\mathrm{i}y)}{a+\mathrm{i}y-x_0}\mathrm{d}y}=0
\end{aligned}
$$

当 $\varepsilon\to 0$ 时, I 与 II 中的下列积分趋于 0:

$$T_4, T_6, T_4', T_6'\to 0$$

C_r 与 C'_r 为以 x_0 为圆心、ε 为半径的半圆,在 C_r 与 C'_r 上: $z=x_0+r\exp(\mathrm{i}\theta)$, $\mathrm{d}z=\mathrm{i}r\exp(\mathrm{i}\theta)\mathrm{d}\theta$. 在 C_r 上, θ 从 $\pi\to 0$. 在 C'_r 上, θ 从 $\pi\to 2\pi$.

$$
\begin{aligned}
\int_{C_r}\frac{f(z)}{z-x_0}\mathrm{d}z &= \int_\pi^0 \frac{f[x_0+r\exp(\mathrm{i}\theta)]}{r\exp(\mathrm{i}\theta)}\mathrm{i}r\exp(\mathrm{i}\theta)\mathrm{d}\theta\\
&=\mathrm{i}\int_\pi^0 f[x_0+r\exp(\mathrm{i}\theta)]\mathrm{d}\theta \xrightarrow[r\to 0]{} -\mathrm{i}\pi f(x_0)
\end{aligned}
$$

$$
\begin{aligned}
\int_{C'_r}\frac{f(z)}{z-x_0}\mathrm{d}z &= \int_\pi^{2\pi} \frac{f[x_0+r\exp(\mathrm{i}\theta)]}{r\exp(\mathrm{i}\theta)}\mathrm{i}r\exp(\mathrm{i}\theta)\mathrm{d}\theta\\
&=\mathrm{i}\int_\pi^{2\pi} f[x_0+r\exp(\mathrm{i}\theta)]\mathrm{d}\theta \xrightarrow[r\to 0]{} \mathrm{i}\pi f(x_0)
\end{aligned}
$$

在 $\varepsilon, r\to 0$ 时

$$\mathrm{I}+\mathrm{II}=2\int_a^b\left(P\frac{1}{x-x_0}-\frac{1}{x-x_0-\mathrm{i}\varepsilon}\right)f(x)\mathrm{d}x=-2\pi\mathrm{i}f(x_0)$$

所以,当 $\varepsilon\to 0$ 时,

$$P\frac{1}{x-x_0}-\frac{1}{x-x_0-\mathrm{i}\varepsilon}=-\pi\mathrm{i}\delta(x-x_0)$$

$$\frac{1}{x-x_0-\mathrm{i}\varepsilon}=P\frac{1}{x-x_0}+\pi\mathrm{i}\delta(x-x_0)$$

*附录二　薛定谔方程的格林函数

薛定谔方程的格林函数满足方程：

$$\left[\mathrm{i}\frac{\partial}{\partial t}-\hat{H}(x)\right]g(x-\xi;t)=\delta(x-\xi)\delta(t)\quad\begin{Bmatrix}-\infty<x<+\infty\\-\infty<t<+\infty\end{Bmatrix}\tag{a10.2.1}$$

其中，哈密尔顿 $\hat{H}(x)$ 不依赖时间.

对 t 作傅里叶变换：

$$g(x-\xi;\omega)=\int_{-\infty}^{+\infty}g(x-\xi;t)\exp(\mathrm{i}\omega t)\mathrm{d}t\tag{a10.2.2}$$

(a10. 2. 1)变成

$$[\omega-\hat{H}(x)]g(x-\xi;\omega)=\delta(x-\xi)\tag{a10.2.3}$$

$g(x-\xi;\omega)$就是与时间无关的格林函数 $G(x-\xi;\omega)$.

将(a10. 2. 3)写成算符形式：

$$(\omega-\hat{H})\hat{G}(\omega)=1\tag{a10.2.4}$$

$$\hat{G}(\omega)=\sum_n\frac{1}{\omega-\lambda_n}|\varphi_n\rangle\langle\varphi_n|\tag{a10.2.5}$$

其中，$|\varphi_n\rangle$为哈密尔顿算子 $\hat{H}$ 的本征态，λ_n 为相应的本征值：

$$\hat{H}|\varphi_n\rangle=\lambda_n|\varphi_n\rangle\tag{a10.2.6}$$

对 $\hat{G}(\omega)$作傅里叶逆变换时，要沿整个实 ω 轴积分. $\hat{H}$ 的本征值 λ_n 为积分路径上的极点. 此时 $\hat{G}(\omega)$没有定义. 为此引入格林函数：

$$\hat{G}^+(\omega)=\hat{G}(\omega+\mathrm{i}s)\tag{a10.2.7}$$

$$\hat{G}^-(\omega)=\hat{G}(\omega-\mathrm{i}s)\tag{a10.2.8}$$

我们经常要用到它们的差：

$$\tilde{G}(\omega)=\hat{G}^+(\omega)-\hat{G}^-(\omega)\tag{a10.2.9}$$

利用以上公式与式(10. 3. 22)，上式可写为

$$\begin{aligned}\tilde{g}(\omega)=\tilde{G}(\omega)&=\sum_n\left(\frac{1}{\omega-\lambda_n+\mathrm{i}s}-\frac{1}{\omega-\lambda_n-\mathrm{i}s}\right)|\varphi_n\rangle\langle\varphi_n|\\&=-2\pi\mathrm{i}\sum_n\delta(\omega-\lambda_n)|\varphi_n\rangle\langle\varphi_n|\end{aligned}\tag{a10.2.10}$$

$$\begin{aligned}\tilde{g}(t)&=-2\pi\mathrm{i}\sum_n\int_{-\infty}^{+\infty}\frac{\mathrm{d}\omega}{2\pi}\exp(-\mathrm{i}\omega t)\delta(\omega-\lambda_n)|\varphi_n\rangle\langle\varphi_n|\\&=-\mathrm{i}\sum_n\exp(-\mathrm{i}\lambda_n t)|\varphi_n\rangle\langle\varphi_n|=-\mathrm{i}\sum_n\exp(-\mathrm{i}\hat{H}t)|\varphi_n\rangle\langle\varphi_n|\\&=-\mathrm{i}\exp(-\mathrm{i}\hat{H}t)\end{aligned}\qquad(\mathrm{a}10.2.11)$$

时间演化算子为

$$\hat{U}(t)=\exp(-\mathrm{i}\hat{H}t)\qquad(\mathrm{a}10.2.12)$$

格林函数

$$\tilde{g}(x-\xi;t)=-\mathrm{i}\langle x|\hat{U}(t)|\xi\rangle\qquad(\mathrm{a}10.2.13)$$

习　题

1. 求二维拉普拉斯算子$\nabla^2=\dfrac{\partial^2}{\partial x^2}+\dfrac{\partial^2}{\partial y^2}$第一边值问题在上半平面的格林函数.

2. 求二维拉普拉斯算子$\nabla^2=\dfrac{\partial^2}{\partial x^2}+\dfrac{\partial^2}{\partial y^2}$在第Ⅰ象限的格林函数. 边界条件为

$$u(x,0)=0\quad(0\leqslant x<+\infty)$$

$$u_x(0,y)=0\quad(0\leqslant y<+\infty)$$

3. 利用三维波动方程的基本解公式：

$$g(x-\xi,y-\eta,z-\zeta,t-\tau)=\frac{\delta[\rho-a(t-\tau)]}{4\pi a\rho}$$

其中

$$\rho=\sqrt{(x-\xi)^2+(y-\eta)^2+(z-\zeta)^2}$$

求解下列定解问题：

$$\begin{cases}\left(\dfrac{\partial^2}{\partial t^2}-a^2\nabla^2\right)u(x,y,z,t)=0\\u(x,y,z,0)=0\\u_t(x,y,z,0)=\psi(x,y,z)\end{cases}\quad(-\infty<x,y,z<+\infty;0<t<+\infty)$$

*附 录

微分形式

§ A1 拓扑、流形、微分流形

物理上会遇到许多空间. 从大范围看，这些空间和欧几里德(Euclidean)空间不同. 但从局部看，它们很像某个欧几里德空间. 例如，地球表面，从我们生活的附近看，它像 $\mathbf{R}^2$ 平面. 从整体看，它是球面. 这就引出了流形的概念. 为此先要介绍拓扑空间.

一、拓扑空间

设 X 为一非空集合. τ 为 X 中子集的集合：

$$\tau=\{U\} \quad U\subset X$$

若集合 τ 具有如下性质：

(1) $X,\varphi\in\tau$, X 与空集 $\varnothing$ 属于 τ.

(2) 若 $U_\alpha\subset\tau$，则 $\bigcup\limits_{\alpha}U_\alpha\in\tau$，无限多个子集的并仍属于 τ.

(3) 若 $U,V\subset\tau$，则 $U\cap V\in\tau$. 有限多个子集的交属于 τ.

此时称 τ 在 X 中定义了一个拓扑. $\{X,\tau\}$ 称为拓扑空间. 有时也称 X 为一个拓扑空间. τ 中的元素称为 X 中的开集. 在同一个集合 X 上，引入不同的开集，可以成为不同的拓扑空间.

若 X 中的点 P 属于开集 U_P：$P\subset U_P$，称 U_P 为点 P 的邻域. 若两点属于同一邻域，称它们彼此相邻.

例 1 $\tau=\{X,\phi\}$ 构成 X 的一个拓扑，称为平凡拓扑.

例 2 τ 由 X 中的所有子集组成. τ 在 X 中定义的拓扑叫离散拓扑.

例如，$X=\{a,b,c\}$. 生成离散拓扑的 τ 为

$$\tau=\{\phi,\{a\},\{b\},\{c\},\{a,b\},\{a,c\},\{b,c\},\{a,b,c\}\}$$

例 3 $X=\boldsymbol{R}$，τ 由 $\boldsymbol{R}$ 中的所有开区间组成. τ 在 $\boldsymbol{R}$ 中生成的拓扑就是 1 维欧氏拓扑.

在一般的拓扑空间中没有定义度规，所以不处理长度、角度等与度规有关的问题. 在拓扑空间中定义了相邻性. 所以可以讨论连续. 设 X 与 Y 为两个拓扑空间. F 为从 X 到

Y 的映射. 对于 Y 中的任一开集 $U\subset Y$,它的逆映射 $F^{-1}(U)$ 为 X 中的开集 $F^{-1}(U)\subset X$,则称映射 F 连续.

在实际应用中，在拓扑空间上往往还可以加上种种附加结构,由此可以得到种种不同的拓扑空间. 其中最重要的是一种称为流形的拓扑空间.

二、流形、微分流形

集合 X 称为 n 维拓扑流形,是指 X 中存在可数多个子集合族 $\{U_\alpha\}\subset X$,U_α 为开集. $\bigcup\limits_\alpha U_\alpha\supset X$(即 $\{U_\alpha\}$ 覆盖 X). 对每个子集合 U_α,存在一个从 U_α 到 R^n 中连通开子集 $V_\alpha\subset\mathbf{R}^n$ 的一对一映射：

$$\varphi_\alpha:U_\alpha\leftrightarrow V_\alpha$$

通过这个映射,U_α 中的点 P 可用 V_α 上点的坐标$(x^1,x^2,\cdots,x^n)$标志. 映射 φ_α 称为局部坐标映射. 子集$\{U_\alpha\}$称为坐标卡集. 坐标卡集$\{U_\alpha\}$满足：

(1) $\{U_\alpha\}$覆盖 M,即$\bigcup\limits_\alpha U_\alpha\supset M$.

(2) 若 $U_\alpha\cap U_\beta\neq\varnothing$,$P\in U_\alpha\cap U_\beta$. 通过 φ_α 给 P 定出坐标 $P(x^1,x^2,\cdots,x^n)$;通过 φ_β 给 P 定出坐标 $P(y^1,y^2,\cdots,y^n)$. 两组坐标之间有如下函数关系：

$$\begin{aligned}
y^1&=f_1(x^1,x^2,\cdots,x^n)\\
y^2&=f_2(x^1,x^2,\cdots,x^n)\\
&\cdots\cdots\\
y^n&=f_n(x^1,x^2,\cdots,x^n)
\end{aligned}\tag{A1.1}$$

(3) 若 $x\in U_\alpha$,$y\in U_\beta$,$\varphi_\alpha(x)\in V_\alpha$,$\varphi_\beta(x)\in V_\beta$,$V_\alpha$,$V_\beta\subset\mathbf{R}^n$. 在 $\mathbf{R}^n$ 中可找到开集 $\mathbf{V}$ 与 $\mathbf{\Xi}$:

$$\varphi_\alpha(x)\in W\subset V_\alpha$$
$$\varphi_\beta(y)\in\Xi\subset V_\beta$$
$$\varphi_\alpha^{-1}(W)\cap\varphi_\beta^{-1}(\Xi)=\varnothing$$

最后一个性质是说点 x 与 y 是 Hausdorff 可分的.

如果式(A1.1)中的函数连续可微,则称 X 为 n 维微分流形. 如果(A1.1)中的函数为解析函数,即无限次可微并可展开成收敛的级数,称 X 为解析流形.

§ A2 切矢量、切空间、矢量场

第二章讨论了一般的矢量空间. 这里介绍在近代物理中有重要应用的一类特殊的矢量空间——切空间. 为此先介绍切矢量.

设 X 为 n 维微分流行. 从实数域 $\mathbf{R}$ 中的某一区间 $I\subset\mathbf{R}$ 到 X 的映射 φ 称为曲线 Γ:

$$\varphi(\lambda)\in X\quad(\lambda\in I\subset\mathbf{R})$$

取定坐标系后，曲线 Γ 可用参数方程描述：

$$
\begin{aligned}
&x^1=x^1(\lambda)\\
&x^2=x^2(\lambda)\quad(\lambda\in I)\\
&\cdots\cdots\\
&x^n=x^n(\lambda)
\end{aligned}
\tag{A2.1}
$$

其中$(x^1,x^2,\cdots,x^n)$为Γ上任一点P的坐标.

设$P_0({x_0}^1,{x_0}^2,\cdots,{x_0}^n)$为$\Gamma$上的某一固定点. $C^\infty(X)$代表X上无穷次连续可微函数的全体. $f(x)\in C^\infty(X)$. $f(x)$在P_0点处沿λ方向的方向导数为

$$
\left.\frac{\mathrm{d}f}{\mathrm{d}\lambda}\right|_{P_0}=\left.\frac{\mathrm{d}}{\mathrm{d}\lambda}f\right|_{P_0}
\tag{A2.2}
$$

在式(A2.2)中，我们把方向导数$\frac{\mathrm{d}f}{\mathrm{d}\lambda}$写成了算子$\frac{\mathrm{d}}{\mathrm{d}\lambda}$作用于函数$f(x)$的形式.这完全是处理函数空间的需要.

微分流形X中过P_0点可以有无穷多条曲线.沿每一条曲线，都可以有方向导数$\left.\frac{\mathrm{d}f}{\mathrm{d}\lambda}\right|_{P_0}$，因此可以有无穷多个算子$\left\{\left.\frac{\mathrm{d}}{\mathrm{d}\lambda}\right|_{P_0}\right\}$. 用$T_{P_0}$表示这无穷多算子的集合：

$$
T_{P_0}=\left\{\left.\frac{\mathrm{d}}{\mathrm{d}\lambda}\right|_{P_0}\right\}
$$

在T_{P_0}中我们引入满足矢量空间规律的加法与用实数乘两种运算，T_{P_0}成矢量空间，称为在P_0点处的切空间. 其中的元素$\left.\frac{\mathrm{d}}{\mathrm{d}\lambda}\right|_{P_0}$称为在$P_0$点处的切矢量.

取定坐标系后，方向导数

$$
\left.\frac{\mathrm{d}}{\mathrm{d}\lambda}f\right|_{P_0}=\left[\frac{\mathrm{d}x^1}{\mathrm{d}\lambda}\frac{\partial}{\partial x^1}f+\frac{\mathrm{d}x^2}{\mathrm{d}\lambda}\frac{\partial}{\partial x^2}f+\cdots+\frac{\mathrm{d}x^n}{\mathrm{d}\lambda}\frac{\partial}{\partial x^n}f\right]_{P_0}
$$

由此可知

$$
\begin{aligned}
\frac{\mathrm{d}}{\mathrm{d}\lambda}&=\frac{\mathrm{d}x^1}{\mathrm{d}\lambda}\frac{\partial}{\partial x^1}+\frac{\mathrm{d}x^2}{\mathrm{d}\lambda}\frac{\partial}{\partial x^2}f+\cdots+\frac{\mathrm{d}x^n}{\mathrm{d}\lambda}\frac{\partial}{\partial x^n}\\
&=\sum_{j=1}^{n}\frac{\mathrm{d}x^j}{\mathrm{d}\lambda}\frac{\partial}{\partial x^j}
\end{aligned}
\tag{A2.3}
$$

这里$\left\{\frac{\mathrm{d}x^1}{\mathrm{d}\lambda},\frac{\mathrm{d}x^2}{\mathrm{d}\lambda},\cdots,\frac{\mathrm{d}x^n}{\mathrm{d}\lambda}\right\}$为$\lambda$方向的方向数.导数都在$P_0$点处计算. 由上面的记号可知，沿$x^1$方向的方向导数为

$$
\left.\frac{\mathrm{d}}{\mathrm{d}x^1}f\right|_{P_0}=\frac{\mathrm{d}x^1}{\mathrm{d}x^1}\frac{\partial}{\partial x^1}f=\frac{\partial}{\partial x^1}f
$$

因此沿x^1方向的切矢量为

$$
\frac{\mathrm{d}}{\mathrm{d}x^1}=\frac{\partial}{\partial x^1}
$$

$\left\{\frac{\partial}{\partial x^i};i=1,2,\cdots,n\right\}$为沿$n$个坐标方向的切矢量.由式(A2.3)可知，它们构成T_{P_0}的一组

基，称为坐标基. 在微分流形 X 上任一点 P 处的切空间为 T_{P_0}. 其中的切矢量可用坐标基展开：

$$v(P)=v^1(P)\frac{\partial}{\partial x^1}+v^2(P)\frac{\partial}{\partial x^2}+\cdots+v^n(P)\frac{\partial}{\partial x^n} \tag{A2.4}$$

这里导数在 P 点处计算. 函数 $f(x^1,x^2,\cdots,x^n)\in C^\infty(M)$沿 $v(P)$方向的方向导数

$$v(P)f=\sum_{j=1}^{n}v^j\frac{\partial}{\partial x^j}f \tag{A2.5}$$

应该是点 P 的函数 $v(P)$. 如在 X 的每一点处都定义了一个矢量，我们说在空间 X 上定义了一个矢量场. 在 X 中每一点处的切矢量 $v(P)$在 X 中定义的矢量场，叫作切矢量场. X 中所有切矢量场的全体记为 $\mathrm{Vect}(X)$. 切矢量 $v(P_0)$定义了从 $C^\infty(X)\to R$ 的映射，切矢量场 $v(P)$定义了从 $C^\infty(X)\to C^\infty(X)$的映射：设 $f\in C^\infty(X)$，$v(f)\in C^\infty(X)$. 这些映射满足如下规律：

(1) $v(f+g)=v(f)+v(g)$.

(2) $v(\alpha f)=\alpha v(f)$.

(3) $v(fg)=v(f)g+fv(g)$.

其中，$v\in\mathrm{Vect}(X)$，$f,g\in C^\infty(X)$，$\alpha\in\mathbf{R}$.

在一点处的切矢量 $v(P_0)$为切矢量场 $v(P)$在 $P=P_0$ 点处的值.

在下面的叙述中，如称 $v(P)$为切矢量，那意味着 P 为一固定的点.

切矢量和切矢量场的这种定义摆脱了坐标的束缚. 自然界中本来没有坐标. 自然规律与坐标无关. 把物理概念与规律表示成与坐标无关的形式，是理论物理中广泛应用的方法.

§A3　微分形式

从切空间 T_P 到实数域 $\mathbf{R}$ 的线性映射 ω 称为点 P 处的 1 形式. 点 P 处所有 1 形式的全体记为 T_P^*. 很容易在 T_P^* 中定义加法与被实数乘的运算，T_P^* 就成为 $\mathbf{R}$ 上的矢量空间，称为 T_P 的共轭空间. T_P 中的矢量 v 作用在函数 $f(x^1,x^2,\cdots,x^n)\in C^\infty(M)$ 上得到实数：在 P 点处函数 f 沿 v 方向的方向导数为

$$\begin{aligned}v(f)&=\left(v^1\frac{\partial}{\partial x^1}+v^2\frac{\partial}{\partial x^2}+\cdots+v^n\frac{\partial}{\partial x^n}\right)f\\&=\frac{\partial f}{\partial v}\in\mathbf{R}\end{aligned} \tag{A3.1}$$

规定 $\mathrm{d}f$ 作用在 $v\in T_P$ 上产生实数$\frac{\partial f}{\partial v}\in\mathbf{R}$. 因此，$\mathrm{d}f$ 为 1 形式：$\mathrm{d}f\in T_P^*$. 显然 $\mathrm{d}x^1,\mathrm{d}x^2,\cdots,\mathrm{d}x^n$ 也都是 1 形式.

可以证明　　$\mathrm{d}x^1\left(\frac{\partial}{\partial x^1}\right)=1,\mathrm{d}x^1\left(\frac{\partial}{\partial x^j}\right)=\frac{\partial x^1}{\partial x^j}=0\quad(j\neq1)$

$$dx^2\left(\frac{\partial}{\partial x^2}\right)=\frac{\partial x^2}{\partial x^2}=1, dx^2\left(\frac{\partial}{\partial x^j}\right)=\frac{\partial x^2}{\partial x^j}=0 \quad (j\neq 2)$$

$$\cdots$$

$$dx^n\left(\frac{\partial}{\partial x^n}\right)=\frac{\partial x^n}{\partial x^n}=1, dx^n\left(\frac{\partial}{\partial x^j}\right)=\frac{\partial x^n}{\partial x^j}=0 \quad (j\neq n)$$

df 可表成

$$df=\frac{\partial f}{\partial x^1}dx^1+\frac{\partial f}{\partial x^2}dx^2+\cdots+\frac{\partial f}{\partial x^n}dx^n \tag{A3.2}$$

上式看上去像微积分中多元函数 $f(x^1,x^2,\cdots,x^n)$的全微分，实际上是两个 1 次形间的等式. 要证明它们相等，需证明它们作用在 T_P 中的任一矢量

$$v=v^1\frac{\partial}{\partial x^1}+v^2\frac{\partial}{\partial x^2}+\cdots+v^n\frac{\partial}{\partial x^n}$$

上给出同样的结果. 将式(A3.2)的右端 $\sum_{i=1}^{n}\frac{\partial f}{\partial x^i}dx^i$ 作用在 $v=\sum_{j=1}^{n}v^j\frac{\partial}{\partial x^j}$ 上,得

$$\begin{aligned}\sum_{i=1}^{n}\frac{\partial f}{\partial x^i}dx^i\left(\sum_{j=1}^{n}v^j\frac{\partial}{\partial x^j}\right)&=\sum_{i=1}^{n}\sum_{j=1}^{n}v^j\frac{\partial f}{\partial x^i}dx^i\left(\frac{\partial}{\partial x^j}\right)\\&=\sum_{i=1}^{n}\sum_{j=1}^{n}v^j\frac{\partial f}{\partial x^i}\delta^i_j\\&=\sum_{i=1}^{n}v^i\frac{\partial f}{\partial x^i}\end{aligned}$$

右端就是函数 $f(x^1,x^2,\cdots,x^n)$沿 v 方向的方向导数. 根据规定,它就是 df 作用在 v 上的结果:

$$\sum_{i=1}^{n}v^i\frac{\partial f}{\partial x^i}=\frac{\partial f}{\partial v}=df(v)$$

由此可见，$\{dx^1,dx^2,\cdots,dx^n\}$为 T_P^* 中的基，称为 T_P^* 中的坐标基. T_P 与 T_P^* 中的坐标基互为对偶基. 在 T_P 与 T_P^* 中可以用其他基，T_P 中的矢量用 Ket 矢量表示. 设$\{|e_1\rangle,|e_2\rangle,\cdots,|e_n\rangle\}$为 T_P 中的一组基,$|v\rangle\in T_P$，则$|v\rangle$可表示成

$$|v\rangle=v^1|e_1\rangle+v^2|e_2\rangle+\cdots+v^n|e_n\rangle=\sum_{i=1}^{n}v^j\ |\ e_i\rangle \tag{A3.3}$$

在 T_P^* 中的对偶基用$\{\langle f^1|,\langle f^2|,\cdots,\langle f^n|\}$表示:

$$\langle f^i|e_j\rangle=\delta^i_j \tag{A3.4}$$

$\omega\in T_P^*$ 可表示成

$$\langle\omega|=\langle f^1|\omega_1+\langle f^2|\omega_2+\cdots+\langle f^n|\omega_n=\sum_{i=1}^{n}\langle f^i|\omega_i \tag{A3.5}$$

1 形式$\langle\omega|$作用于矢量$|v\rangle$上所取的值为

$$\langle\omega|v\rangle=\sum_{i=1}^{n}\omega_i v^i \tag{A3.6}$$

这里介绍的 1 形式实际上就是 7.4 节中的线性泛函. T_P^* 是 T_P 的共轭空间. 同一个数学对

象,从不同的角度对它进行研究,可以加深对它的认识. 在有限维空间中,T_P^* 与 T_P 完全是同构的,即它们可以一一对应,并且在这种对应下,保持线性运算规律不变. 如果 T_P 为内积空间,$\{|e_j\rangle:1,2,\cdots,n\}$可取为正交规一基. 通过内积,$T_P$ 中的元素也可作为线性泛函,因而也可作为 1 形式,T_P 中的元素与 T_P^* 中的元素可以不加区别. T_P^* 中的基$\{\langle f^i|:i=1,2,\cdots,n\}$可以就取为$\{\langle e_i|:i=1,2,\cdots,n\}$. 在前面的讨论中,$T_P$ 中的基用下指标,分量用上指标. T_P^* 中的基用上指标,分量用下指标. 现在上下指标可以不加区别. 上指标的量称为逆变的量. 下指标的量称为协变的量. 采用正交归一基后,可以不再区分逆变与协变问题. 式(A3.6)可看作 T_P 中两个矢量之间的内积. 当 $v(P)$表示切矢量场时,P 点处的 1 形式$\omega(P)$代表 1 形式场. 流形 X 上 1 形式场的全体记为 $\Omega(X)$. $\omega(P)\{v(P)\}$为点 P 的函数. 因此 1 形式场 $\omega(P)$可被定义为从 $\mathrm{Vect}(X)\to C^\infty(X)$的线性映射. 采用坐标基时,$\Omega(X)$中的任一 1 形式场 $\omega(P)$可表示成

$$\omega(P)=\sum_{l=1}^{n}\omega_l(P)\mathrm{d}x^l \tag{A3.7}$$

例 1 试证在流形 $X=\mathbf{R}$ 上,

$$\mathrm{d}\sin x=\cos x\cdot\mathrm{d}x$$

解 上式两边为 $\mathbf{R}$ 上的 1 形式场. 欲证它们相等,只要证明它们作用在任一矢量场上得出同一结果. $\mathrm{Vect}(\mathbf{R})$中任一矢量场可表示为

$$v=f(x)\frac{\partial}{\partial x}$$

$$(\mathrm{d}\sin x)(v)=v(\sin x)=f(x)\frac{\partial}{\partial x}\sin x=f(x)\cos x$$

$$(\cos x\mathrm{d}x)(v)=f(x)\cos x\mathrm{d}x\left(\frac{\partial}{\partial x}\right)=f(x)\cos x$$

$$\mathrm{d}\sin x=\cos x\cdot\mathrm{d}x$$

例 2 设流形 $M=\mathbf{R}^n$,试证:在 $\Omega^1(X)$ 上 $\mathrm{d}x^1,\mathrm{d}x^2,\cdots,\mathrm{d}x^n$ 线性无关.

证 设

$$\omega=\omega_1\mathrm{d}x^1+\omega_2\mathrm{d}x^2+\cdots+\omega_n\mathrm{d}x^n=0$$

ω 作用在任何一个矢量场 $v\in\mathrm{Vect}(R^n)$上等于零. 取$\dfrac{\partial}{\partial x^j}\in\mathrm{Vect}(\mathbf{R}^n)$,

$$\omega\left(\frac{\partial}{\partial x^j}\right)=\left(\sum_{l=1}^{n}\omega_l\mathrm{d}x^l\right)\left(\frac{\partial}{\partial x^j}\right)=\sum_{l=1}^{n}\omega_l\delta_j^l=\omega_j=0$$

上式对每一个 ω_j 都成立. 所以 $\mathrm{d}x^1,\mathrm{d}x^2,\cdots,\mathrm{d}x^n$ 线性无关.

§ A4 楔积、p 形式

在 $\mathbf{R}^3$ 中，矢量间除可以进行相加和用实数乘运算以外，还可以作矢量积. 在高维矢量空间中，可以进行矢量的加法和用数去乘的运算. 但能否作矢量积运算？

我们在微分形式空间中讨论这个问题 $\Omega^1(X)$ 是指流形 X 上 1 形式场的全体. 1 形式场在一点处的值就是在该点处的 1 形式. 我们今后主要讨论 1 形式场. 在 $\Omega^1(X)$ 上定义形式间的加法与数乘形式的运算如下：

$$(\omega+\mu)(v)=\omega(v)+\mu(v)$$

$$(\alpha\omega)(v)=\alpha\omega(v)$$

其中，$\omega,\mu\in\Omega^1(X)$，$v\in\mathrm{Vect}(X)$. 对于 1 形式，$\alpha\in\mathbf{R}$. 对于 1 形式场，$\alpha=\alpha(P)\in C^\infty(X)$. 在上述运算下，$\Omega^1(X)$ 为矢量空间，$\{\mathrm{d}x^1,\mathrm{d}x^2,\cdots,\mathrm{d}x^n\}$ 为它的坐标基. 在 $\mathbf{R}^3$ 中，矢量积具有如下规律：

$$\boldsymbol{A}\times(\boldsymbol{B}+\boldsymbol{C})=\boldsymbol{A}\times\boldsymbol{B}+\boldsymbol{A}\times\boldsymbol{C}\quad(\boldsymbol{A},\boldsymbol{B},\boldsymbol{C}\in\mathbf{R}^3)$$

$$\boldsymbol{A}\times(\alpha\boldsymbol{B})=\alpha\boldsymbol{A}\times\boldsymbol{B}\quad(\alpha\in\mathbf{R})$$

$$\boldsymbol{A}\times\boldsymbol{B}=-\boldsymbol{B}\times\boldsymbol{A}$$

在 $\Omega^1(X)$ 上，类似的运算叫作矢量间的楔积（Wedge 积），记为 $\wedge$，具有如下性质：

$$u\wedge(v+w)=u\wedge v+y\wedge w\quad[u,v,w\in\Omega^1(X)]$$

$$u\wedge(\alpha\omega)=\alpha u\wedge w\quad[\alpha\in C^\infty(X)]$$

$$u\wedge w=-w\wedge u$$

和 $\mathbf{R}^3$ 不同的是，在 $\mathbf{R}^3$ 中，$\boldsymbol{A}\times\boldsymbol{B}$ 仍为 $\mathbf{R}^3$ 中的矢量. 现在，$u,v\in\Omega^1(X)$，$u\wedge v\in\Omega^2(X)$，称为 Ω 上的 2 形式. 从 1 形式出发，作 p 次楔积可得 p 形式. 今以 $X=\mathbf{R}^3$ 为例进行说明.

$\Omega^1(R^3)$ 中的基为 $\{\mathrm{d}x,\mathrm{d}y,\mathrm{d}z\}$. 基之间的楔积

$$\mathrm{d}x\wedge\mathrm{d}y=-\mathrm{d}y\wedge\mathrm{d}x$$

$$\mathrm{d}y\wedge\mathrm{d}z=-\mathrm{d}z\wedge\mathrm{d}y$$

$$\mathrm{d}z\wedge\mathrm{d}x=-\mathrm{d}x\wedge\mathrm{d}z$$

$$\mathrm{d}x\wedge\mathrm{d}x=\mathrm{d}y\wedge\mathrm{d}y=\mathrm{d}z\wedge\mathrm{d}z=0$$

设 $u,v,w\in\Omega^1(R^3)$

$$\begin{aligned}u&=u_1(x,y,z)\mathrm{d}x+u_2(x,y,z)\mathrm{d}y+u_3(x,y,z)\mathrm{d}z\\v&=v_1(x,y,z)\mathrm{d}x+v_2(x,y,z)\mathrm{d}y+v_3(x,y,z)\mathrm{d}z\\w&=w_1(x,y,z)\mathrm{d}x+w_2(x,y,z)\mathrm{d}y+w_3(x,y,z)\mathrm{d}z\end{aligned}\qquad(\mathrm{A4.1})$$

$$u\wedge v=(u_1v_2-u_2v_1)\mathrm{d}x\wedge\mathrm{d}y+(u_2v_3-u_3v_2)\mathrm{d}y\wedge\mathrm{d}z+(u_3v_1-u_1v_3)\mathrm{d}z\wedge\mathrm{d}x$$

上式说明 $\{\mathrm{d}x\wedge\mathrm{d}y,\mathrm{d}y\wedge\mathrm{d}z,\mathrm{d}z\wedge\mathrm{d}x\}$ 为 $\mathbf{R}^3$ 上 2 形式 $\Omega^2(R^3)$ 的基：

$$u \wedge v \wedge w = \begin{vmatrix} u_1 & u_2 & u_3 \\ v_1 & v_2 & v_3 \\ w_1 & w_2 & w_3 \end{vmatrix} \mathrm{d}x \wedge \mathrm{d}y \wedge \mathrm{d}z \tag{A4.2}$$

其中，$\{\mathrm{d}x \wedge \mathrm{d}y \wedge \mathrm{d}z\}$为 3 形式 $\Omega^3(R^3)$的基. 规定 $\mathbf{R}^3$ 上的 0 形式 $\Omega^0(\mathbf{R}^3)$为 $C^\infty(\mathbf{R}^3)$，它的基为$\{1\}$. $u \wedge v$ 相当于 $\boldsymbol{u} \times \boldsymbol{v}$，$u \wedge v \wedge w$ 相当于 $\boldsymbol{u} \cdot (\boldsymbol{v} \times \boldsymbol{w})$.

§ A5 外微分

$\Omega^1(R^3)$中的 1 形式 $\mathrm{d}f$ 可用基$\{\mathrm{d}x, \mathrm{d}y, \mathrm{d}z\}$展开：

$$\mathrm{d}f = \frac{\partial f}{\partial x}\mathrm{d}x + \frac{\partial f}{\partial y}\mathrm{d}y + \frac{\partial f}{\partial z}\mathrm{d}z \tag{A5.1}$$

我们用另一个观点来看式(A5.1). $f(x,y,z) \in C^\infty(\mathbf{R}^3) = \Omega^0(\mathbf{R}^3)$，式(A5.1)引入了一个新的微分算子 d，它作用在 $\Omega^0(\mathbf{R}^3)$的元素上后得到 $\Omega^1(\mathbf{R}^3)$中的元素. 形式上可以写为

$$d: \Omega^0(M) \to \Omega^1(M)$$

d 称为外微分算子. 外微分算子 d 的抽象定义为：它是从 $\Omega^p(X) \to \Omega^{p+1}(X)$的映射：

$$d: \Omega^p(X) \to \Omega^{p+1}(X)$$

满足如下性质：

(1)
$$\mathrm{d}(\omega + \mu) = \mathrm{d}\omega + \mathrm{d}\mu$$
$$\mathrm{d}(\alpha\omega) = \alpha\mathrm{d}\omega$$

式中，$\omega, \mu \in \Omega(X)$，$\alpha \in \mathbf{R}$，$\Omega(X) = \bigoplus_p \Omega^p(X)$

(2)
$$\mathrm{d}(\omega \wedge \mu) = \mathrm{d}\omega \wedge \mu + (-1)^p \omega \wedge \mathrm{d}\mu$$

式中，$\omega \in \Omega^p(X)$，$\mu \in \Omega(X)$

(3)
$$\mathrm{d}(\mathrm{d}\omega) = 0$$

式中，$\omega \in \Omega(X)$. 上式表明 $d \cdot d = 0$.

(4) 对 $f(x^1, x^2 \cdots, x^n) \in \Omega^0(M)$，有

$$\mathrm{d}f = \frac{\partial f}{\partial x^1}\mathrm{d}x^1 + \frac{\partial f}{\partial x^2}\mathrm{d}x^2 + \cdots + \frac{\partial f}{\partial x^n}\mathrm{d}x^n \in \Omega^1(M)$$

例如，$M = \mathbf{R}^3$，

$$f(x,y,z) \in \Omega^0(\mathbf{R}^3)$$

$$\mathrm{d}f = \frac{\partial f}{\partial x}\mathrm{d}x + \frac{\partial f}{\partial y}\mathrm{d}y + \frac{\partial f}{\partial z}\mathrm{d}z \in \Omega^1(\mathbf{R}^3)$$

设 $\omega \in \Omega^1(\mathbf{R}^3)$，

$$\omega = \omega_x \mathrm{d}x + \omega_y \mathrm{d}y + \omega_z \mathrm{d}z$$

$$\begin{aligned}
\mathrm{d}\tilde{\omega} &= \mathrm{d}\omega_x \wedge \mathrm{d}x + \mathrm{d}\omega_y \wedge \mathrm{d}y + \mathrm{d}\omega_z \wedge \mathrm{d}z \\
&= \left(\frac{\partial \omega_x}{\partial y}\mathrm{d}y + \frac{\partial \omega_x}{\partial z}\mathrm{d}z\right) \wedge \mathrm{d}x + \left(\frac{\partial \omega_y}{\partial x}\mathrm{d}x + \frac{\partial \omega_y}{\partial z}\mathrm{d}z\right) \wedge \mathrm{d}y + \left(\frac{\partial \omega_z}{\partial x}\mathrm{d}x + \frac{\partial \omega_z}{\partial y}\mathrm{d}y\right) \wedge \mathrm{d}z \\
&= \left(\frac{\partial \omega_z}{\partial y} - \frac{\partial \omega_y}{\partial z}\right)\mathrm{d}y \wedge \mathrm{d}z + \left(\frac{\partial \omega_x}{\partial z} - \frac{\partial \omega_z}{\partial x}\right)\mathrm{d}z \wedge \mathrm{d}x + \left(\frac{\partial \omega_y}{\partial x} - \frac{\partial \omega_x}{\partial y}\right)\mathrm{d}x \wedge \mathrm{d}y
\end{aligned} \tag{A5.2}$$

设 $\omega \in \Omega^2(\mathbf{R}^3)$，

$$\tilde{\omega} = \omega_{xy}\mathrm{d}x \wedge \mathrm{d}y + \omega_{yz}\mathrm{d}y \wedge \mathrm{d}z + \omega_{zx}\mathrm{d}z \wedge \mathrm{d}x$$

$$\begin{aligned}
\mathrm{d}\omega &= \mathrm{d}\omega_{xy} \wedge \mathrm{d}x \wedge \mathrm{d}y + \mathrm{d}\omega_{yz} \wedge \mathrm{d}y \wedge \mathrm{d}z + \mathrm{d}\omega_{zx} \wedge \mathrm{d}z \wedge \mathrm{d}x \\
&= \left(\frac{\partial \omega_{yz}}{\partial x} + \frac{\partial \omega_{zx}}{\partial y} + \frac{\partial \omega_{xy}}{\partial z}\right)\mathrm{d}x \wedge \mathrm{d}y \wedge \mathrm{d}z
\end{aligned} \tag{A5.3}$$

从式(A5.1)至式(A5.3) 可以看到，$d:\Omega^0(\mathbf{R}^3) \to \Omega^1(\mathbf{R}^3)$相当做了梯度；$d:\Omega^1(\mathbf{R}^3) \to \Omega^2(\mathbf{R}^3)$相当做了旋度；$d:\Omega^2 \to \Omega^3$ 相当做了散度.

为了更清晰地看出外微分算子 d 与拉普拉斯(Laplace)算子 $\Delta = \nabla^2$ 间的关系，下边介绍 Hodge star(星)算子 $*$. $*$(Star)算子把 $\Omega^p(M) \to \Omega^{n-p}(M)$. 对 $M = \mathbf{R}^3$ 情形，有

$$* 1 = \mathrm{d}x \wedge \mathrm{d}y \wedge \mathrm{d}z$$

$$* \mathrm{d}x = \mathrm{d}y \wedge \mathrm{d}z,\ * \mathrm{d}y = \mathrm{d}z \wedge \mathrm{d}x,\ * \mathrm{d}z = \mathrm{d}x \wedge \mathrm{d}y$$

$$* (\mathrm{d}x \wedge \mathrm{d}y) = \mathrm{d}z,\ * (\mathrm{d}y \wedge \mathrm{d}z) = \mathrm{d}x,\ * (\mathrm{d}z \wedge \mathrm{d}x) = \mathrm{d}y$$

$$* (\mathrm{d}x \wedge \mathrm{d}y \wedge \mathrm{d}z) = 1$$

若

$$\omega = \omega_x \mathrm{d}x + \omega_y \mathrm{d}y + \omega_z \mathrm{d}z$$

由式(A5.2)，得

$$* \mathrm{d}\omega = \left(\frac{\partial \omega_z}{\partial y} - \frac{\partial \omega_y}{\partial z}\right)\mathrm{d}x + \left(\frac{\partial \omega_x}{\partial z} - \frac{\partial \omega_z}{\partial x}\right)\mathrm{d}y + \left(\frac{\partial \omega_y}{\partial x} - \frac{\partial \omega_x}{\partial y}\right)\mathrm{d}z$$

若

$$\omega = w_{xy}\mathrm{d}x \wedge \mathrm{d}y + w_{yz}\mathrm{d}y \wedge \mathrm{d}z + w_{zx}\mathrm{d}z \wedge \mathrm{d}x$$

由式(A5.3)，得

$$* \mathrm{d}\omega = \left(\frac{\partial \omega_{yz}}{\partial x} + \frac{\partial \omega_{zx}}{\partial y} + \frac{\partial \omega_{xy}}{\partial z}\right) \circ 1$$

设 $u(x, y, z) \in \Omega^0(R^3)$，

$$\mathrm{d}u = \frac{\partial u}{\partial x}\mathrm{d}x + \frac{\partial u}{\partial y}\mathrm{d}y + \frac{\partial u}{\partial z}\mathrm{d}z \in \Omega^1(\mathbf{R}^3)$$

$$\begin{aligned}
\mathrm{d}(\mathrm{d}u) &= \left(\frac{\partial}{\partial y}\frac{\partial u}{\partial x}\mathrm{d}y + \frac{\partial}{\partial z}\frac{\partial u}{\partial x}\mathrm{d}z\right) \wedge \mathrm{d}x + \left(\frac{\partial}{\partial x}\frac{\partial u}{\partial y}\mathrm{d}x + \frac{\partial}{\partial z}\frac{\partial u}{\partial y}\mathrm{d}z\right) \wedge \mathrm{d}y + \left(\frac{\partial}{\partial x}\frac{\partial u}{\partial z}\mathrm{d}x + \frac{\partial}{\partial y}\frac{\partial u}{\partial z}\mathrm{d}y\right) \wedge \mathrm{d}z \\
&= \left(\frac{\partial^2 u}{\partial x \partial y} - \frac{\partial^2 u}{\partial y \partial x}\right)\mathrm{d}x \wedge \mathrm{d}y + \left(\frac{\partial^2 u}{\partial y \partial z} - \frac{\partial^2 u}{\partial z \partial y}\right)\mathrm{d}y \wedge \mathrm{d}z + \left(\frac{\partial^2 u}{\partial z \partial x} - \frac{\partial^2 u}{\partial x \partial z}\right)\mathrm{d}z \wedge \mathrm{d}x = 0
\end{aligned}$$

从 $\mathrm{d} \cdot \mathrm{d} = 0$ 出发，很容易得出这一结论. 我们有

$$* \mathrm{d}u = \frac{\partial u}{\partial x}\mathrm{d}y \wedge \mathrm{d}z + \frac{\partial u}{\partial y}\mathrm{d}z \wedge \mathrm{d}x + \frac{\partial u}{\partial z}\mathrm{d}x \wedge \mathrm{d}y$$

$$\mathrm{d}(*\mathrm{d}u)=\frac{\partial^2 u}{\partial x^2}\mathrm{d}x\wedge\mathrm{d}y\wedge\mathrm{d}z+\frac{\partial^2 u}{\partial y^2}\mathrm{d}y\wedge\mathrm{d}z\wedge\mathrm{d}x+\frac{\partial^2 u}{\partial z^2}\mathrm{d}z\wedge\mathrm{d}x\wedge\mathrm{d}y$$

$$=\left(\frac{\partial^2 u}{\partial x^2}+\frac{\partial^2 u}{\partial y^2}+\frac{\partial^2 u}{\partial z^2}\right)\mathrm{d}x\wedge\mathrm{d}y\wedge\mathrm{d}z=(\nabla^2 u)\mathrm{d}x\wedge\mathrm{d}y\wedge\mathrm{d}z$$

$$*\mathrm{d}*\mathrm{d}u=\Delta u$$

§A6 正交曲线坐标系中的拉普拉斯算子

在柱对称或球对称问题中，采用柱坐标或球坐标比较方便.应用外微分，很容易写出在这两种坐标系中拉普拉斯算子的表式.

在广义坐标系中，除 star 运算以外，其他外微分运算规律不变. star 运算与度规有关.今把需要用到的公式归纳于下：

(1) 从弧元的平方

$$\mathrm{d}s^2=\sum_{\mu,\nu} g_{\mu,\nu}\mathrm{d}q^\mu \mathrm{d}q^\nu \tag{A6.1}$$

写出度规张量 $g_{\mu,\nu}$，这里(q^1,q^3,q^3)为描述质点位置的广义坐标.

(2) 体积元

$$vol=\sqrt{|g_{\mu,\nu}|}\mathrm{d}q^1\wedge\mathrm{d}q^2\wedge\mathrm{d}q^3 \tag{A6.2}$$

(3) 1 形式 ω,θ 间的内积为

$$\langle\omega,\theta\rangle=\sum_{\mu,\nu} g^{\mu,\nu}\omega_\mu\theta_\nu \tag{A6.3}$$

这里$(g^{\mu,\nu})$为$(g_{\mu,\nu})$的逆：

$$\omega=\sum_\mu \omega_\mu \mathrm{d}q^\mu$$

$$\theta=\sum_\nu \theta_\nu \mathrm{d}q^\nu$$

(4) $\omega,\theta\in\Omega^1(\mathbf{R}^3)$

$$\omega\wedge*\theta=\langle\omega|\theta\rangle vol \tag{A6.4}$$

(5) R^3 中取正定度规时 $*^2=1$.

(6) $$*1=\sqrt{|g_{\mu,\nu}|}\mathrm{d}q^1\wedge\mathrm{d}q^2\wedge\mathrm{d}q^3 \tag{A6.5}$$

(7) $$*[\mathrm{d}q^1\wedge\mathrm{d}q^2\wedge\mathrm{d}q^3]=\frac{1}{\sqrt{|g_{\mu,\nu}|}} \tag{A6.6}$$

例 1 求柱坐标系中∇^2 的表示式.

解 柱坐标(θ,φ,z)与直角坐标(x,y,z)间的关系为

$$\begin{aligned}x&=\rho\cos\varphi\\y&=\rho\sin\varphi\\z&=z\end{aligned} \tag{A6.7}$$

弧元平方

$$ds^2=dx^2+dy^2+dz^2=d\rho^2+\rho^2 d\varphi^2+dz^2 \tag{A6.8}$$

度规张量：

$$(g_{\mu,\nu})=\begin{pmatrix}1&0&0\\0&\rho^2&0\\0&0&1\end{pmatrix} \tag{A6.9}$$

$$(g^{\mu,\nu})=\begin{pmatrix}1&0&0\\0&\dfrac{1}{\rho^2}&0\\0&0&1\end{pmatrix} \tag{A6.10}$$

体积元：

$$vol=\rho d\rho\wedge d\varphi\wedge dz \tag{A6.11}$$

1 形式间的非零内积：

$$\begin{aligned}\langle d\rho|d\rho\rangle&=g^{11}=1\\\langle d\varphi|d\varphi\rangle&=g^{22}=\frac{1}{\rho^2}\\\langle dz|dz\rangle&=g^{33}=1\end{aligned} \tag{A6.12}$$

因为

$$d\rho\wedge *d\rho=\langle d\rho|d\rho\rangle vol=\rho d\rho\wedge d\varphi\wedge dz$$

所以

$$*d\rho=\rho d\varphi\wedge dz \tag{A6.13}$$

同理可得

$$d\varphi\wedge *d\varphi=\langle d\varphi|d\varphi\rangle vol=\frac{1}{\rho}d\rho\wedge d\varphi\wedge dz=\frac{1}{\rho}d\varphi\wedge dz\wedge\rho$$

$$*d\varphi=\frac{1}{\rho}dz\wedge d\rho \tag{A6.14}$$

$$dz\wedge *dz=\langle dz|dz\rangle vol=\rho d\rho\wedge d\varphi\wedge dz=\rho dz\wedge d\rho\wedge d\varphi$$

$$*dz=\rho d\rho\wedge d\varphi \tag{A6.15}$$

$$*(d\varphi\wedge dz)=\frac{1}{\rho}*^2 d\rho=\frac{1}{\rho}d\rho \tag{A6.16}$$

$$*(dz\wedge d\rho)=\rho *^2 d\varphi=\rho d\varphi \tag{A6.17}$$

$$*(d\rho\wedge d\varphi)=\frac{1}{\rho}*^2 dz=\frac{1}{\rho}dz \tag{A6.18}$$

$$du=\frac{\partial u}{\partial\rho}d\rho+\frac{\partial u}{\partial\varphi}d\varphi+\frac{\partial u}{\partial z}dz$$

$$*du=\rho\frac{\partial u}{\partial\rho}d\varphi\wedge dz+\frac{1}{\rho}\frac{\partial u}{\partial\varphi}dz\wedge d\rho+\rho\frac{\partial u}{\partial z}d\rho\wedge d\varphi$$

$$d*du=\frac{\partial}{\partial\rho}\left(\rho\frac{\partial u}{\partial\rho}\right)d\rho\wedge d\varphi\wedge dz+\frac{1}{\rho}\frac{\partial^2 u}{\partial\varphi^2}d\varphi\wedge dz\wedge d\rho+\rho\frac{\partial^2 u}{\partial z^2}dz\wedge d\rho\wedge d\varphi$$

$$=\left[\frac{\partial}{\partial\rho}\left(\rho\frac{\partial u}{\partial\rho}\right)+\frac{1}{\rho}\frac{\partial^2 u}{\partial\varphi^2}+\rho\frac{\partial^2 u}{\partial z^2}\right]\mathrm{d}\rho\wedge\mathrm{d}\varphi\wedge\mathrm{d}z$$

由式(A6.6),可得

$$*(\mathrm{d}\rho\wedge\mathrm{d}\varphi\wedge\mathrm{d}z)=\frac{1}{\rho}$$

因此

$$*\mathrm{d}*\mathrm{d}u=\left[\frac{1}{\rho}\left(\rho\frac{\partial}{\partial\rho}p\right)+\frac{1}{\rho^2}\frac{\partial^2}{\partial\varphi^2}+\frac{\partial^2}{\partial z^2}\right]u=\nabla^2 u$$

柱坐标系中拉普拉斯算子$\nabla^2=\Delta$的表示式:

$$\Delta=\frac{1}{\rho}\left(\rho\frac{\partial}{\partial\rho}\right)+\frac{1}{\rho^2}\frac{\partial^2}{\partial\varphi^2}+\frac{\partial^2}{\partial z^2}\tag{A6.19}$$

例 2 求球坐标系中∇^2算子的表示式.

解 球坐标(r,θ,φ)和直角坐标间的关系为

$$\begin{aligned}x&=r\sin\theta\cos\varphi\\y&=r\sin\theta\sin\varphi\\z&=r\cos\theta\end{aligned}\tag{A6.20}$$

$$\mathrm{d}s^2=\mathrm{d}x^2+\mathrm{d}y^2+\mathrm{d}z^2=\mathrm{d}r^2+r^2\mathrm{d}\theta^2+(r\sin\theta)^2\mathrm{d}\varphi^2\tag{A6.21}$$

度规张量:

$$(g_{\mu,\nu})=\begin{pmatrix}1&0&0\\0&r^2&0\\0&0&(r\sin\theta)^2\end{pmatrix}\tag{A6.22}$$

$$(g^{\mu,\nu})=\begin{pmatrix}1&0&0\\0&\frac{1}{r^2}&0\\0&0&\frac{1}{(r\sin\theta)^2}\end{pmatrix}\tag{A6.23}$$

$$vol=r^2\sin\theta\mathrm{d}r\wedge\mathrm{d}\theta\wedge\mathrm{d}\varphi\tag{A6.24}$$

1 形式间的非零内积:

$$\begin{aligned}\langle\mathrm{d}r|\mathrm{d}r\rangle&=g^{11}=1\\\langle\mathrm{d}\theta|\mathrm{d}\theta\rangle&=g^{22}=\frac{1}{r^2}\\\langle\mathrm{d}\varphi|\mathrm{d}\varphi\rangle&=g^{33}=\frac{1}{(r\sin\theta)^2}\end{aligned}\tag{A6.25}$$

$$\mathrm{d}r\wedge*\mathrm{d}r=\langle\mathrm{d}r|\mathrm{d}r\rangle vol=r^2\sin\theta\mathrm{d}r\wedge\mathrm{d}\theta\wedge\mathrm{d}\varphi$$

$$*\mathrm{d}r=r^2\sin\theta\mathrm{d}\theta\wedge\mathrm{d}\varphi\tag{A6.26}$$

$$\mathrm{d}\theta\wedge*\mathrm{d}\theta=\langle\mathrm{d}\theta|\mathrm{d}\theta\rangle vol=\sin\theta\mathrm{d}r\wedge\mathrm{d}\theta\wedge\mathrm{d}\varphi=\sin\theta\mathrm{d}\theta\wedge\mathrm{d}\varphi\wedge\mathrm{d}r$$

$$*\mathrm{d}\theta=\sin\theta\mathrm{d}\varphi\wedge\mathrm{d}r\tag{A6.27}$$

$$d\varphi \wedge * d\varphi = \langle d\varphi | d\varphi \rangle vol = \frac{1}{\sin\theta} dr \wedge d\theta \wedge d\varphi = \frac{1}{\sin\theta} d\varphi \wedge dr \wedge d\theta$$

$$* d\varphi = \frac{1}{\sin\theta} dr \wedge d\theta \tag{A6.28}$$

$$du = \frac{\partial u}{\partial r} dr + \frac{\partial u}{\partial \theta} d\theta + \frac{\partial u}{\partial \varphi} d\varphi$$

$$* du = r^2 \sin\theta \frac{\partial u}{\partial r} d\theta \wedge d\varphi + \sin\theta d\varphi \wedge dr + \frac{1}{\sin\theta} \frac{\partial u}{\partial \varphi} dr \wedge d\theta$$

$$d * du = \sin\theta \frac{\partial}{\partial r}\left(r^2 \frac{\partial u}{\partial r}\right) dr \wedge d\theta \wedge d\varphi + \frac{\partial}{\partial \theta}\left(\sin\theta \frac{\partial u}{\partial \theta}\right) d\theta \wedge d\varphi \wedge dr + \frac{1}{\sin\theta} \frac{\partial^2 u}{\partial \varphi^2} d\varphi \wedge dr \wedge d\theta =$$

$$\left[\sin\theta \frac{\partial}{\partial r}\left(r^2 \frac{\partial u}{\partial r}\right) + \frac{\partial}{\partial \theta}\left(\sin\theta \frac{\partial u}{\partial \theta}\right) + \frac{1}{\sin\theta} \frac{\partial^2 u}{\partial \varphi^2}\right] dr \wedge d\theta \wedge d\varphi$$

因为

$$* (dr \wedge d\theta \wedge d\varphi) = \frac{1}{\sqrt{|g_{\mu,\nu}|}} = \frac{1}{r^2 \sin\theta}$$

所以

$$* d * du = \left[\frac{1}{r^2} \frac{\partial}{\partial r}\left(r^2 \frac{\partial}{\partial r}\right) + \frac{1}{r^2 \sin\theta} \frac{\partial}{\partial \theta}\left(\sin\theta \frac{\partial}{\partial \theta}\right) + \frac{1}{(r\sin\theta)^2} \frac{\partial^2}{\partial \varphi^2}\right] u$$

球坐标系中拉普拉斯算子的表示式：

$$\Delta = \frac{1}{r^2} \frac{\partial}{\partial r}\left(r^2 \frac{\partial}{\partial r}\right) + \frac{1}{r^2 \sin\theta} \frac{\partial}{\partial \theta}\left(\sin\theta \frac{\partial}{\partial \theta}\right) + \frac{1}{(r\sin\theta)^2} \frac{\partial^2}{\partial \varphi^2} \tag{A6.29}$$

参考文献

［1］梁昆淼.数学物理方法［M］.3版.北京:高等教育出版社,1998.

［2］吴崇试.数学物理方法［M］.北京:北京大学出版社,1999.

［3］严镇军.复变函数［M］.合肥:中国科学技术大学出版社,1987.

［4］严镇军.数学物理方程［M］.2版.合肥:中国科学技术大学出版社,1996.

［5］George B Arfken, Hans J Weber. Mathematical Methods for Physicists［M］. 6Ed. Simga pore: Elsevier, 2005.

［6］Wolfgang P Schleich. Quantum Optics in Phase Space［M］. Berlin: WILEY-VCH, 2001.

［7］Economou E N. Green's Functicns in Quantum Physcis［M］. New York: Springer-Verlag, 1979.

［8］John Baez, Javier P Muniain. Gauge Fields, Knots and Gravity［M］. New Jersey: World Scientific, 1994.

［9］Platt D, Trudgian T. The Riemann hypothesis is true up to 3. 10^{12}［J］. Bull London Math Soc, 2021, 53:792—797.